中国轻工业"十四五"规划教材

国家级一流本科课程配套教材

冷库制冷工艺设计

谢 晶 主编

中国轻工业出版社

图书在版编目（CIP）数据

冷库制冷工艺设计 / 谢晶主编. — 北京：中国轻工业出版社，2024.1
ISBN 978-7-5184-4412-0

Ⅰ. ①冷…　Ⅱ. ①谢…　Ⅲ. ①冷藏库—制冷技术　Ⅳ. ①TB657.1

中国国家版本馆 CIP 数据核字（2023）第 065840 号

责任编辑：马　妍　　责任终审：许春英
文字编辑：武艺雪　　责任校对：晋　洁　　封面设计：锋尚设计
策划编辑：马　妍　　版式设计：砚祥志远　　责任监印：张京华

出版发行：中国轻工业出版社（北京鲁谷东街 5 号，邮编：100040）
印　　刷：三河市万龙印装有限公司
经　　销：各地新华书店
版　　次：2024 年 1 月第 1 版第 1 次印刷
开　　本：787×1092　1/16　印张：16.75
字　　数：392 千字
书　　号：ISBN 978-7-5184-4412-0　定价：50.00 元
邮购电话：010-85119873
发行电话：010-85119832　010-85119912
网　　址：http://www.chlip.com.cn
Email：club@chlip.com.cn

220148J1X101ZBW

本书编写人员

主　　编　谢　晶（上海海洋大学）

副 主 编　刘　斌（天津商业大学）

参　　编　王金锋（上海海洋大学）

张　青［农业农村部冷库及制冷设备质量监督检验测试中心（上海）］

谢　堃（上海海洋大学）

前言 | Preface

冷链物流是利用温控、保鲜等技术工艺和冷库、冷藏车、冷藏箱等设施设备，确保冷链产品在初加工、贮藏、运输、流通加工、销售、配送等全过程始终处于规定温度环境下的专业物流。近年来，我国十分重视冷链建设，自2016年起每年的中央一号文件都会提及推进冷链的建设与发展。2021年11月底，按照党中央、国务院决策部署，国务院办公厅发布了《“十四五”冷链物流发展规划》。冷链物流的发展是减少农产品产后损失和食品流通浪费，扩大高品质市场供给，增进民生福祉，提高人民生活品质的重要手段；是支撑农业规模化产业化发展，促进农业转型和农民增收，助力乡村振兴、促进区域协调发展的重要基础；是健全“从农田到餐桌、从枝头到舌尖”的生鲜农产品质量安全体系，支撑实施食品安全战略和建设健康中国的重要保障，也是推动绿色发展，积极稳妥推进碳达峰、碳中和，促进人与自然和谐共生的重要组成。

在冷链物流中，冷链产品停留时间最长的环节就是冷库，其设计和建设质量的好坏不但与冷链产品的保藏质量密切相关，还是整个冷链中节能减排的关键。

本教材的内容包含了冷库设计、建设和使用等方面的知识点和能力要求，具体包括：制冷系统方案设计、制冷负荷计算、制冷压缩机和设备的选型与计算、制冷系统管道设计、制冷机房设计、冷间设备布置及气流组织、工业制冰、制冷工艺设计文件及施工图、食品低温贮藏与管理、冷库的安全和冷库节能技术。

本教材知识面广，充分介绍各类新技术和新装备，体现了冷库设计、建造、运行与食品低温贮藏管理之间的交叉融合。例如，本书从冷库运行管理的角度增加了食品低温贮藏与管理，从计算机技术在冷库设计优化中应用的角度增加了冷库流场的数值模拟及优化，从减碳、节能的国家战略角度增加了二氧化碳制冷系统在冷库中的应用等内容。本书编写团队长期从事该领域的教学、科研以及工程实践工作，编写内容与工程实际密切相关，具有很强的实用性、针对性，适应工科学生相关能力培养的目标要求。

本书可作为高等学校能源与动力工程、食品科学与工程、物流工程等本科及相关研究生专业的必修课或选修课教材，主要包括冷库制冷工艺设计、制冷装置设计、制冷工艺设计等课程，也可作为制冷原理与设备、食品冷冻冷藏技术与原理、食品冷冻工艺学、食品保藏学等课程的参考书。

近年来，冷链相关的技术与设备不断更新，书中的不妥及错误之处，殷请读者批评指正。

编者

2023年3月

目录 | Contents

CHAPTER 1

第一章 绪论

学习目标

1. 了解食品贮藏的方式和仓库种类；
2. 掌握冷库的作用与分类。

第一节　食品贮藏方式与仓库种类

一、　食品贮藏的基本形态与作用

（一）食品贮藏的基本形态

按食品贮藏的性质与需要，一般可以分为三种基本形态：

1. 生产贮藏

生产企业为了自身生产而购进的各种食品原料等，这些食品原料已进入生产领域但未投入生产过程，由此而产生的食品贮藏称为生产贮藏。

2. 流通贮藏

各类商业企业为了供应社会需要而准备食品及半成品，这些食品及半成品已离开生产领域进入流通领域，但还未投入消费领域时发生的食品贮藏，称为流通贮藏。生产贮藏与流通贮藏涉及面广，是生产企业、商业企业必须认真研究、对待的问题。

3. 国家储备

国家物资储备机构为战略保障和应付自然灾害及其他意外事件而贮藏的各类食品，称为国家储备。这是一种特殊的储存。

（二）贮藏在物流链管理过程中的作用

贮藏在物流链管理过程中的主要作用体现在以下几个方面：

①贮藏能克服生产和消费在时间上的间隔，并产生时间效用。为了均衡地消费那些集中生产的食品原料或为了集中地消费均衡生产的食品，调整生产和消费在时间上的间隔，都需要设

置仓库进行贮藏。

②贮藏能克服生产旺季与生产淡季和消费之间巨大的供求矛盾，以贮藏调节供求关系，来调整由于供求矛盾而造成的价格差异。所以贮藏还具有调节食品价格的功能。

③在贮藏过程中通过进行备货、分拣、再包装等流通加工作业，用户进行库存控制和配送等物流服务业务，为物流链管理提供了更多的服务项目，发挥了更多的功能和作用。贮藏及物流链管理的多种作用都是在仓库中实现的。从事物流服务一般都要有必要的仓储面积和相关物流的作业能力。

二、 仓库种类

人们每天都在消费着各种各样食品，这些食品都是由产地经过采收、处理或加工后到达消费者手中的。如何使这些食品在运输、销售过程中保持其营养成分及色、香、味，如何使人们常年能够消费到既新鲜又营养安全的食品，这就要求做好食品的贮藏和保鲜工作。食品的仓藏工作是食品流通过程中的重要环节，也是保证食品食用价值的关键。正因为如此，人们在长期的生产实践中，根据不同食品特性，结合各地的自然和经济特点或条件，积累了丰富的贮藏经验，也创造了各种行之有效的控制环境的贮藏方法或仓藏类型。尤其是随着科学技术的不断进步，食品的贮藏方式也在不断革新和发展，先进的贮藏技术和贮藏库也逐步应用于生产，为食品更好地长期贮藏保鲜提供了保障。

目前，在生产中常用的贮藏库类型主要有常温贮藏库、机械冷库（低温冷藏库和低温冻藏库，简称冷库）及气调贮藏库三大类型。

1. 常温贮藏库

一般用于常温下耐贮藏的一类农产品或食物的存放。其按照结构可以有：房式仓、砖圆仓和土圆仓、钢筋混凝土立筒仓、钢板仓、货架仓库等。

2. 机械冷库

机械冷库是指利用制冷剂的相变特性，通过制冷机械循环运动产生冷量并将其导入有良好隔热效能的库房中，根据不同贮藏产品的要求，控制库房内的温度、湿度条件在合理的水平，并适当进行通风换气的一种贮藏方式。

3. 气调贮藏库

简称气调库，是在冷藏的基础上，增加气体成分调节，通过对贮藏环境中温度、湿度、二氧化碳浓度、氧气浓度和乙烯浓度等条件的控制，抑制果蔬呼吸作用，延缓其新陈代谢过程，更好地保持果蔬新鲜度和商品性，延长果蔬贮藏期和保鲜期。

第二节 冷库作用与分类

一、 冷库的作用

建造各种不同类型的建筑物是为了满足人们物质生产和文化生活的需要。冷库是采用人工制冷降温并具有保冷功能的仓储建筑，主要用于食品冷加工及冷藏的建筑物。冷库是一种具有隔热围护结构的特殊建筑物，通过人工制冷，使室内保持低温环境。冷库包括库房、其他生产设施及附属建（构）筑物。

冷库有调节淡、旺季，保证市场供应，执行出口任务和作长期储备之用。换句话说，冷库是城市的“冰箱”。

冷库不同于一般工业或民用建筑，主要表现在受生产工艺条件的制约。它要为易腐食品在低温条件下完成冷却—保鲜—冻结—冷藏等工艺作业，为保持食品的色泽、味道和营养价值提供必要条件。这个必要条件就是“冷”。按冷库使用性质的不同，冷间温度一般在-40~0℃。因此建筑物经常处于低温条件下，故冷库建筑必须采用相应的技术措施，以适应它的特点。

随着技术经济的发展和人民生活质量的不断提高，对食品冷加工和贮藏的要求也相应提高，并由此提出了发展和完善食品冷藏链的要求。冷库是食品冷藏链中的一个重要组成部分，是必不可缺少的环节。

二、 冷库的分类与组成

冷库的分类方法很多，目前我国按冷库的实用性质和冷库的建设规模来分类。国外有根据建筑特点、防火等级或库温高低来进行分类的。

（一）冷库的类型

冷库的类型多样，详见表 1-1。各种冷库均有其自身结构、用途、制冷、调节等方面的特点。

（二）冷库的组成

冷库是一个建筑群，主要由主体建筑（主库）、其他生产设施及附属建筑组成。

1. 主库

主库为冷库的主体，其组成可按生产加工工艺的需要和商品冷加工工艺的要求设计。由生产加工区、贮藏区、进出货及其操作区组成。这三个区域可由以下基本内容组成。

（1）冷却间　冷却畜肉类、鲜蛋或果品蔬菜等产品的场所。畜肉类冷却间的功能是：把屠宰加工后的胴体或分割制品，在规定的时间内冷却至 0~4℃，然后贮存或直接供应市场；鲜蛋在低温贮藏前需进行冷却，以免放入后骤然遇冷，内容物收缩，空气中的微生物从蛋壳气孔侵入，使鲜蛋变坏；果蔬冷却间是把采摘和收获的果蔬整理后，迅速冷却降温，除去田间热，但要注意防止果蔬发生生理病害，然后进库贮藏或进入市场。果蔬冷却的方式有水冷式、风冷式、差压式和真空式冷却等。

（2）冻结间　用于食品冻结的场所，对于需长期贮藏的食品由常温或冷却状态迅速降温至中心温度-18~-15℃的冻结状态。冻结间可以是有隔热围护结构的建筑物内设冻结设备，也可以是带有隔热设施的冻结装置。常见的冻结间有搁架式冻结间和风冻间。冻结装置除了平板冻结机外，大多采用连续冻结，如流态化冻结机、螺旋式冻结机和隧道式冻结机、液氮冻结机等。其冻结方式有风冻式、接触式、半接触式、浸渍式和喷淋式等。

（3）制冰间和贮冰库　制冰间消耗的冷量较大，应靠近设备间布置。制冰间的建筑不同于冷库，建筑物本身一般不需要隔热，但应有较好的采光、通风和排水条件，而制冰设备则需要隔热设施。例如盐水制冰的制冰池，其四周和底部均需设隔热层，顶部要加木板盖。管冰机和颗粒冰机的蒸发器也应予以隔热。片冰机和板冰机的周围应设置隔热板。

表 1-1 冷库的基本类型

分类方式	类型
按冷库的用途	原料冷库、生产型冷库、分配型冷库、中转型冷库、综合型冷库（含生产和分配双重作用）、物流型冷库、与商品销售环节结合的各类商业用冷库（零售型冷库，包括冷藏柜、陈列柜）
按冷库的建筑类型	土建型冷库、装配式冷库
按冷库的库温范围和要求	高温库（冷却物冷藏间）、低温库（冻结物冷藏间）、超低温冷库（库温-45℃以下）、变温冷库
按冷加工能力	冷却库、冷却物冷藏库、冻结库、冻结物冷藏库、再冻库、解冻库、制冰间、贮冰间、气调库
按冷库容量（公称容积）	大型冷库 ≥20000m^3 中型冷库 5000~20000m^3 小型冷库 <5000m^3
按贮藏的商品	畜肉冷库、蛋品冷库、水产冷库、果蔬冷库、药物或生物制品冷库、冷饮品库，以及茶叶、粮食、皮革和花卉等冷库

注：以上各冷库的组成库房也称为冷间；公称容积应按冷藏间或冰库的室内净面积乘以房间净高确定。

（4）贮冰间　简称冰库。贮冰间的建筑一般和冷却物冷藏间相同。通常贮冰间的冷却系统接入-15℃的蒸发温度系统，以保持贮冰间-10（快速制冰）~-4℃（盐水制冰）的库温。贮冰库的围护结构应做隔热处理。贮冰间一般采用光滑排管作冷却管，内壁敷设竹料或木料护壁，以保护墙壁不受冰块的撞击。库内可设提冰和堆垛设备。

（5）原料暂存间　在速冻蔬菜厂、冷饮品厂和冷冻食品厂等，均设有原料暂存间。用于贮藏季节性大量到货的商品，或者生产加工中的原料和半成品等。原料暂存间根据需要，应设有冷却降温系统，维持其一定的低温存放环境。

（6）低温加工或包装间　根据食品卫生的要求，食品加工和包装一般需要在6~15℃室温的车间内进行。这样的车间必须设置冷却设备，并考虑操作人员对新鲜空气的要求。

（7）解冻间　解冻间一般用于冷冻食品加工厂。通过用空气、水或水蒸气减压、电解冻等方法，对冻结物原料进行加热，使其温度升至-2~0℃，以便于分割加工。

（8）冷却物冷藏间　又称为高温库，根据用途不同，库温范围为-5~20℃。根据不同的商品及贮存期要求，确定相应的冷间温度、湿度。冷却物冷藏间多用于贮存水果、蔬菜、鲜蛋，花卉、药品、贵重皮革、中药材，以及高档家具和衣物等商品。由于水果、蔬菜、鲜花等鲜活商品在贮藏过程中仍有呼吸作用，库内除保持合适的温度和湿度条件外，还要引进适量的新鲜空气，因此，须设有通风换气装置。

（9）冻结物冷藏间　又称为低温库，其库温范围为-35~-18℃。一般肉类的冷冻贮藏温度为-25~-18℃，水产品贮藏温度为-30~-20℃，冰淇淋制品贮藏温度为-30~-23℃。某些特殊的水产品（如冻金枪鱼）要求更低的贮藏温度，在-45℃以下（所谓的超低温冷藏间）。我国通常采用的冻结物冷藏间温度为-30~-18℃。

(10) 穿堂 即冷库货物进出的通道，并作为联系各库（间）的交通枢纽，便于装卸周转。穿堂按温度要求的不同，有低温、定温（也称中温）和常温三种。为了有利货物进出时的质量保证（完善的冷藏链）和冷库节能，以定温穿堂为宜，其温度范围为5~10℃。若有特殊要求，可为0℃左右，甚至更低。

(11) 月台 供装卸货物之用。为适应装卸作业，有铁路月台、汽车月台和联系月台之分。大中型冷库的铁路月台，应视机械保温列车的长度或车辆节数而定，一般有128m、220m等不同长度，月台宽度和长度具体见表1-2，铁路月台应高于钢轨面1.1m。汽车月台的长度按冷库的类型、货物吞吐量和运输方式确定。

汽车月台宽度一般为每1000t冷藏容量6~9m，宽度由货物周转量的大小、搬运方式不同而定，对于公称容积>4500m^{3}的冷库，月台宽度可取6~8m；公称容积≤4500m^{3}的冷库，月台宽度取4~6m。汽车月台的高度应高于路面0.9~1.4m，与进出最多的运输车辆高度一致，也可设置月台高低调节板。

表1-2 铁路月台宽度和长度

冷藏库规模/t	月台宽度/m	月台长度/m
大型冷藏库（≥10000）	9	220
大中型冷藏库（≥5000）	7~9	220
中小型冷藏库（1500~4500）	7	128

冷库月台可分为敞开式和封闭式。敞开式月台多为罩棚式，设有较大跨距的立柱，立柱中心至月台边缘1.2~1.5m。铁路月台边缘距铁路中心线的水平距离为1.75m。封闭式月台适用于汽车装卸，月台内一般维持定温穿堂的温度。它不仅供货物装卸，也可供理货或暂存。封闭式月台的装卸口一般设有电动滑升式隔热门、软性接头和月台高度调节板。封闭式月台在装卸货过程中，基本不受外界气温的影响，符合食品冷链的工艺要求，可较好地保证食品质量。这种新型结构的月台，目前一些新建大中型冷库采用较多。

(12) 门斗 门斗一般设于冷库（间）内，在冷藏门的内侧。其作用是减少库内外的热湿交换。门斗的型式有保温型和非保温型、固定式和非固定式。通常门斗与冷藏门配套的风幕和透明塑料门帘组合，可以有效地阻止库内外热湿交换。

(13) 楼梯、电梯间 多层冷库设置楼梯间和电梯间，作为货物垂直运输和人员上下之用。楼梯、电梯间应符合消防生产和安全要求，其大小和数量视货物吞吐量而定，位置以方便货物进出为准。冷库电梯的运输能力常用2t型和3t型，其运输能力分别为13t/h和20t/h。

2. 生产设施

生产设施及为其配置的建筑物，均根据生产工艺的需要而确定。生产设施中与制冷有关的内容，除了上述主库的（1）~（6）之外，还有屠宰车间、理鱼间或整理间、工艺冷却室、快速冷却和冷冻去皮机等设施。

3. 附属建筑

冷库的附属建筑按冷库的功能及生产需要而配，其基本组成如下：

(1) 主机房 主机房设有制冷压缩机或机组、中间冷却器和配用设施等。主机房一般有两个进出口，大小应考虑设备和人员方便进出。主机房大多在主库附近单独设置，也有将主机房布置在楼层，以提高土地的利用率。对于单层冷库，也有在每个库房外分设制冷机组，采用分散式制冷系统，不设集中供冷的机房。主机房门窗应向外开启，并有良好的采光、通风条件，主机房温度一般不低于 12℃，通风设备采用防爆型，高寒地区冬季应采用非明火采暖设备。

冷库主机房一般采用单层建筑，净高 4~6m。其操作维修通道宽度应大于 1.5m，宜作隔振、降噪声处理。另外，为了放置制冷辅助设备，通常在主机房相邻处设辅助设备间，水泵房因噪声较大，一般单独设立，其建筑结构要求随主机房。在小型冷库中，因机器设备不多，主机房和设备间可以合为一间。

（2）电控室和变、配电间　电控室内设有制冷压缩机和辅助动力设备的电气启动控制柜，制冷系统的操作控制柜，并可配以模拟图或数据采集系统，以及主、辅机运行操作流程和安全报警系统。自动化程度较高的冷库，主、辅机房内的电控室，可实现遥控指令操作或全自动控制。控制室内的噪声应不超过 70dB（A），冷库变、配电间一般靠近主机房，有良好的通风条件并满足消防要求。变、配电间内的具体布置视电器工艺要求而定。

（3）其他辅助设施　充电间、发电机房、锅炉房、氨库（存放制冷剂用）、化验室、浴室、办公室，以及休息更衣室等，它们是冷库群体不可少的辅助设施。

冷库库房与辅助建筑的卫生防护距离、消防和防爆要求，均应符合 GB 50072—2021《冷库设计标准》和国家现行的有关强制性标准的要求。

思考题

1. 冷库有什么功能？为何称其为城市的“冰箱”？
2. 冷库的主体建筑、其他生产设施及附属建筑可以由哪些建筑组成？
3. 冷库有哪些分类方式？

CHAPTER 2

第二章

制冷系统方案设计

学习目标

1. 掌握不同角度的冷库制冷系统分类方式，能够根据需求合理选择制冷系统的供液方式；
2. 掌握氨单双级氨制冷系统的组成、特点，能够理解氨系统原理图；
3. 掌握卤代烃单双级氨制冷系统的组成、特点，能够理解其系统原理图；
4. 了解不同二氧化碳制冷系统的组成、特点，能够根据应用需求进行初选。

冷库制冷系统从不同的角度有不同的分类方式。

1. 按使用的制冷剂分类

分为氨制冷系统、卤代烃制冷系统、二氧化碳及特殊制冷剂的制冷系统。

制冷系统制冷剂选择应遵守的原则如下。

（1）对于生产性冷库和物流冷库，其中具有分拣、配货功能的穿堂或封闭月台不应采用氨直接蒸发制冷；

（2）商用冷库不应采用氨；

（3）对于大中型冷库和大中型制冷系统，不宜采用卤代烃及其混合物在冷间内直接蒸发制冷。

2. 按冷却方式分类

分为直接冷却制冷系统和间接冷却制冷系统。

在间接冷却制冷系统中被冷却物体的热量是通过载冷剂传给制冷剂。这种冷却系统的优点是使制冷系统集中在较小的场所，因而可减小制冷系统的容积及制冷剂的充灌量；同时载冷剂的热容量大，被冷却对象的温度易于保持稳定。特别对于间歇性运行的制冷系统，当负荷大且集中时，采用直接冷却系统就要配置台数较多或大型的压缩机，停机时设备就被搁置，十分不经济。间接冷却系统则可利用载冷剂蓄冷能力大的特性，选配较少台数或小型压缩机，在不需用冷时仍开机对载冷剂降温蓄冷，以满足集中的大负荷之用，这样既可以节省初投资又可以错开用电。即使压缩机发生故障时，只开载冷剂泵也可以维持较长时间的低温。系统中存在多个蒸发温度时，采用直接冷却系统比较复杂，而用间接冷却系统，可以采用一个蒸发温度最低的制冷系统，其他的蒸发温度靠控制载冷剂流量进行调节。但是间接冷却系统也有很多缺点，如整套制冷装置复杂，载冷剂循环系统增加了动力消耗及设备费用，被冷却物与制冷剂之间存在较大的传热温差等。

间接冷却系统中的载冷剂的凝固点应至少比系统中最低蒸发温度低 3℃。并且在系统运行到最低温度时，载冷剂的黏度大小应足以保证传热需要和使流体流动控制在合理的阻力下降范围。

在冷库的制冷系统中，为保证食品的安全和管系的布置，以氨作制冷剂的间接制冷系统，在大中型冷库中也有应用，经氨制冷剂冷却的低温盐水或二氧化碳等载冷剂，通过载冷剂泵输送到各冷间的冷却盘管或冷间的冷风机，向冷间供冷。通常有两个制冷循环系统，即制冷剂（氨）制冷循环系统和载冷剂循环系统。间接式氨制冷系统，制冷剂的蒸发温度较低，制冷机运行经济性较差。

以卤代烃为制冷剂的中小型土建冷库和装配式冷库，多为直接冷却式，其制冷系统较简单，工况调节方便。

3. 按供冷方式分类

分为集中供冷制冷系统和分散供冷制冷系统。

以氨为制冷剂的大中型冷库，均采用集中式制冷系统，其系统总投资较少，集中管理方便，冷间负荷调节方便，总能耗相对较低，但系统管路工艺设计、安装调试复杂，装置安全可靠性较差。以卤代烃制冷剂 R22、R134a 等的中小型冷库采用分散式制冷系统，机组简单，使用、调试、安装方便，负荷调节灵活，更易实现设备运行自动化，设备运行安全性好，但系统总投资较大。

4. 按制冷剂供液方式分类

分为直接膨胀供液制冷系统、重力供液制冷系统及液泵供液制冷系统，各有其特点和使用条件。

直接膨胀供液系统的制冷系统简单，操作调试方便，但蒸发器换热效果差，制冷工况变化过大，易造成活塞压缩机液击。这种供液多用于卤代烃制冷或小型氨制冷系统。

重力供液系统与直接膨胀供液系统相比，蒸发器换热效率较高，易实现向蒸发器均匀供液，保证压缩机安全运行，但供液稳定性差，融霜操作也麻烦，主要用于氨制冷系统。

液泵供液系统的蒸发器具有较高的换热效率，能保证长距离供液，操作简单，便于集中控制和实现自动化。方便融霜，但系统增设氨泵后能耗增加。液泵供液适合大中型氨和卤代烃制冷系统。

冷库在确定制冷系统时应该综合考虑投资成本、运行效率、环保等因素后确定。下面分别展开介绍制冷系统的供液方式，氨、卤代烃和二氧化碳制冷系统。

第一节　制冷系统供液方式

一、　直接膨胀供液方式

（一）定义

直接膨胀供液是指来自高压贮液器（或者是冷凝器）的高压液体经过节流装置节流后，产生的气、液两相混合物直接进入蒸发器，实现向蒸发器的供液。由于该供液方式是凭借制冷系统高压侧与低压侧的压力差使制冷剂流进蒸发器，所以又称为压差式供液。根据节流装置的不同，直接膨胀供液又可分为手动膨胀阀供液、热力膨胀阀供液、电子膨胀阀供液和浮球膨胀阀供液等。手动膨胀阀一般作为备用或检修使用。在此主要介绍热力膨胀阀供液方式。浮球膨胀阀供液系统将在后续章节介绍。

1. 热力膨胀阀供液

热力膨胀阀的作用一是节流降压，保证阀前后的压力差；二是能够根据蒸发器的负荷自动调节向蒸发器的供液量。采用热力膨胀阀直接膨胀供液方式的工作原理如图 2-1 所示。

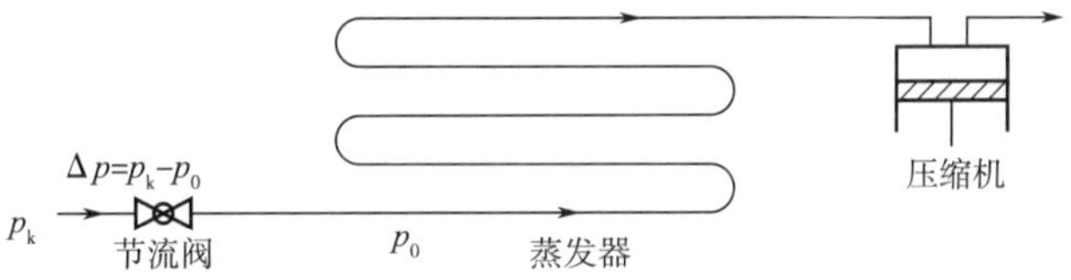

图 2-1　直接膨胀供液方式工作原理图

为了防止热力膨胀阀发生故障影响整个制冷系统的正常工作，设计上常常另外设一个旁通管路，相应设置手动膨胀阀作为主要供液方式的备用。

2. 电子膨胀阀供液

电子膨胀阀是按电脑预设的程序进行流量调节，适应制冷机电一体化的发展要求。电子膨胀阀节流具有热力膨胀阀无可比拟的优点，主要表现为：电子膨胀阀调信号传递快、调节反应迅速；用电脑按要求设置调节规律，不仅可以采用反馈调节，而且可以采用前馈加反馈复合调节，还可以与压缩机能量调节一起进行，精确地控制过热度、供液量，能获得很好的调节品质。

（二）特点

直接膨胀供液的特点如下：

①与其他供液方式相比，系统简单，不需要太多的设备。

②直接膨胀供液可以实现一台压缩机同时担负几个蒸发温度系统，这是其他供液方式不能实现的。例如一机两温冷库就是利用这个原理，其原理如图 2-2 所示。

③高压制冷剂液体经膨胀节流后，会产生大量闪发气体，这些气体进入蒸发器会阻碍换热，使蒸发器的传热效率降低。

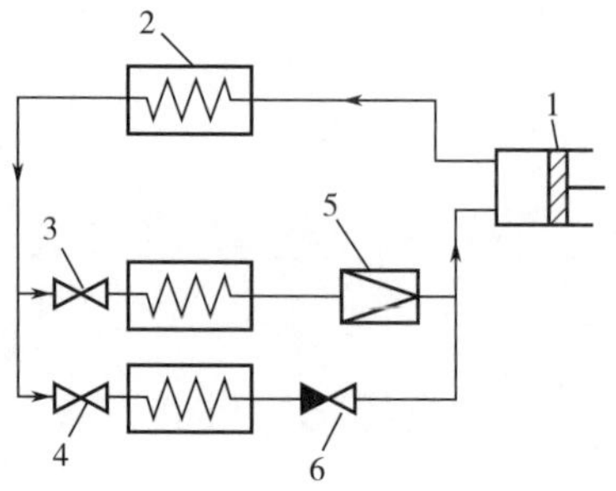

图 2-2 一机两温冷库原理图（止逆阀）

1—压缩机 2—冷凝器 3，4—节流阀 5—蒸发压力调节阀 6—止逆阀

④当由一个节流部件同时向多组并联蒸发器供液时，容易造成供液不均匀。这是由于节流后有闪发气体存在，供液不能按设计要求均匀地分配，有的蒸发器供液量多，有的蒸发器供液量少，因此蒸发器不能充分发挥其传热面积的功效，达不到应有的制冷效果。若要向多路并联蒸发回路供液，需在节流阀后设分液器，以实现向各组蒸发器的均匀供液。

⑤蒸发器通常为单一通道，其蒸发盘管的长度受到限制，不能太长，否则引起蒸发器内压力降过大，影响蒸发器的正常工作。

（三）应用场合

由于直接膨胀供液方式的特点，在小型制冷装置中，当冷却对象少时，为使装置简单，常使用这种供液方式，尤其在一些卤代烃小冷库，设备少、系统简单。目前，直接膨胀供液在氨制冷系统中应用很少。

二、重力供液方式

（一）定义

重力供液是指利用气液分离器内低压液体的液面与蒸发器液面之间的静液柱压力向蒸发器供液。一般用于氨系统，也就是将经过膨胀阀节流后的气液两相混合制冷剂先经过氨液分离器，将氨液中的蒸气分离后，使氨液借助于氨液分离器的液面与蒸发器的液面之间的液位差作为动力，达到向蒸发器供液的目的。重力供液方式工作的原理如图 2-3 所示。

图 2-3 中就是利用高度为 ΔH 的液柱静压力实现向蒸发器的供液。重力供液系统有一个专门的设备称为气液分离器，其作用有两个方面：一方面分离节流后液体中的闪发气体，有利于蒸发器高效工作；另一方面分离蒸发器回气中尚未蒸发的液体，保证制冷压缩机工作的安全可靠。

（二）特点

1. 重力供液制冷方式的工作特点

①利用液位差供液无需动力，节约能源。

②高压制冷剂液体经节流后送入气液分离器，产生的低压气液混合物在此得以分离，进入蒸发器的全部是制冷剂液体，因此增加了蒸发器的内表面与氨液接触的机会，提高蒸发器的传热效果；并且进入调节站的是纯制冷剂，有利于向多组并联蒸发器均匀供液；容易实现正常工况的操作调节。

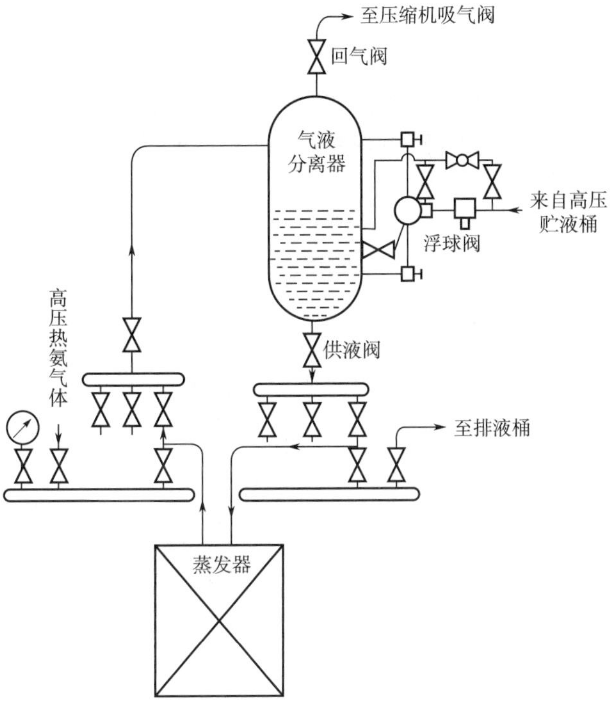

图 2-3 重力供液方式工作原理图

③压缩机吸入的全部是经气液分离的低压制冷剂蒸气，减少了压缩机发生“液击”的可能性。

④蒸发温度的冷分配设备可使用一个膨胀阀和氨液分离器，节省膨胀阀的数量。

2. 重力供液的缺点

①依靠液柱静压力来实现供液，而静液柱不可避免对系统蒸发温度产生较大的影响。

②氨液在较小的压差下流动，因此蒸发器的换热强度较低，换热系数小。

③为了保证供液所需静液柱，必须设置阁楼放置气液分离器，这样增加了土建投资，又增加了排液操作的复杂性。

④当用一个气液分离器向多个同层库供液时，供液仍不易均匀，必须设置气体调节站和液体调节站，以利于均匀供液。并且当供液管较长、阻力较大时，有重新产生气体的可能。

⑤对于多层冷库，为了避免对下层库房蒸发温度的影响太大，必须分层设置气液分离器，这样既会增加投资费用且不便于集中管理。

（三）应用场合

20 世纪 70~80 年代建造的大型冷库大多采用重力供液方式。但由于重力供液方式存在上述一些缺点，后来新建的冷库较少采用。目前，这种供液方式一般多见于中小型氨制冷剂的冷藏库和盐水大型制冰系统。

三、 液泵供液方式

（一）定义

液泵供液是指利用泵产生的液体压力将液体制冷剂强制送入蒸发器，因此它又称为强制循环供液方式；同时这种供液方式又是以 3~5 倍多于蒸发器中气化所需供液量供液，因而又称为倍率供液。

在液泵供液系统中，高压制冷剂液体经节流后产生的低压气液两相混合物先进入低压循环贮液桶，闪发气体被分离后纯液体制冷剂进入制冷剂泵，升压后再被送入蒸发器。采用液泵供液方式工作的原理简图如图 2-4 所示。

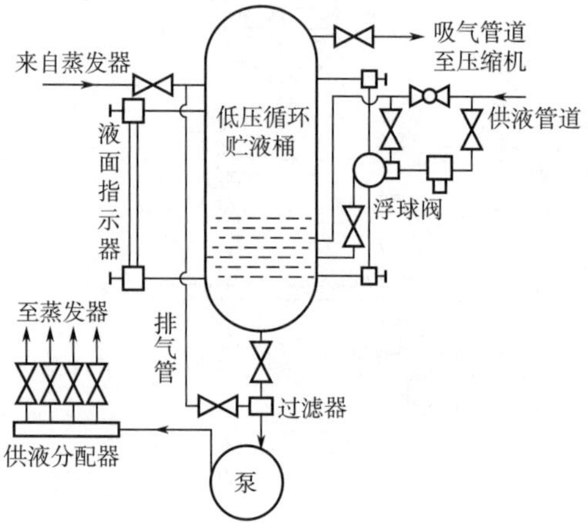

图 2-4　液泵供液系统原理图

低压循环贮液桶是液泵供液系统中特有的设备，其原理如图 2-4 所示。它的作用表现在两个方面，一是给液泵提供大量的液体制冷剂，二是起气液分离的作用。

（二）特点

①液泵向蒸发器的供液量大大高于实际蒸发量，属于余量供液，因此蒸发器的内表面润湿性能好、流速快，传热效果要优于直接膨胀供液方式和重力供液方式。

②蒸发器内有数倍于蒸发量的制冷剂循环流动，因此系统蒸发温度比较稳定，进而库温稳定，易于保证贮藏商品的品质。

③蒸发器中供液量大于蒸发量，尚未蒸发的制冷剂液体会把润滑油一起带到低压循环贮液桶，沉积在桶底部分离出来，因此这种供液方式的蒸发器不易积存润滑油。

④当由一个液泵同时向多组蒸发器供液时易于达到均匀。

⑤与重力供液方式一样，液泵供液方式不易发生压缩机“液击”。

⑥同时向多组蒸发器供液时，应设置气体调节站和液体调节站。

⑦系统操作简单，便于集中控制和实现自动化。在维持液泵正常工作的情况下，依靠浮球阀或电子液位控制器自动调节低压循环桶液面高度就能保证系统正常运行，其操作与直接膨胀供液方式和重力供液方式相比更加简单可靠，便于实现自动控制。

⑧制冷剂充注量大，增加了桶泵机组，机房占地面积增大，因而液泵供液系统与其他供液系统相比投资较大。

另外，液泵供液系统根据低压液体进出蒸发器的上、下位置，分为“上进液下回气”（简称上进下出）和“下进液上回气”（简称下进上出）两种型式。上进下出供液方便回油，库温控制简单，蒸发器充液量较少。下进上出，库温控制有一定难度，蒸发器充液量较多，易集油。

实际系统应用中，冻结物体冷藏间、底层库房多采用下进上出，以利均匀供液。冷却物冷藏间较多采用上进下出，以利库温控制及简化自控装置。

（三）应用场合

由于液泵供液方式具有以上一些突出的优点，在国内外应用非常广泛。目前主要应用于大中型冷库制冷系统，并且过去采用重力供液方式的老冷库也在逐渐或已经改装成液泵供液方式。

第二节　氨制冷系统

一、氨制冷系统的特点

（一）氨制冷剂的性质和特点

氨属于天然制冷剂。在冷库及大型系统中被广泛使用，特别是发现某些卤代烃制冷剂对臭氧层有破坏作用而禁用后，氨的使用更受重视。

在氨系统的工艺设计上，必须考虑到氨的一些性质的影响，才能扬长避短，发挥氨的长处，使制冷系统正常经济安全地运行。

1. 氨的热力学性能

氨是目前使用最为广泛的一种中压中温制冷剂，热力学性能优良。氨的凝固温度为-77.7℃，标准蒸发温度为-33.3℃；氨制冷剂在冷凝器和蒸发器中的压力适中（冷凝压力一般为0.981MPa，蒸发压力一般为0.098~0.49MPa）；单位容积制冷量比加速淘汰中的二氟一氯甲烷（HCFC-22）大；单位容积制冷量大，气化潜热大，制冷和放热系数高，相同温度及相同制冷量时，氨压缩机尺寸相比卤代烃的要小。

2. 氨的溶油性

氨对润滑油的溶解度很小，一般不超过1%，属于微溶。液态时，润滑油与氨明显分层，氨比润滑油轻，上层为氨，润滑油沉积于容器底部，可以很方便地从容器底部把油放出来。

3. 氨的溶水性

氨能与水以任意比例互溶，形成氨水溶液，而提高了蒸发温度。在运行中不会分离出水而形成冰塞，因此系统不采用干燥器除水。但氨溶水后对金属腐蚀性增强，因此，氨系统仍要严格控制水分。

4. 氨对金属的腐蚀性

纯氨对金属无腐蚀，含水后腐蚀锌、铜，及除磷青铜外所有的铜合金。

5. 氨的毒性、可燃爆性

氨气有毒，泄漏后被人吸入会造成中毒甚至生命危险。氨气泄漏在空气中浓度达到11%以上可点燃，甚至发生爆炸。

6. 氨的绝热指数

氨的绝热指数较高，导致压缩终温高。因此，氨系统希望压缩机吸气温度低些，以防止压缩机排气温度过高。

（二）氨制冷系统工艺特点

氨制冷系统工艺就是要求系统能适应氨制冷剂的性质，使氨在系统中安全、高效地工作。

1. 溶油性影响

系统的容器、设备底部设集油包，以积存润滑油。系统设集油器，以收集各设备分离出的润滑油，回收制冷剂后，把油放出来。而进入蒸发器的润滑油可采用热制冷剂气体融霜排液，或液泵强制供液冲刷，把油带出来。因此热气融霜的热气必须由蒸发器的上方进入，由下方排液把积油带出蒸发器。

由于分离出来的油较脏，需沉淀过滤后使用，而一般不能采用自动回油措施。由于供给蒸发器液体不含油，供液一般采用下进上出，保证在蒸发器中液体的充满度使蒸发传热好，也可采用有自由液面的蒸发器，如满液式蒸发器。虽然容纳制冷剂量大，但是传热好，不易回液，便于用液位控制器自动控制供液。

氨系统冷库一般采用U形顶排管和立式墙排管下进上出供液。优点是蒸发器面积利用好，产生的蒸气可及时导出，剩余液体可以继续蒸发，保证了传热效果且不易产生回液。由于蛇形排管的流程长，流阻大，产生的蒸气与液体无法分离，氨系统很少采用。

2. 溶水性影响

系统不用设水分干燥器，也不怕冰塞，但系统还是要控制水分进入，主要是控制充入制冷剂的含水量。在系统工作时，尽量控制吸气压力高于大气压力，防止空气进入系统而带进水分。

3. 金属腐蚀性影响

在氨系统中不采用铜管。在钢管内也不用镀锌防腐蚀。系统阀件不采用铜件。

4. 毒性及可燃爆性影响

系统除严格检漏防止泄漏外，在机房等可能发生氨泄漏的地方，设置水喷淋系统，当发生泄漏事故时，紧急喷淋，用水吸收氨，防止氨气扩散而造成人员中毒及周围空气污染。氨机房等处，一般冬季不采用明火取暖，防止氨气泄漏时，遇明火发生爆炸和火灾。

5. 绝热指数影响

由于氨的绝热压缩指数较高，氨系统的压缩机采用水冷却的缸套。防止压缩机过热，大中型压缩机还要对润滑油进行冷却以保证润滑效果。

氨的吸气温度对排气升温影响很大，因此系统不采用回热循环，采用重力供液或液泵供液都可使压缩机吸气温度比较低。

如果采用直接膨胀供液时，一般采用手动膨胀阀供液。为防止液击，在压缩机吸气前加装机房气液分离器。采用热力膨胀阀供液极少，因为热力膨胀阀需要一定的工作过热度，在出蒸发器时，回气已经过热，在管道还会吸热升温，会使压缩机吸气温度较高，致使压缩机排气温度升高，对压缩机工作不利。同时，由于回气升温会使比容显著增大，使压缩机质量流量减少，制冷量下降。

二、单级压缩制冷系统

（一）单级压缩系统的特点与应用

1. 特点

系统简单，设备少，但由于压力比的限制，规定压力比不大于8，因此适用于蒸发温度较高的场合。

2. 应用

主要用于高温冷库、食品冷却和冷藏、盐水制冰，工业用冷水生产及工业空调等。

（二）系统及循环

以氨作制冷剂的单级蒸气压缩制冷系统原理图如图 2-5 所示。该系统为重力供液系统。压缩机排气先进入油分器分离润滑油，再进入冷凝器冷凝成液体。冷凝的液体进入高压贮液器贮存。高压液体经节流阀、浮球阀进入气液分离器，分离出闪发气体经上部回气管回压缩机，液体由下部经调节站进入蒸发器，蒸发产生的气体由蒸发器上部出来到气液分离器，经气液分离后，液体继续供给蒸发器，气体进入压缩机。

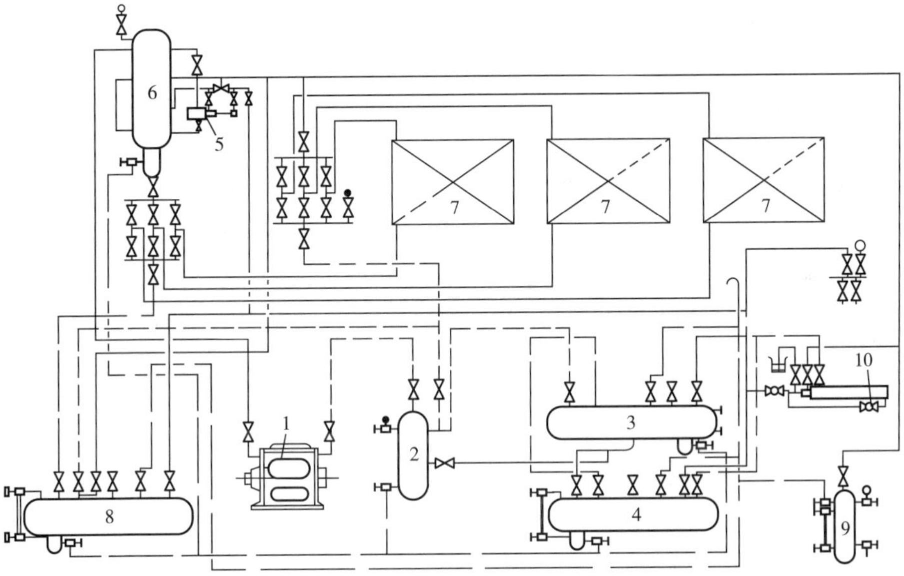

图 2-5　氨单级蒸气压缩制冷系统原理图

1—压缩机　2—氨油分离器　3—冷凝器　4—高压贮液器　5—浮球阀
6—氨用气液分离器　7—蒸发器　8—冲霜排液桶　9—集油器　10—放空气器

三、两级压缩制冷系统

（一）两级压缩系统的特点与应用

1. 特点

从蒸发器出来的低温低压气体首先进入低压级压缩机进行压缩，达到中间压力后排到中间冷却器中冷却，再进入高压级继续压缩，由中间压力压缩到冷凝压力再排到冷凝器中冷凝。

与单级压缩相比，两级压缩可以获得更低的蒸发温度，并且大大降低了压力比，提高了压缩机的效率。低压级排气进入中间冷却器冷却，降低了高压级压缩机排气温度。节流前高压液体可以在中间冷却器中过冷，可以提高制冷量和经济性。

系统需要低压级压缩机和高压级压缩气缸配合起来工作，可采用单机两级或多机配组形式，多机配组即由两台或多台压缩机分别承担低压压缩和高压压缩。

2. 应用

两级压缩普遍用于低温冷库制冷，用于食品冻结与冻藏。另外，在化工、采矿等部门也被大量应用。

（二）系统及循环

以氨作制冷剂的两级压缩制冷系统原理图如图 2-6 所示。由蒸发器来的低压蒸气先进入低压级压缩机，压缩到中间压力排气到中间冷却器，冷却到中间压力下的饱和温度后再进入高压级压缩机压缩到冷凝压力经油分后排到冷凝器；冷凝后液体贮存在高压贮液器。高压液体（经水过冷器）进入中冷器盘管过冷再经过节流进入气液分离器，利用节流后液体的液柱重力给蒸发器供液。蒸发器回气经气液分离器分离液体后再进入低压级压缩机。

在系统设计时，由于冬季北方气温低，采用单级压缩也可达到比较低的蒸发温度时，系统往往可以考虑单双级兼顾，即采用过桥阀形式，使两级压缩系统在冬季时也可以转换成单级压缩运行，以减少开机台数。

（三）两级压缩系统的节流前液体过冷

在两级压缩系统中，为提高循环效率可以采用中冷器过冷的方式。出高压贮液器的液体先进入中冷器的盘管中冷却获得过冷（一般可冷却到比中间压力下的饱和温度高 3~5℃）再去节流进入蒸发器。在过冷过程中是用中间压力的液体制冷取出液体热量，而过冷后液体在进入蒸发器制冷时可以多得到与中冷器过冷时失去的热量相当的冷量，因此可以提高循环的制冷量和经济性。在有冷水可利用的条件下也可以考虑用水过冷。

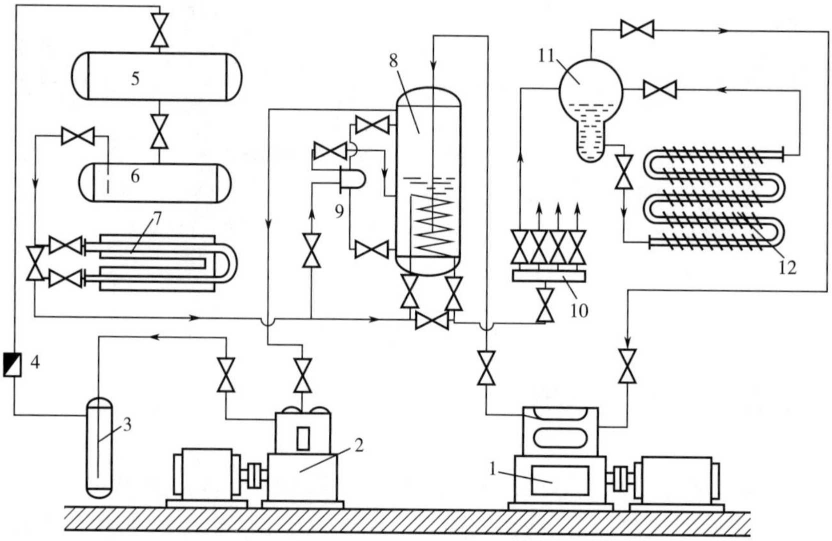

图 2-6　氨两级压缩制冷系统原理图

1—低压压缩机　2—高压压缩机　3—油分离器　4—止逆阀　5—冷凝器　6—高压贮液器　7—过冷器　8—中间冷却器　9—浮球阀　10—调节站　11—气液分离器　12—蒸发器

四、 单双级并存的制冷系统

在多蒸发温度的大型系统中，往往可以设计成单级、两级兼有的系统。例如，一个冷冻厂，同时进行速冻、冻藏，可以用两级，而冷藏、空调、制冰、冰库用单级。

1. 系统特点

系统共用高压部分设备，使系统简化，避免两套系统的设备浪费。在各蒸发温度需冷量大或机器故障时，还可互为备用机，减少了备用机的浪费。

2. 循环方式

单双级兼有的制冷系统压缩机接管示意图如图 2-7、图 2-8 所示。

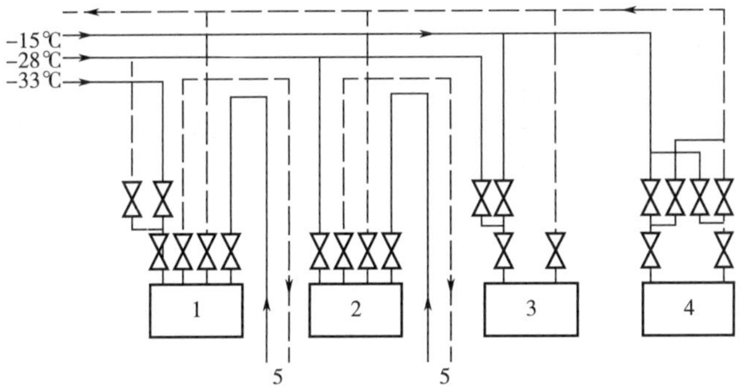

图 2-7 单双级兼有的制冷系统压缩机接管示意图

1，2—单机两级压缩机 3，4—单级压缩机 5—去往中间冷却器

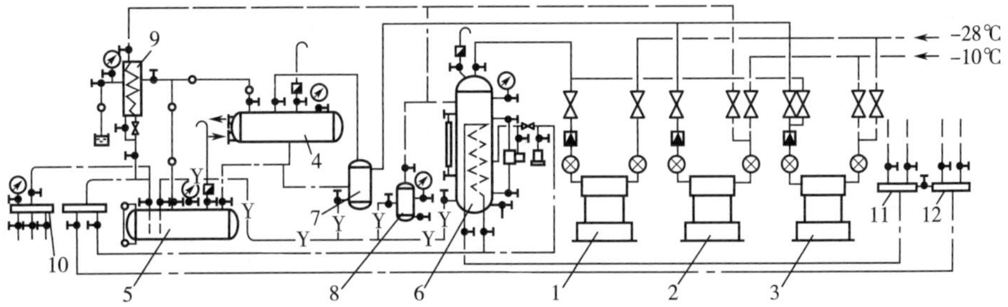

图 2-8 单级机配打两级的制冷系统压缩机接管示意图

1，2，3—单机两级压缩机 4—冷凝器 5—贮液器 6—中间冷却器 7—油分离器

8—集油器 9—放空气器 11，12—液体调节站

循环方式：单级与两级压缩系统分别工作，排气共同进入冷凝器冷凝，冷凝器、高压贮液器、供液阀站共用。供液用低压循环桶或气液分离器各自独立。图 2-9 为某冷库制冷系统原理图。

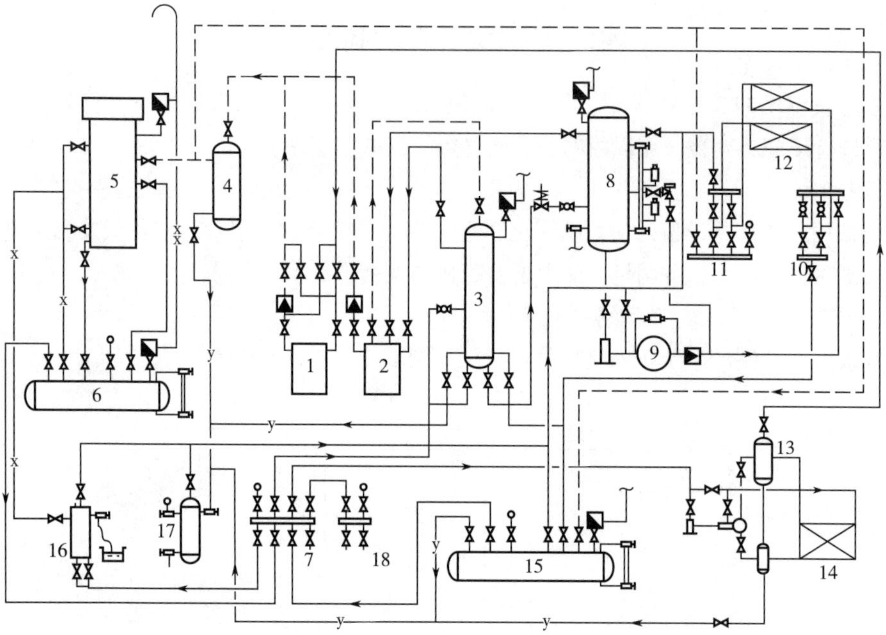

图 2-9　某冷库制冷系统原理图

1—单级压缩机　2—单机两级压缩机　3—中间冷却器　4—油分离器　5—立式冷凝器　6—贮液器　7—总调节站　8—低压循环桶　9—氨泵　10—液体调节站　11—气体调节站　12—蒸发器　13—气液分离器　14—盐水蒸发器　15—排液桶　16—放空气器　17—集油器　18—加氨站

第三节　卤代烃制冷系统

一、 卤代烃系统的特点

（一）卤代烃制冷剂的性质和特点

由于卤代烃种类繁多，性质有一定差别，因此，要针对所选用的制冷剂来选择设计系统，才能保证正常高效的工作。

1. 卤代烃的溶油性

卤代烃的溶油性各异。有在工作条件下完全溶油的，有的是有限溶油的（例如 R22 等），即在常温下与油完全溶解，而在低温时会产生部分分离而分层的现象，并且油比 R22 轻，浮在液体表面。在有自由液面的蒸发器中（例如满液式蒸发器），油很难回到压缩机曲轴箱，严重时会造成压缩机失油而发生事故。现在使用较普遍的 R134a 制冷剂是采用专门配制的润滑油来保证完全溶油，便于系统回油和压缩机的润滑。由于卤代烃的相对密度都比系统使用的润滑油大，因此不能像氨系统那样分油。

2. 卤代烃制冷剂的溶水性

大部分使用较多的卤代烃制冷剂的溶水性较小，并且溶水性随温度而变。在制冷工作时，水分进入系统易产生冰塞，从而使系统无法正常工作。

3. 卤代烃制冷剂的腐蚀性

卤代烃对金属一般无腐蚀作用，特别是在系统加装了干燥器后，含水已极少，也不会产生镀铜现象，因此，系统可使用多种金属材料。

卤代烃对多种天然有机质有腐蚀作用。例如，天然橡胶垫片可被腐蚀而失去密封作用。因此，一般采用尼龙垫片或人造橡胶作为系统设备及阀件的密封件。

4. 卤代烃制冷剂的回热性

制冷剂发生回热后，有用过热对单位容积制冷量（q_V）的影响及对性能系数（COP）的影响见图 2-10 和图 2-11。

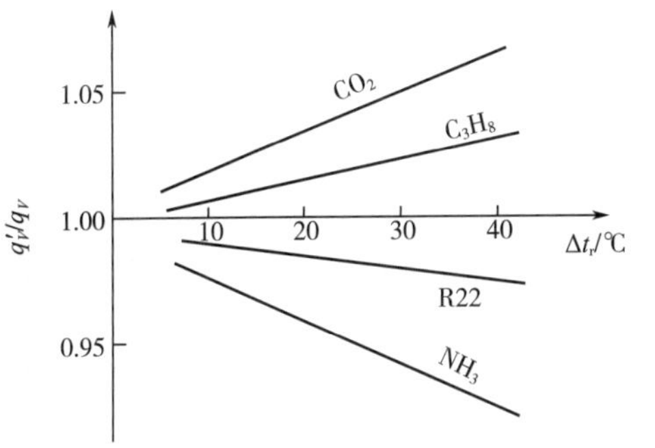

图 2-10　有用过热对单位容积制冷量的影响

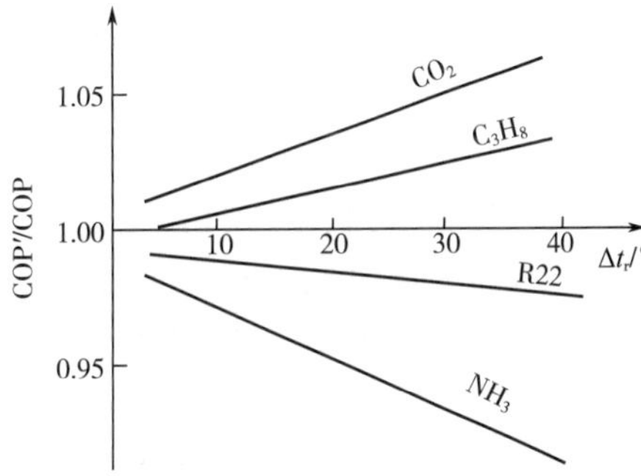

图 2-11　有用过热对性能系数的影响

由图 2-10 和图 2-11 可见，回热性较好的制冷剂采用回热循环后可以提高经济性，还可以防止压缩机的液击。对于回热的经济性影响不大的制冷剂（例如 R22 等），在系统设计中有两种不同观点：一种认为，既然回热不会提高经济性就不采用回热循环了，系统还简化了；另一种认为，采用回热循环好，可以提高压缩机的吸气温度，避免液击，还可以减少有害过热。在具体的设计中可以考虑蒸发温度情况，当蒸发温度较低时，尽量采用回热循环。

（二）卤代烃系统工艺的特点

1. 卤代烃制冷系统的回油问题

在设计时，无论对溶油性好的，还是溶油性不好的制冷剂，都采用系统自动回油处理。一是对压缩机排气进行油分离，通过油分离器使大部分润滑油分离出来，并采用自动回油方式使油自动返回压缩机曲轴箱中。对于小型系统溶油性好的制冷剂，可不设油分离器，而让油与制冷剂在循环后再随回气自动返回曲轴箱中。二是系统的管道及设备的自动回油设计。蒸发器的上进下出供液及回气管道通向压缩机的坡度等都是为了系统的自动回油。采用多组蒸发器串联运行时，要保证最后一组蒸发器为上进下出式供液。

在采用串联蒸发器时，前边多组下进上出时，最后一组上进下出也有利于制冷剂的蒸发。另外也可避免在开机时，由于低压部分的压力突然降低，使大量制冷剂从蒸发器中涌出而造成压缩机的液击。这种情况在小型毛细管供液系统中也经常出现。

如果采用串联蒸发器，前边多组下进上出布管，最后一组上进下出，可以避免液击的出现。对于不溶油的制冷剂，使用于-40℃以下的低温时，油进入蒸发器中，可能会产生油凝结，并在蒸发器中积累，严重时甚至堵塞管路，影响正常制冷。在这类系统中，尽量采用与蒸发温度相适应的润滑油，或在压缩机后设置性能高的油分离器，并及时把分出的油返回压缩机中。

2. 卤代烃供液系统的制冷剂干燥措施

由于卤代烃制冷剂溶水性很小，且溶水性随温度而变，在高温时溶水很容易达到饱和，而节流降温时，一部分水分会析出来结冰堵塞膨胀阀通道，形成冰塞，使系统无法正常工作。在空调用的制冷系统中，由于蒸发温度高，即使有水分也不会形成冰塞。但是，水分的存在会在系统中产生氢氟酸，进而腐蚀金属并影响封闭式及半封闭式压缩机的电机线圈的绝缘性。

因此，在卤代烃系统中，不论低温还是高温系统，都应该采取干燥措施。系统一般对节流前的液体进行干燥处理。由于液体比容小，干燥器的流阻对工作一般不会产生影响。如果干燥器选择不当，流阻过大，也会使该液体气化而影响系统供液。

干燥器与过滤器一般组合在一起称为干燥过滤器，可同时起到干燥与过滤的作用，因此设在节流前的供液管道上，可使节流前液体得到过滤，防止膨胀阀堵塞。小型系统可采用直通式的干燥过滤器，由于管道是较细铜管，更换也方便，系统封闭较好，一般不需要更换。大中型系统一般采用直角式连接的干燥过滤器，更换干燥剂或更换干燥过滤器时方便操作，同时安装旁通阀，便于在维修时，保证系统正常工作（此时制冷剂不经过干燥过滤处理）。在船用制冷系统中，一般并列安装两个干燥过滤器，一个工作，一个备用，可用手动阀转换，保证更换干燥剂时，节流前液体总是被过滤干燥。

为防止水分进入系统，在供液充注制冷剂前，要把系统中水分清除干净，用两级螺旋片式真空泵和氮气打压都有利于清除系统中的剩余水分。

3. 回热循环的选择

卤代烃系统可以采用回热循环以提高经济性或减少压缩机的液击故障。

4. 热力膨胀及电子膨胀阀供液

目前在卤代烃制冷系统中仍采用热力膨胀阀直接供液为主，系统简单，控制方便。一般蒸发器采用内平衡式热力膨胀阀供液即可。对于采用分液头供液的蒸发器，由于分液头的流阻大，必须采用外平衡式热力膨胀阀供液，才能保证正常供液。对个别内部流阻大的蒸发器（例如平板冻结装置）也要采用外平衡式热力膨胀阀供液。要达到更精确的过热度控制，也可采用电子膨胀阀供液。

二、 单级压缩制冷系统

根据规定，卤代烃系统活塞式压缩机的工作压力比不大于10时，采用单级压缩制冷，一般蒸发温度在-30℃左右。单级压缩系统简单，应用方便，被广泛用于食品冷却与冷藏、制冰与贮冰、冷却物冷藏库、家用冰箱、伙食冷库及各种冷藏设备。以卤代烃为制冷剂的单级压缩制冷系统图如图2-12所示。

三、 两级压缩制冷系统

当压力比大于10时，系统应采用两级压缩以提高压缩机效率，降低压力比即降低压缩机的排气温度。以卤代烃作制冷剂的两级压缩制冷系统原理图如图2-13所示。

在两级压缩系统中，为了机组安装方便，中间冷却器大多采用盘管式，由热力膨胀阀供液到盘管中，以冷却低压级排气。为防止停机后液体继续进入中间冷却器，造成高压级液击，在膨胀阀前装设电磁阀，在停机时自动关闭供液。

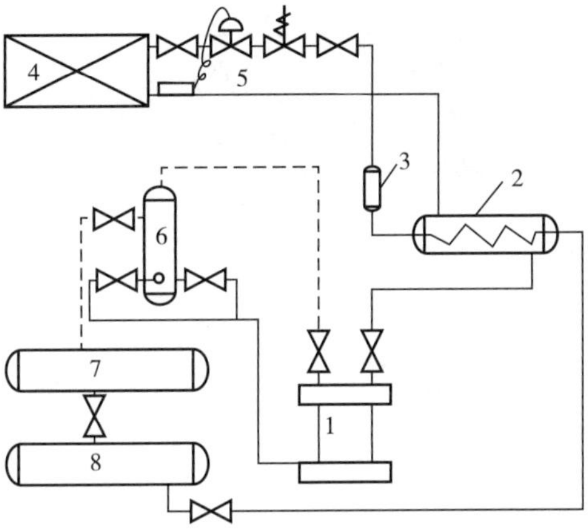

图 2-12　卤代烃单级压缩制冷系统原理图

1—压缩机　2—回热器　3—干燥过滤器　4—蒸发器　5—热力膨胀阀
6—油分离器　7—冷凝器　8—高压贮液器

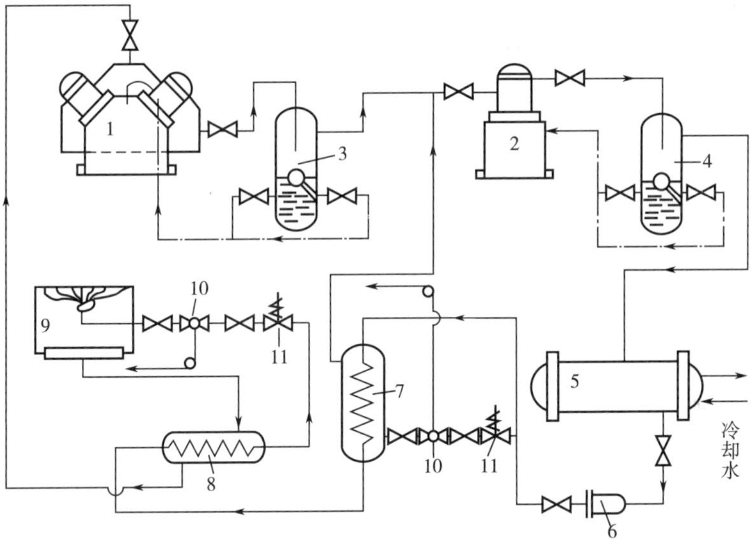

图 2-13　卤代烃两级压缩制冷系统原理图

1—低压压缩机　2—高压压缩机　3—低压油分离器　4—高压油分离器　5—水冷冷凝器
6—干燥过滤器　7—中间冷却器　8—回热器　9—蒸发器　10—节流阀（热力膨胀阀）　11—电磁阀

在冬季运行，压力比较低时，也可变两级压缩为单级压缩，以减少开机台数。可采用旁通阀及过桥阀，进行单双级转换。

对于复叠式制冷系统的低温级使用不溶油的制冷剂时，要用较好的油分离器对压缩机排气进行油分，最大限度地把油分出来，剩余少量油可用蒸发器上进下出及管道回油方式使油返回到压缩机中。一旦在蒸发器形成油冻，可以采用升温熔油，再使油返回压缩机。

某 30t 卤代烃冷库制冷系统原理图如图 2-14 所示。

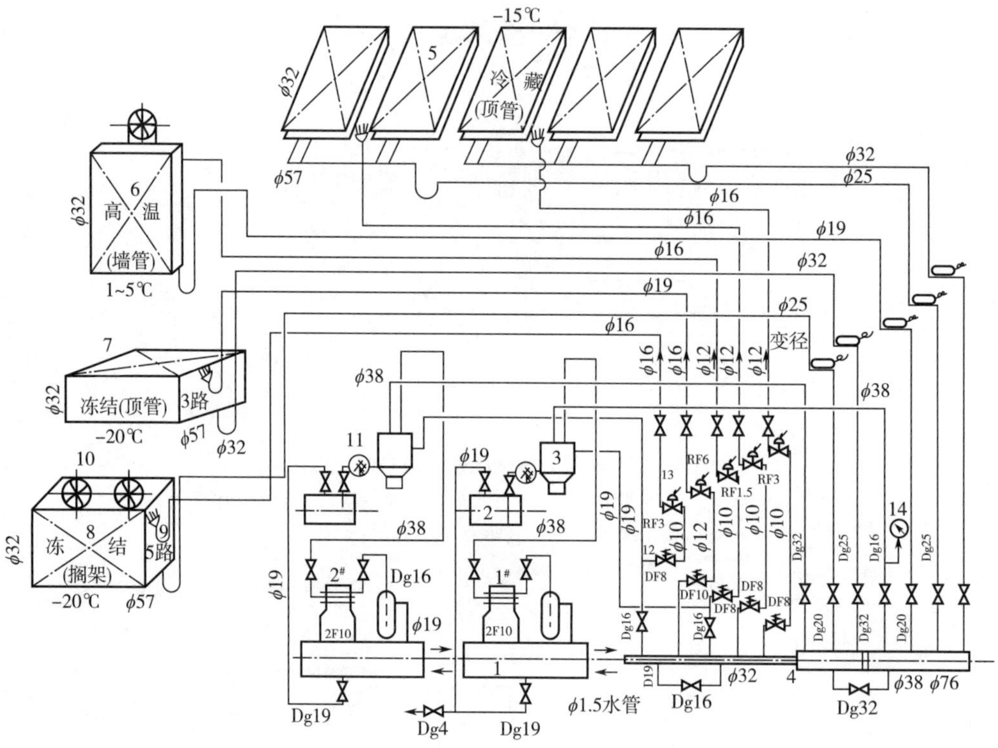

图 2-14　30t 卤代烃冷库制冷系统原理图

1—制冷压缩机（2F10）　2—贮液器 F0.15m^2（Φ400×1200）　3—回热器 F0.2m^2（Φ350×350）　4—调节阀组　5—蒸发顶盘管 132m（D32×0.25）　6—蒸发墙盘管 46m（D32×0.25）　7—蒸发顶盘管 318m（D32×0.25）　8—搁架式蒸发盘管 160m（D32×0.25）　9—供液分配器（2，4，6 路）　10—轴流风机（30K4—11No4）　11—过滤器 Dg16　12—供液电磁阀 4×DF8、1×DF10　13—热力膨胀阀 1×RF1.15，3×RF3，1×RF6　14—压力表

第四节　二氧化碳制冷系统

一、二氧化碳制冷剂的性质和特点

二氧化碳（CO_2）（R744）作为自然工质，从自然界中容易获得，在 19 世纪末到 20 世纪中上开始使用，但当时二氧化碳亚临界制冷循环的效率偏低，随着外界温度升高，二氧化碳系统的制冷效率会变低，能耗变大，因而二氧化碳未受普遍关注，取而代之的是氨、卤代烃［氯氟碳化物（CFCs）、氢氯氟烃（HCFCs）、氢氟碳化物（HFCs）］制冷剂，但是随着臭氧层破坏成为全世界共同关注的问题，人们逐渐认识到卤代烃对臭氧层的破坏作用；由于跨临界二氧化碳制冷循环的研究深入，目前二氧化碳已作为清洁、环保、绿色的制冷剂被逐渐采用。

1. 二氧化碳制冷剂的优点

（1）环境友好性　二氧化碳是天然物质，臭氧层潜能值（ODP）= 0，全球气候变暖潜能值

(GWP) = 1。对大气臭氧层没有破坏作用。

(2) 无毒、不燃　二氧化碳安全无毒、不可燃，并具有良好的热稳定性，即使在高温下也不会分解出有害的气体。

(3) 单位容积制冷量大（系统体积小）　二氧化碳制冷剂单位容积制冷量约是卤代烃制冷剂的5~8倍。分子质量小，制冷能力大，可减少制冷设备与管道尺寸。

(4) 与普通润滑剂和结构材料兼容　可适应各种润滑油和常见机械零部件材料。

(5) 传热性能和流动性能好　二氧化碳液体和蒸气的密度比值小，高密度、低黏度，流体的流动阻力小，热导率高，传热性能比CFC类制冷剂好。

(6) 价格便宜（不需要回收设备）　来源广泛，无需回收，可以大大降低制冷剂替代成本，节约能源，解决化合物对环境的污染问题，具有良好的经济性。

2. 二氧化碳制冷剂的缺点

(1) 运行压力高　二氧化碳临界压力7.38MPa，二氧化碳跨临界制冷循环的工作压力最高可达到10MPa，为传统制冷工质CFC或HCFC系统压力的6~8倍。

(2) 管材、管件、阀门要求高　在大中型制冷系统若控制二氧化碳制冷剂的含水量，可采用以碳钢为主的管道材料，使系统综合成本最低。如果不控制含水量，二氧化碳制冷设备和管道都需要采用不锈钢或铜材防腐，导致造价升高。系统高压力对管材、管件、阀门提出更高要求，成本也更高。此外管道若采用不锈钢，不锈钢焊口需特殊处理，否则容易腐蚀。

(3) 水的影响　二氧化碳系统中如果有水分，不但会造成冰堵，二氧化碳和水反应生产碳酸，会对系统造成腐蚀。在试压结束后需抽空至1torr（1torr=133.3Pa）以下确保系统干燥，并在系统中增加双干燥过滤器，以便更换干燥过滤器。在干燥过滤器两端截止阀中需增加单向阀，避免关闭时升压过高而发生危险。

(4) 停电时二氧化碳系统压力升高　由于二氧化碳常温下压力过高，系统停止运行时，需开启辅助制冷系统防止系统压力升高。

(5) 操作维护　二氧化碳制冷系统同R22制冷系统一样，系统很难回油，采用桶泵循环系统要求完全靠人工操作进行系统回油，在如此高的压力和复杂的系统下，对设备操作人员技术水平提出非常高的要求。系统压力非常高，运行补充二氧化碳和冷冻油，更换阀门、安全阀等，都要求有非常专业的设备维护人员。

3. 二氧化碳系统设计注意事项

二氧化碳在冷库的应用一般采用二氧化碳为制冷剂的蒸气压缩直接式制冷系统（亚临界循环）和采用二氧化碳为载冷剂的间接式制冷系统。

(1) 二氧化碳制冷系统的高温级蒸发温度和二氧化碳冷凝温度的温差应根据经济性原则确定，不宜超过5℃。

(2) 二氧化碳复叠式制冷系统的二氧化碳侧冷凝温度应根据经济性原则确定，如果冷凝侧二氧化碳同时用作间接式制冷系统，则冷凝温度的确定还应遵循系统简化的原则。

(3) 对于大中型制冷系统，载冷剂使用温度低于-5℃时应采用二氧化碳。

(4) 采用二氧化碳冷排管不应按低温低应力工况选用材料，冷排管采用碳钢或低合金钢管制作时，二氧化碳冷排管腐蚀裕量不应小于2mm；

(5) 二氧化碳制冷系统运行过程中无法保障工作压力小于系统设计压力时，应配置辅助制冷机组，辅助制冷机组的蒸发温度与其控制的二氧化碳压力对应饱和温度的温差不宜大于10℃，制冷量应大于二氧化碳系统的漏热量。

（6）对于二氧化碳，除非有特殊要求，其制冷系统内的不凝性气体可直接排放。

（7）二氧化碳制冷系统应设置制冷剂水分含量显示装置和干燥剂可更换的干燥装置。

二、二氧化碳跨临界制冷循环

二氧化碳跨临界制冷循环是蒸气压缩式制冷循环，它的基本循环过程由蒸发器、压缩机、气体冷却器和膨胀阀完成。图 2-15 是带回热器的二氧化碳跨临界单级制冷循环系统。使用回热循环能够减少节流过程的能量损失，提高系统的能效比（COP），但会引起压缩机的吸、排气温度上升，当蒸发温度较低时，会引起排气温度过高，导致压缩机无法正常工作。而在回热循环的基础上采用两级压缩可以有效降低压缩机的排气温度，提高循环的效率，保障压缩机安全，并实现更低的制冷温度。图 2-16 是带回热器的二氧化碳跨临界两级制冷循环系统。

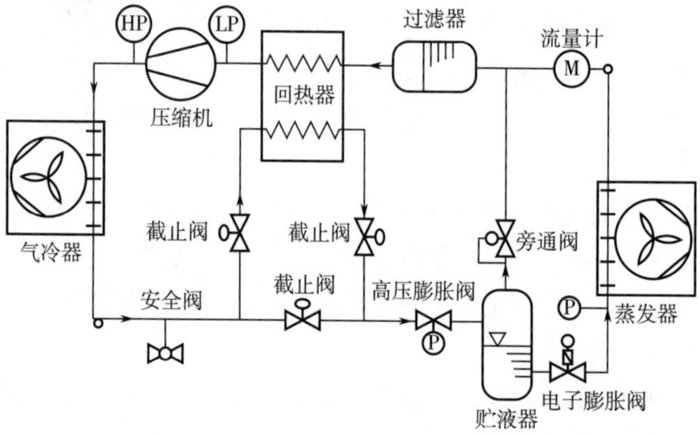

图 2-15　带回热器的二氧化碳跨临界单级制冷循环系统

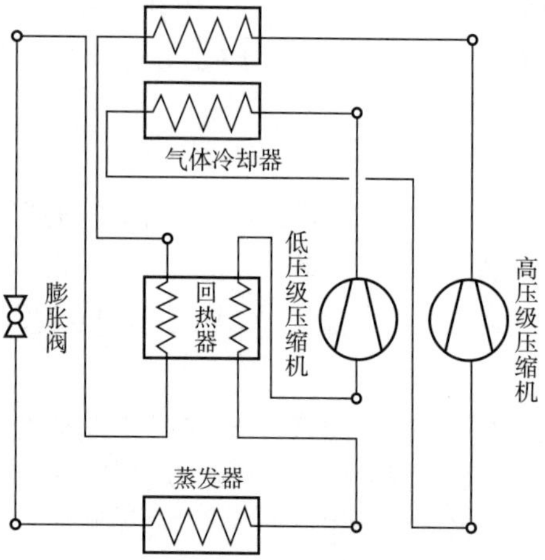

图 2-16　带回热器的二氧化碳跨临界两级制冷循环系统

三、二氧化碳-氨复叠式制冷系统

二氧化碳制冷循环可以分为亚临界和超临界制冷循环。二氧化碳亚临界循环与常见的氟制冷循环没有本质区别。

因二氧化碳临界温度较低（31.1℃），采用二氧化碳的亚临界循环时一般是与其他制冷剂组成复叠式制冷循环运行。由于二氧化碳的标准沸点低，用复叠式制冷可以实现更低的温度。图 2-17 所示为二氧化碳—氨复叠式制冷系统原理图。

复叠式制冷流程由高温级（NH_3）和低温级（CO_2）两部分组成，通过冷凝蒸发器衔接起来。

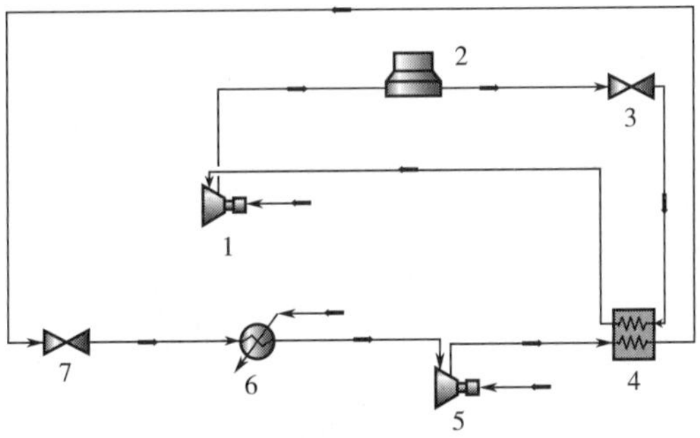

图 2-17　二氧化碳-氨复叠式制冷系统原理图

1—氨压缩机　2—空气冷凝器　3，7—节流阀　4—冷凝蒸发器　5—二氧化碳压缩机　6—蒸发器

根据不同的库温要求，一种制冷剂单一制冷系统能够达到所需的温度时，尽量不选用复叠制冷方式，除非食品加工及贮存确实需要更低的温度或者加工场所受国家新规范制约的情况下才选用。因为二氧化碳复叠式制冷系统是利用两套独立的制冷系统，将二氧化碳侧低温系统所吸收的热量，通过其冷凝器传递给另一制冷系统的蒸发器，然后再由高温侧的制冷系统的冷凝器将热量释放到水与空气中，这种通过两套独立制冷装置以接力形式完成热量传递的制冷系统，其能耗与单一制冷系统相比要大一些。目前常规做法是将氨用作高温段制冷剂，二氧化碳用作低温段制冷剂。两个制冷循环通过一个冷凝蒸发器联系在一起，构成完整的复叠循环。但是二氧化碳与氨共同在冷凝蒸发器两侧，如果泄漏二者将发生化学反应产生固态物进入氨吸气管道，造成氨制冷系统瘫痪。

二氧化碳制冷系统运行过程中无法保障工作压力小于系统设计压力时，应配置辅助制冷机组，辅助制冷机组的蒸发温度与其控制的二氧化碳压力对应饱和温度的温差不宜大于 10℃，制冷量应大于二氧化碳系统的漏热量。

二氧化碳系统应设置制冷剂水分含量显示装置和干燥剂可更换的干燥装置。

四、二氧化碳载冷剂系统

大多数传统载冷剂的传热性能较差，低温时压力损失较大，因此间接式系统的制冷性能较低。二氧化碳无毒、不易燃，同时，由于具有较好的输运性质，其在管道内的压力损失较小。所以，二氧化碳作为载冷剂，能很好地改善系统的制冷性能。

以二氧化碳为载冷剂的氨两级压缩制冷系统如图 2-18 所示。低压氨蒸气经压缩机压缩，进入冷凝器冷却，再通过节流阀节流降压，最后进入蒸发冷凝器中和载冷剂二氧化碳进行换热，二氧化碳在蒸发冷凝器中凝结为液体，然后以自然循环或者使用二氧化碳循环泵进行强制供液进入冷风机中吸收外界热量，最后以气态形式再次进入到蒸发冷凝器中。与二氧化碳-氨复叠式制冷系统不同，以二氧化碳为载冷剂的氨制冷系统中，二氧化碳侧没有压缩机，采用自然循环方式或者由循环泵提供动力。氨制冷系统和二氧化碳循环系统通过蒸发冷凝器进行冷量输送，蒸发冷凝器是氨制冷系统的蒸发器，同时也是二氧化碳侧的冷凝器，其换热性能直接影响到氨侧的蒸发温度和二氧化碳侧的冷凝温度，最终影响制冷系统的性能指标和经济指标。一般情况下，当蒸发温度高于-25℃时该系统可采用氨单级压缩。二氧化碳的传热性能良好，因此可以使设备设计尺寸更小，降低系统耗能。

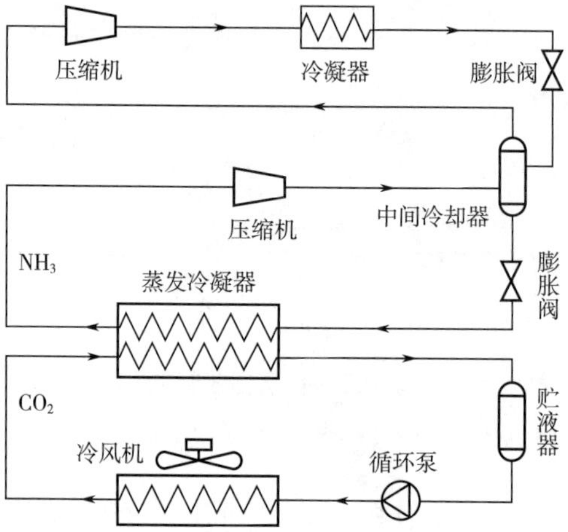

图 2-18　CO_2载冷剂的氨两级压缩制冷系统原理图

二氧化碳作为载冷剂的氨制冷系统中，氨的充注量相比较于传统的氨制冷系统大幅度减少，最高可减少 90%，从源头上降低了系统的危险性；并且氨制冷系统可以设置在远离公共场所和经常需要人员出入的场所；二氧化碳无毒、无味、不可燃，并且相对分子质量比空气大，还可以直接送入超市制冷设备对食品进行冻结和冷藏，进一步解决了安全问题。在二氧化碳冷风机中是相变传热，因此在提供相同冷量情况下，载冷剂的质量流量减少，从而使系统管道直径和换热器面积减小，使系统布置可以更加紧凑，不仅降低材料使用量还节省了空间。二氧化碳侧不需用压缩机，实现了无油运行，彻底消除了润滑油对传热性能的影响。同时，二氧化碳载冷剂利用了相变潜热，与其他无相变载冷剂相比，二氧化碳循环泵的功率大幅度降低。综上所述，以二氧化碳作为载冷剂的氨制冷系统具有很好的发展前景，不仅使用了自然工质，系统还更加节能。由于低温级制冷流程采用自然工质二氧化碳，拓宽了该系统的使用范围。

思考题

1. 冷库制冷系统如何进行分类的？

2. 制冷系统中各种供液方式有何优缺点？如何根据需求合理选择制冷系统的供液方式？

3. 氨制冷系统工艺的特点有哪些？单双级氨制冷系统是怎么组成的？

4. 卤代烃单双级氨制冷系统是怎么组成的？有何特点？

5. 二氧化碳制冷系统是怎么组成的？有何特点？

6. 若有一个200t/d冻结要求的水产冷冻厂的建设项目，在确定制冷系统方案时需要从哪些方面考虑？

CHAPTER 3

第三章

制冷负荷计算

学习目标

1. 能够进行设计参数的选择；
2. 掌握制冷负荷的计算方法，能够根据项目要求进行计算；
3. 了解制冷负荷估算方法。

制冷负荷计算应包括冷间冷却设备负荷和制冷系统机械负荷，宜计算逐时负荷或采用通过工程系数修正的稳态计算方法。

冷间冷却设备负荷应包括：冷间围护结构热流量（Q_1）、冷间内货物热流量（Q_2）、冷间通风换气热流量（Q_3）、冷间内电动机运转热流量（Q_4）和冷间操作热流量（Q_5）。

制冷系统机械负荷应根据不同蒸发温度分别计算，各蒸发温度的机械负荷应包括所有相应冷间的冷间围护结构热流量、冷间内货物热流量、冷间通风换气热流量、冷间内电动机运转热流量、冷间操作热流量和所有相应制冷设备与管道的冷损耗。

计算制冷负荷，首先应根据必要的基础资料和设计参数，求出在最不利条件下，各库房在单位时间内所必须取走的热量，即库房耗冷量（冷间冷却设备负荷）。然后再根据不同的因素对库房的各类耗冷量进行适当修正，从而确定出冷库的制冷负荷，即冷却设备负荷和压缩机负荷（制冷系统机械负荷）。

计算制冷负荷的目的，是为正确选择制冷机器、设备和管道提供可靠的依据，它是设计冷库制冷装置的基础工作之一。

第一节　冷库制冷负荷计算基础

一、 基础资料

（1）建库地区的气象资料　包括气温、湿度、风向、水文、潮位等。

（2）库房平面图和剖面图　应注明座向、尺寸和围护结构构造，以便确定库房承受太阳辐射的方向、围护结构的面积和传热系数的大小等。

（3）各冷间的进货量　冷却间、冻结间按照生产能力的设计要求确定。冻结物冷藏间的食品每日进货量应按实际使用要求确定，没有明确的要求时物流冷库不宜少于冷间计算容量的5%，商用冷库不宜少于冷间计算容量的10%；冷却物冷藏间的食品每日进货量应按实际使用要求确定，没有明确的要求时物流冷库不宜少于冷间计算容量的10%，商用冷库不宜少于冷间计算容量的20%。

（4）各冷间设计温度和湿度要求　这主要是由食品冷加工工艺条件、贮藏食品的性质、贮藏期限以及技术经济分析所决定的。

二、设计参数的确定

（一）室内外计算参数的确定

1. 室外计算参数的确定

计算冷库热负荷所用的室外气象参数应采用采暖通风和空气调节设计参数。此外，还需注意一些选用原则。规定如下：

（1）冷间围护结构传入热量计算所用的室外计算温度　对于冷间外墙和屋面外侧的计算温度应采用夏季空气调节室外计算日平均温度，热流量计算应包括太阳辐射的影响；对于冷间内墙和楼板外侧的计算温度采用邻室的室温，详见本节“邻室计算温度的确定”。

室外空气计算相对湿度是在计算冷间通风换气热流量和开门热流量时需要确定的参数，可按《工业建筑供暖通风与空气调节设计规范》中规定的夏季通风室外计算相对湿度选用；核算库房外围护结构高温侧是否会结露以及根据两侧空气水蒸气分压力计算隔汽层时需要用到的室外空气相对湿度，应采用最热月月平均相对湿度。

（2）开门热量和冷间换气热量计算的室外温度　应采用夏季通风温度，室外相对湿度应采用夏季通风室外计算相对湿度。

（3）蒸发式冷凝器计算的湿球温度　应采用夏季室外平均每年不保证50h的湿球温度。

各主要城市的夏季空气调节室外计算日平均温度可从GB 50019—2015《工业建筑供暖通风与空气调节设计规范》中查得。

2. 室内设计参数的确定

室内设计参数即冷间设计温度和相对湿度，见表3-1。

表3-1　冷间设计温度和相对湿度

冷间名称	室温/℃	相对湿度/%	适用食品范围
冷却间	0~4	—	水果、蔬菜、肉、蛋等
冻结间	-23~-18	—	水果、蔬菜、肉、禽、蛋等
	-30~-23	—	鱼、虾、冰淇淋等

续表

冷间名称	室温/℃	相对湿度/%	适用食品范围
冷却物冷藏间	0	85~90	冷却后的肉、禽及副产品
	-2~0	80~85	鲜蛋
	-1~1	90~95	冰鲜鱼
	0~2	85~90	苹果、梨等
	-1~1	90~95	大白菜、蒜薹、葱头、菠菜、香菜、胡萝卜、甘蓝、芹菜、莴苣等
	2~4	85~90	土豆、柑橘、荔枝等
	7~13	85~95	柿子椒、菜豆、黄瓜、番茄、菠萝、柑橘等
	11~16	85~90	香蕉等
冻结物冷藏间	-20~-18	85~90	冻结的水果、蔬菜、肉、禽及副产品、蛋、果汁、棒冰等
	-18~25	90~95	鱼、虾、冰淇淋等
冷却物包装间	≤15	—	—
冻结物包装间	-5	—	—
贮冰间	-6~-4	—	盐水制冰的冰块
	-10~-6	—	快速制冰的冰，如管冰、片冰等
再冻间	-23	—	温度回升至-12℃以上的冻品

注：冷却物冷藏间设计温度一般取0℃，食品实际贮藏的温度应按照其产地、品种、成熟度和降温时间等设定温度及相对湿度。

3. 邻室计算温度的确定

对于直接与室外大气相邻的冷间，室外温度如上述“1. 室外计算参数的确定”选取。若对两个冷间之间或冷间与其他建筑物之间进行传热计算时，则应以邻室计算温度来代替室外计算温度，按下列规定取值：

（1）邻室为冷却间或冻结间　计算温度应该取该类冷间空库保冷温度。选取空库保冷温度时，冷却间按10℃，冻结间按-10℃计算。

（2）冷间地面隔热层下设有通风加热装置　冷间外侧温度按1~2℃计算；地面下部无加热装置或地面下部为自然通风架空层时，冷间外侧的计算温度应采用夏季空气调节日平均温度。

（3）两用间　对于两用间的计算温度，进行本房间热量计算时，室内温度取低库温值；作为其他库房的邻室时，则取高库温度值。

（4）如邻室是设有冷却设备，有设定温度的房间，邻室计算温度可取该设定温度。

（5）如邻室是常温穿堂、地下室、附属建筑物等没有规定温度的房间，该房间的温度可采用热平衡方法计算求出。虽然这样计算所得数值精确，但由于计算较繁难，在冷间制冷负荷计算中很少使用。通常的方法是以室外计算温度代替邻室计算温度，并根据室外温度对邻室温度的影响程度及各种不同情况对室内外温差进行修正，以此来简化计算。

4. 货物进出库时温度的确定

(1) 货物进库温度的确定

①冻结物冷藏间的食品进入温度应按食品进入前的冷加工及贮运条件确定，没有明确的要求时不宜低于-8℃；

②计算冷却物冷藏间的鲜蛋、水果、蔬菜及其包装材料的进货温度以及计算水果、蔬菜冷却时的呼吸热量的初始温度应按食品进入前的冷加工及贮运条件确定，没有明确的要求时生产性冷库不宜低于当地食品进入冷间的生产旺月的月平均温度，物流冷库和商用冷库贮藏果蔬不宜低于25℃；若无确切的生产旺月的月平均温度时，可按夏季空气调节日平均温度乘以季节修正系数 n_1（表3-2）采用；

③冷藏车、船运来的冰鲜鱼虾温度取15℃，经整理后进入冷加工间的温度按照鱼虾的用水温度；

④未经冷却的鲜肉按照35℃，已经冷却的鲜肉温度取4℃。

(2) 货物的出库温度的确定　货物的出库温度应根据冷库规模、产品品种以及产品冷加工工艺要求等来确定，无具体要求时，下列数据可供参考：

①肉类从冷却间出库时温度可按4℃计；

②肉类、鱼品从冻结间（或再冻间）出库时的温度可按-15℃计；

③冷却物冷藏间出库温度可按0℃计；

④冻结物冷藏间出库温度可按-18℃计。

表3-2　季节修正系数（n_1）表

纬度	库温	1月	2月	3月	4月	5月	6月	7月	8月	9月	10月	11月	12月
北纬	0	-0.70	-0.50	-0.10	0.40	0.70	0.90	1.00	1.00	0.70	0.30	-0.10	-0.50
40°以上	-10	-0.25	-0.11	0.19	0.59	0.78	0.92	1.00	1.00	0.78	0.49	0.19	-0.11
（含40°）	-18	-0.02	0.10	0.33	0.64	0.82	0.93	1.00	1.00	0.82	0.58	0.33	0.10
	-23	-0.08	0.18	0.40	0.68	0.84	0.94	1.00	1.00	0.84	0.62	0.40	0.18
	-30	0.19	0.28	0.47	0.72	0.86	0.95	1.00	1.00	0.86	0.67	0.47	0.28
北纬	0	-0.30	-0.20	0.20	0.50	0.80	0.90	1.00	1.00	0.70	0.50	0.10	-0.20
35°~40°	-10	0.05	0.14	0.41	0.65	0.86	0.92	1.00	1.00	0.78	0.65	0.35	0.14
（含35°）	-18	0.22	0.29	0.51	0.71	0.89	0.93	1.00	1.00	0.82	0.71	0.38	0.29
	-23	0.30	0.36	0.56	0.74	0.90	0.94	1.00	1.00	0.84	0.74	0.40	0.36
	-30	0.39	0.44	0.61	0.77	0.91	0.95	1.00	1.00	0.86	0.77	0.47	0.44
北纬	0	0.10	0.15	0.33	0.53	0.72	0.86	1.00	1.00	0.83	0.62	0.41	0.20
30°~35°	-10	0.31	0.36	0.48	0.64	0.79	0.86	1.00	1.00	0.88	0.71	0.55	0.38
（含30°）	-18	0.42	0.46	0.56	0.70	0.82	0.90	1.00	1.00	0.88	0.76	0.62	0.48
	-23	0.47	0.51	0.60	0.73	0.84	0.91	1.00	1.00	0.89	0.78	0.65	0.53
	-30	0.53	0.56	0.65	0.76	0.85	0.92	1.00	1.00	0.90	0.81	0.69	0.58

续表

纬度	库温	1月	2月	3月	4月	5月	6月	7月	8月	9月	10月	11月	12月
北纬	0	0.18	0.23	0.42	0.60	0.80	0.88	1.00	1.00	0.87	0.65	0.45	0.26
25°~30°	-10	0.39	0.41	0.56	0.71	0.85	0.90	1.00	1.00	0.90	0.73	0.59	0.44
（含25°）	-18	0.49	0.51	0.63	0.76	0.88	0.92	1.00	1.00	0.92	0.78	0.65	0.53
	-23	0.54	0.56	0.67	0.78	0.89	0.93	1.00	1.00	0.92	0.80	0.67	0.57
	-30	0.59	0.61	0.70	0.80	0.90	0.93	1.00	1.00	0.93	0.82	0.72	0.62
北纬	0	0.44	0.48	0.63	0.79	0.94	0.97	1.00	1.00	0.93	0.81	0.65	0.40
25°以下	-10	0.58	0.60	0.73	0.85	0.95	0.98	1.00	1.00	0.95	0.85	0.75	0.63
	-18	0.65	0.67	0.77	0.88	0.96	0.98	1.00	1.00	0.96	0.88	0.79	0.69
	-23	0.68	0.70	0.79	0.89	0.96	0.98	1.00	1.00	0.96	0.89	0.81	0.72
	-30	0.72	0.73	0.82	0.90	0.97	0.98	1.00	1.00	0.97	0.90	0.83	0.75

（二）冷库容量的计算

冷库的冷却物冷藏间和冻结物冷藏间的容量总和，称为该冷库的总容量。冷库的容量有以下三种表示方法。

①公称体积：为冷藏间或贮冰间的净面积（不扣除柱、门斗和制冷设备所占的面积）乘以房间净高；

②冷库计算吨位：以代表性食品的计算密度、冷间的公称体积及其体积利用系数计算而得；

③冷库实际吨位：按实际堆货的情况计算而得。

公称体积是较为科学的描述，与国际接轨的方法；计算吨位是国内常见的方法；实际吨位是具体贮藏的计算方法。下面介绍后两种计算方法。

1. 冷库计算吨位

冷却物冷藏间、冻结物冷藏间及贮冰间的容量（计算吨位）可按式（3-1）计算：

$$G=\frac{\sum V\rho\eta}{1000} \tag{3-1}$$

式中　G——冷库贮藏吨位，t；

V——冷藏间、贮冰间的公称体积，m^3；

η——冷藏间、贮冰间的体积利用系数，分别见表3-3，表3-4；

ρ——食品的计算密度，kg/m^3，应按实际密度采用，或以不小于表3-5的数据确定；

1000——换算系数。

表3-3　冷藏间体积利用系数

公称体积/m^3	体积利用系数
≤100	0.50（装配库）
101~500	0.45（装配库）
501~1000	0.40

续表

公称体积/m^3	体积利用系数
1001~2000	0.50
2001~10000	0.55
10001~15000	0.60
>15000	0.62

注：(1) 对于仅贮存冻结食品或冷却食品的冷库，表内公称容积为全部冷藏间公称体积之和；对于同时贮存冻结食品和冷却食品冷库，表内公称体积分别为冻结物冷藏间或冷却物冷藏间各自的公称体积之和。

(2) 蔬菜冷藏库的体积利用系数应以表内数值乘以0.8的修正系数。

表3-4 贮冰间体积利用系数

贮冰间净高/m	体积利用系数
≤4.20	0.40
4.21~5.00	0.50
5.01~6.00	0.60
>6.00	0.65

表3-5 食品的计算密度 单位：kg/m^3

食品名称	密度	食品名称	密度
冻猪白条肉	400	冻分割肉	650
冻牛白条肉	330	纸箱冻兔（带骨）	500
冻羊腔	250	纸箱冻兔（去骨）	650
块装冻剔骨肉或副产品	600	木箱鲜鸡蛋	300
块装冻鱼	470	篓装、箱装鲜蛋	260
块装冻冰蛋	630	新鲜蔬菜	230
冻猪油（冻动物油）	650	篓装、箱装新鲜水果	350
罐冰蛋	600	托板式活动货担存菜	250
纸箱冻家禽	550	新鲜蔬菜	230
盘冻鸡	350	机制冰	750
盘冻鸭	450	虾（盘装）	400
纸箱冻蛇	450	其他	按实际密度采用

2. 冷库实际吨位

冷库实际吨位可按实际堆货体积计算，如式（3-2）。

$$G=\frac{\sum V\rho\eta}{1000} \tag{3-2}$$

式中 G——冷库实际吨位，t；

V——冷藏间、贮冰间的实际堆货体积，m^3；

ρ——食品的计算密度，kg/m^3；

η——冷藏间、贮冰间的体积利用系数，分别见表 3-3，表 3-4。

对于采用货架贮存冷藏物的冷库计算容量可按每个货位（托盘）最大允许存放量的总和计算。货位（托盘）数量应按实际布置确定。

第二节　冷库制冷负荷计算

一、冷却设备负荷和机械负荷计算

冷却设备负荷和机器负荷并不等于库房耗冷量 Q（即库房各类热量）的总和，因为还要考虑到库房各类热量的特性，比如围护结构传入热 Q_1 与通风换气耗冷量 Q_3 随季节和昼夜大气温度而变化，食品冷加工放热量则随加工过程而变化，操作管理耗冷量则受管理的合理程度影响等。

（一）冷间冷却设备负荷

库房冷却设备负荷即蒸发器热负荷，其计算的原则是要保证即使各种不利因素同时出现，库房冷却设备也能及时带走各种热源产生的热量，以便维持库房所需的工况，确保冷加工食品的质量。由于实际上食品在冷加工过程中其放热过程是不均衡的，例如，对肉类冻结间，食品在冻结第二阶段的单位时间放热量要比冻结全过程平均放热量大 1.2~1.4 倍。对于果蔬冷却间，由于刚进货时食品与库温的温差最大，而且其呼吸强度也较大，所以在冷却初期单位时间的放热量也比冷却全过程的平均放热量大。由于在计算 Q_2 时是按均衡放热来考虑的，故必须对货物热流量 Q_2 加以修正。

冷间冷却设备负荷应按式（3-3）计算：

$$Q_s = Q_1 + PQ_2 + Q_3 + Q_4 + Q_5 \tag{3-3}$$

式中　Q_s——冷间冷却设备负荷，W；

Q_1——围护结构热流量，W；

Q_2——货物热流量，W；

Q_3——通风换气热流量，W；

Q_4——电动机运转热流量，W；

Q_5——操作热流量，W；

P——货物热流量系数。

冷却间、冻结间和货物不经冷却而进入冷却物冷藏间的货物热流量系数 P 应取 1.3，其他冷间取 1。

由于冷间冷却设备的配置都是以各自的制冷负荷为依据，所以在计算 Q_s 时要逐间分别进行；由于各冷间的作用不同，所以各冷间冷却设备负荷的内容也不一样，计算时要按表 3-6 的形式分间汇总。

表 3-6　　各冷间冷却设备负荷 Q 汇总表

序号	冷间类别		热量类别				
			Q_1	PQ_2	Q_3	Q_4	Q_5
1	冷却间		Q_1	$1.3\,Q_2$	—	Q_4	—
2	冻结间		Q_1	$1.3\,Q_2$	—	Q_4	—
3	冷却物冷藏间		Q_1	Q_2	Q_3	Q_4	Q_5
4	冻结物冷藏间	排管式	Q_1	Q_2	—	—	Q_5
		风冷式	Q_1	Q_2	—	Q_4	Q_5
5	贮冰间	排管式	Q_1	Q_2	—	—	Q_5
		风冷式	Q_1	Q_2	—	Q_4	Q_5

对于制冰的蒸发器负荷，则不必考虑制冰过程水放热的不均衡因素，因为盐水的蓄热量很大，而且全池冰桶中的水也不是在同一刻结冰（因冰桶入池有先后），即使水在结冰过程放出的潜热没有及时取走，也不会影响冰块的质量，所以其蒸发器负荷就等于制冰各类热量之和，如式（3-4）。

$$Q_s = \sum_{i=1}^{5} Q_i \tag{3-4}$$

（二）冷间机械负荷

机械负荷是压缩机选型的依据，它不仅要能满足冷库生产高峰负荷的要求，还要考虑到经济性和合理性。如前所述，冷库各类耗能量都是按库房在最不利生产条件下求得的，而在实际生产过程中，各种不利因素同时出现的概率很少。以 Q_1 和 Q_2 为例，Q_1 的最大值出现在夏季，但冷库的生产旺季不一定在夏季。例如：肉联厂旺季一般在冬初，水产冷冻旺季一般在秋末至来年春季，鲜蛋的生产旺季在 4~6 月。而且一个制冷系统有多间库房，负荷最大的时间也可能存在差异，各个库房不一定同时操作和使用。因此，压缩机所需承担的最大负荷不是各个库房的各个热负荷的代数和，而应该是比这个代数和小的值。因此，应将同一个蒸发温度的各库房的各类热负荷按不同情况加以修正，再考虑管路、设备等冷量损失来确定。冷间机械负荷应分别根据不同蒸发温度按式（3-5）计算：

$$Q_j = (n_1 \sum Q_1 + n_2 \sum Q_2 + n_3 \sum Q_3 + n_4 \sum Q_4 + n_5 \sum Q_5)R \tag{3-5}$$

式中　Q_j——机械负荷，W；

n_1——冷间围护结构热流量的季节修正系数，一般可根据冷库生产旺季出现的月份，按表 3-2 的规定采用。当冷库全年生产无明显淡旺季区别时，应取 1；

n_2——货物热流量折减系数；

n_3——同期换气系数，宜取 0.5~1.0（同时最大换气量与全库每日总换气量的比值大时取大值）；

n_4——冷间用的电动机同期运转系数，见表 3-7；

n_5——冷间同期操作系数，见表 3-7；

R——制冷装置和管道等冷损耗补偿系数，直接冷却系统宜取 1.07，间接冷却系统宜取 1.12。

货物热流量折减系数 n_2 应根据冷间的性质确定。冷却物冷藏间宜取 0.3~0.6（参照表 1-1，冷库的公称体积为大值时 n_2 取小值）；冻结物冷藏间宜取 0.5~0.8（参照表 1-1，冷库的公称体积为大值时 n_2 取大值）；冷加工间和其他冷间应取 1。

冷间用的电动机同期运转系数 n_4 和冷间的同期操作系数 n_5，应按表 3-7 规定采用。

表 3-7 冷间用电动机同期运转系数 n_4 和冷间同期操作系数 n_5

冷间总数/间	n_4 或 n_5
1	1
2~4	0.5
≥5	0.4

注：(1) 冷却间、冷却物冷藏间、冻结间 n_4 取 1；其他冷间按本表取值。

(2) 冷间总间数应按同一蒸发温度且用途相同的冷间间数计算。

二、 冷间各项热负荷的计算

1. 围护结构热流量（Q_1）

计算围护结构需计算围护结构传热系数（K_w），如式（3-6）所示。

$$K_w = \frac{1}{R_0} = \frac{1}{\frac{1}{\alpha_w} + \sum_{i=1}^{n} \frac{\delta_i}{\lambda_i} + \frac{1}{\alpha_n}} \tag{3-6}$$

式中 K_w——围护结构传热系数，W/（$m^2 \cdot K$）；

R_0——围护结构总热阻，见表 3-8~表 3-12，$m^2 \cdot K/W$；

α_w、α_n——库房围护结构内、外表面的放热系数，W/（$m^2 \cdot K$），见表 3-13；

λ_i——库房围护结构各层材料的热导率，W/（m·K），见表 3-14；

δ_i——库房围护结构各层材料的厚度，m；

n——库房围护结构材料层数。

围护结构热流量应按式（3-7）计算：

$$Q_1 = K_w A_w a(\theta_w - \theta_n) \tag{3-7}$$

式中 Q_1——围护结构热流量，W；

K_w——围护结构传热系数，W/（$m^2 \cdot K$）；

A_w——围护结构的传热面积，m^2；

a——围护结构两侧温差修正系数，可按表 3-15 采用；

θ_w——围护结构外侧的计算温度，K，即夏季空气调节室外计算日平均温度；

θ_n——围护结构内侧的计算温度，K。

表 3-8 冷间外墙、无阁楼的屋面、有阁楼的顶棚的总热阻 R_0 单位：$m^2 \cdot K/W$

设计采用的室内外温度差 Δt/℃	单位面积热流量/（W/m^2）						
	6	7	8	9	10	11	12
90	15.00	12.86	11.25	10.00	9.00	8.18	7.50

续表

设计采用的室内外温度差 Δt/℃	单位面积热流量/（W/m²）						
	6	7	8	9	10	11	12
80	13.00	11.43	10.00	8.89	8.00	7.27	6.67
70	11.67	10.00	8.75	7.78	7.00	6.36	5.83
60	10.00	8.57	7.50	6.67	6.00	5.45	5.00
50	8.33	7.14	6.25	5.56	5.00	4.55	4.17
40	6.67	5.71	5.00	4.44	4.00	3.64	3.33
30	5.00	4.29	3.75	3.33	3.00	2.73	2.50
20	3.33	2.86	2.50	2.22	2.00	1.82	1.67

表3-9 冷间隔墙的总热阻 R_0 单位：m²·K/W

隔墙两侧室名及设计室温	单位面积热流量/（W/m²）	
	10	12
冻结间（-23℃）—冷却间（0℃）	3.80	3.17
冻结间（-23℃）—冷却间（0℃）	2.80	2.33
冻结间（-23℃）—冻结间（-23℃）	2.70	2.25
冻结间（-23℃）—穿堂（4℃）	2.00	1.67
冻结间（-23℃）—穿堂（-10℃）	3.30	2.75
冻结物冷藏间（-20~-18℃）—冷却物冷藏间（0℃）	2.80	2.33
冻结物冷藏间（-20~-18℃）—冰库（-4℃）	2.80	2.33
冻结物冷藏间（-20~-18℃）—穿堂（4℃）	2.00	1.67

注：冷间隔墙总热阻已考虑生产中的温度波动因素。

表3-10 冷间楼面的总热阻 R_0

楼板上下冷间设计温度差 Δt/℃	R_0
35	4.77
23~28	4.08
15~20	3.31
8~12	2.58
5	1.89

注：（1）楼板总热阻已考虑生产中温度波动因素。

（2）当冷却物冷藏间楼板下为冻结物冷藏间时，其楼板热阻不宜小于4.08m²·K/W。

表3-11 直接铺设在土壤上的冷间地面总热阻 R_0

冷间设计温度差 Δt/℃	R_0/（m²·K/W）
-2~0	1.72

续表

冷间设计温度差 Δt/℃	R_0/（$m^2 \cdot K/W$）
-10～-5	2.54
-20～-15	3.18
-28～-23	3.91
-35	4.77

注：当地面隔热层采用炉渣时，总热阻按本表数据乘以修正系数0.8。

表3-12　铺设在架空层上的冷间地面总热阻 R_0

冷间设计温度差 Δt/℃	R_0/（$m^2 \cdot K/W$）
-2～0	2.15
-10～-5	2.71
-20～-15	3.44
-28～-23	4.08
-35	4.77

表3-13　围护结构内外表面放热系数 α_w、α_n和总热阻 R_0

围护结构部位及环境条件	α_w/[$W/(m^2 \cdot K)$]	α_n/[$W/(m^2 \cdot K)$]	R_0/($m^2 \cdot K/W$)
无防风设施的屋面、外墙的表面	23	—	0.043
冷间上为阁楼或常温房间的顶棚的外表面、外墙外部紧邻其他建筑物的外表面	12	—	0.083
外墙和顶棚的内表面、内墙和楼板的表面、地面的上表面：			
1. 冻结间、冷却间设有强力鼓风装置时	—	29	0.034
2. 冷却物冷藏间设有强力鼓风装置时	—	18	0.056
3. 冻结物冷藏间设有鼓风的冷却设备时	—	12	0.083
4. 冷间无机械鼓风装置时	—	8	0.125
地面下为通风架空层	8	—	0.125

表3-14　冷库围护结构常用防潮、隔汽材料的热物理参数

材料	密度/(kg/m^3)	厚度/mm	热导率/[$W/(m \cdot K)$]	热阻/($m^2 \cdot K/W$)	蒸汽渗透系数/[$g/(m \cdot h \cdot Pa)$]	蒸汽渗透阻/($m \cdot h \cdot Pa/g$)
350号石油沥青毛毡	1130	1.5	0.27	0.0050	1.35×10^{-6}	1106.57

续表

材料	密度/(kg/m³)	厚度/mm	热导率/[W/(m·K)]	热阻/(m²·K/W)	蒸汽渗透系数/[g/(m·h·Pa)]	蒸汽渗透阻/(m·h·Pa/g)
石油沥青或沥青玛蹄脂一道	980	2.0	0.20	0.0100	7.5×10^{-6}	226.64
一毡二油	—	5.5	—	0.0260	—	1639.86
二毡三油	—	9.0	—	0.0410	—	3013.08
聚乙烯塑料薄膜	1200	0.07	0.16	0.0017	2.03×10^{-8}	3466.37

表3-15 围护结构两侧温差修正系数 α

序号	围护结构部位	α
1	$D>4$ 的外墙	
	冻结间、冻结物冷藏间	1.05
	冷却间、冷却物冷藏间、冰库	1.10
2	$D>4$ 相邻有常温房间的外墙	
	冻结间、冻结物冷藏间、冷却间、冷却物冷藏间、冰库	1.00
3	$D>4$ 的冷间顶棚，其上为通风阁楼，屋面有隔热层或通风层	
	冻结间、冻结物冷藏间	1.15
	冷却间、冷却物冷藏间、冰库	1.20
4	$D>4$ 的冷间顶棚，其上为不通风阁楼，屋面有隔热层或通风层	
	冻结间、冻结物冷藏间	1.20
	冷却间、冷却物冷藏间、冰库	1.30
5	$D>4$ 的无阁楼屋面，屋面有通风层	
	冻结间、冻结物冷藏间	1.20
	冷却间、冷却物冷藏间、冰库	1.30
6	$D\leqslant4$ 的外墙	
	冻结间、冻结物冷藏间	1.30
	冷却间、冷却物冷藏间、冰库	1.35
7	$D\leqslant4$ 的冷间顶棚，其上有通风层	
	冻结间、冻结物冷藏间	1.40
	冷却间、冷却物冷藏间、冰库	1.50
8	$D\leqslant4$ 的无通风层屋面	
	冻结间、冻结物冷藏间	1.60
	冷却间、冷却物冷藏间、冰库	1.70
9	半地下室外墙外侧为土壤时	0.20
10	冷间地面下部无通风等加热设备时	0.20

续表

序号	围护结构部位	α
11	冷间地面隔热层下有通风等加热设备时	0.60
12	冷间地面隔热层下为通风架空层时	0.70
13	两侧均为冷间时	1.00

注：D 为围护结构的热惰性指标，可从相关材料、热工手册中查得选用。

围护结构的传热面积 A_w 计算应符合下列规定：

①屋面、地面和外墙的长、宽度：应自外墙外表面至外墙外表面或外墙外表面至内墙中或内墙中至内墙中计算（图 3-1 中的 l_1、l_2、l_3、l_4）。

②楼板和内墙长、宽度：应自外墙内表面至外墙内表面或外墙内表面至内墙中或内墙中至内墙中计算（图 3-1 中的 l_5、l_6、l_7、l_8）。

③外墙的高度：地下室或地层，应自地坪的隔热层下表面至上层楼面计算（图 3-2 中的 h_1、h_2、h_3）；中间层应自该层楼面至上层楼面计算（图 3-2 中的 h_4、h_5）；顶层应自该层楼面至顶部隔热层上表面计算（图 3-2 中的 h_6、h_7）。

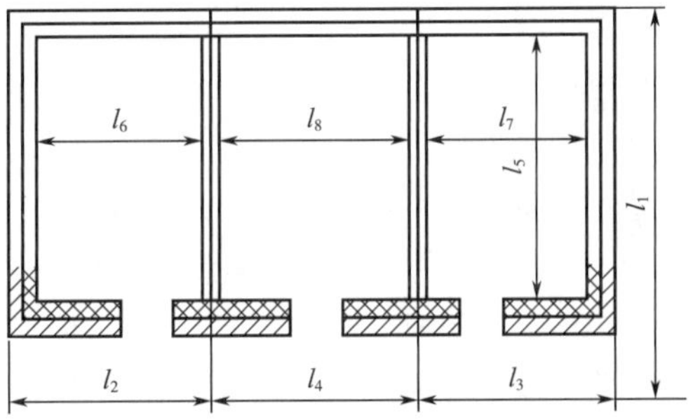

图 3-1 屋面、地面、楼面、外墙和内墙长、宽度例图

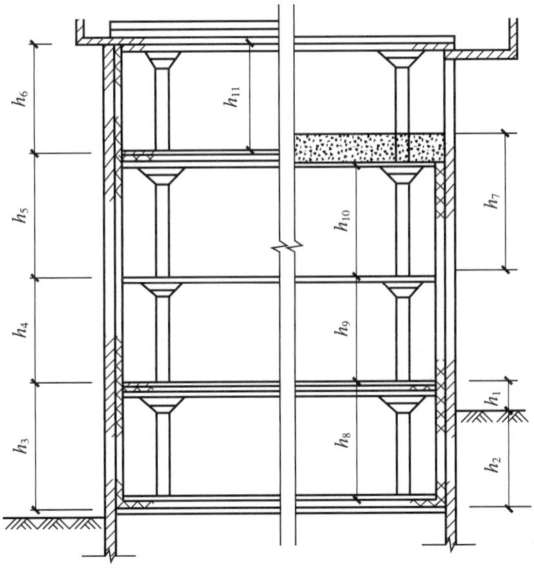

图 3-2 外墙和内墙高度的例图

④内墙的高度：地下室、地层和中间层，应自该层地面、楼面至上层楼面计算（图3-2中的h_8、h_9）；顶层应自该层楼面至顶部隔热层下表面计算（图3-2中的h_{10}、h_{11}）。

围护结构外侧的计算温度应按下列规定取值：

①计算外墙、屋面和顶棚时，围护结构外侧的计算温度应按本节第一部分规定采用。

②计算内墙和楼面时，围护结构外侧的计算温度应取其邻室的室温。当邻室为冷却间或冻结间时，应取该类冷间空库保温温度。空库保温温度，冷却间应按10℃，冻结间按-10℃计算。

③冷间地面隔热层下设有加热装置时，其外侧温度按1～2℃计算；地面下部无加热装置或地面隔热层下为自然通风架空层时，其外侧的计算温度应采用夏季空气调节日平均温度。

2. 冷间内货物热流量（Q_2）

冷间内货物热流量应包括食品热流量、食品包装材料热流量、食品冷却时的呼吸热流量和食品冷藏时的呼吸热流量。货物热流量应按式（3-8）计算。

$$Q_2 = Q_{2a} + Q_{2b} + Q_{2c} + Q_{2d}$$
$$= \frac{1}{3.6} \times \left[\frac{m(h_1 - h_2)}{t} + mB_{\mathrm{b}}\frac{C_{\mathrm{b}}(\theta_1 - \theta_2)}{t}\right] + \frac{m(\phi' + \phi'')}{2} + (m_z - m)\phi'' \qquad (3-8)$$

式中　Q_2——货物热流量，W；

Q_{2a}——食品热流量，W；

Q_{2b}——包装材料和运载工具热流量，W；

Q_{2c}——货物冷却时的呼吸热流量，W；

Q_{2d}——货物冷藏时的呼吸热流量，W；

m——冷间的每日进货质量，kg；冻结物冷藏件的每日进货量应按实际使用要求确定，没有明确要求时，物流库不宜少于冷间计算容量的5%，商用冷库不宜少于冷间计算容量的10%；冷却物冷藏件的每日进货量应按实际使用要求确定，没有明确要求时，物流库不宜少于冷间计算容量的10%，商用冷库不宜少于冷间计算容量的20%；

h_1、h_2——货物进出冷间的焓值，kJ/kg，可根据货物的品种和初终态的温度查食品的焓值表获得，部分食品的焓值表见表3-16；

t——货物冷加工时间，h，对冷藏间取24h，对冷却间、冻结间取设计冷加工时间；

B_{b}——货物包装材料或运载工具质量系数，见表3-17；

C_{b}——包装材料或运载工具的比热容，kJ/（kg·℃），见表3-18；

θ_1——包装材料或运载工具进入冷间时的温度，℃；

θ_2——包装材料或运载工具在冷间内终止降温时的温度，宜为该冷间的设计温度，℃；

ϕ'——货物冷却初始温度时单位质量的呼吸热流量，W/kg，见表3-19；

ϕ''——货物冷却终止温度时单位质量的呼吸热流量，W/kg，见表3-19；

m_z——冷却物冷藏间的冷藏质量，kg；

$\frac{1}{3.6}$——换算系数。

注：（1）仅水果、蔬菜冷藏间计算Q_{2c}、Q_{2d}。

（2）冻结过程中需加水时，应把水的热流量加入式（3-8）内。

冷间的每日进货质量m应按下列规定取值：

①冷却间或冻结间应按设计冷加工能力计算；

②存放果蔬的冷却物冷藏间，不应大于该间计算吨位的 10% 计算；

③存放鲜蛋的冷却物冷藏间，不应大于该间计算吨位的 5% 计算；

④有从外库调入货物的冷库，其冻结物冷藏间每间每日进货质量应该按该间计算吨位的 10% 计算；

⑤无外库调入货物的冷库，其冻结物冷藏间每间每日进货质量一般宜按该库每日冻结质量计算，如该进货的热流量大于该冷藏间计算吨位 5% 计算的进货热流量，则可按上一条规定的进货质量计算；

⑥冻结质量大的水产冷库，其冻结物冷藏间的每日进货质量可按具体情况确定。

货物包装材料和运载工具质量系数 B_b 应按表 3-17 规定取值。

表 3-16　部分食品的焓值　单位：kJ/kg

食品温度/℃	牛肉及各种禽类	羊肉	猪肉	肉类副产品	去骨牛肉	多脂鱼	鲜蛋	纯牛乳	奶油	奶油冰淇淋	牛乳冰淇淋	葡萄、杏子、樱桃	其他水果及蔬菜
-25	-10.9	-10.9	-10.5	-11.7	-11.3	-12.2	-8.8	-12.6	9.2	-16.3	-14.7	-12.2	-14.2
-19	2.1	2.1	2.1	2.5	2.5	2.5	2.1	2.9	1.7	3.4	2.9	3.8	3.4
-18	4.6	4.6	4.6	5.0	5.0	5.0	4.2	5.4	3.8	7.1	6.3	7.5	6.7
-16	10.0	9.6	9.6	10.9	10.5	10.9	8.4	11.3	8.0	15.5	13.4	15.9	13.4
-14	15.9	15.9	15.1	17.2	16.8	17.2	12.6	17.6	12.6	24.3	22.2	25.6	21.0
-12	22.2	21.8	21.4	24.3	23.5	24.3	17.6	25.1	17.6	34.8	33.1	36.5	29.7
-10	30.2	29.7	28.9	33.1	31.4	32.7	22.6	32.2	23.5	46.9	47.3	49.9	39.4
-8	39.4	38.5	37.3	43.2	41.1	42.3	28.5	42.3	29.3	62.4	65.4	66.6	51.1
-6	50.7	49.4	47.3	55.3	52.4	54.5	36.0	54.9	36.5	86.7	92.2	93.9	68.7
-4	66.2	64.5	62.0	72.9	69.1	71.2	47.8	73.7	44.8	132	138.7	150.0	104.3
-2	98.9	96.0	91.8	109.8	103.5	106.4	230.9	111.5	60.3	221.2	230.0	229.2	211.2
0	232.5	224.2	212.0	261.5	243.0	249.3	237.6	319.3	95.1	227.9	236.7	236.3	271.9
2	238.8	230.5	217.9	268.6	2490.7	256.4	243.9	326.8	101.4	234.6	243.4	243.4	279.5
4	245.5	236.7	224.2	275.3	256.4	263.1	250.1	334.8	107.7	241.3	250.1	250.6	287.0
6	251.8	243.0	230.0	282.4	263.1	269.8	256.4	342.7	114.4	248.0	257.3	257.7	294.6
8	258.5	249.3	236.3	289.5	269.4	277.0	252.7	350.7	121.5	254.8	264.0	264.8	302.1
10	264.8	255.6	242.2	296.2	276.1	283.7	269.0	358.7	129.9	261.5	270.7	271.9	309.6
12	271.1	261.9	248.5	303.4	282.8	290.4	275.3	366.6	138.7	268.2	277.8	279.1	317.2
14	277.8	268.2	254.3	310.5	289.5	297.1	281.6	374.6	149.6	274.9	284.5	286.2	324.7
16	284.1	274.4	260.6	317.2	296.2	304.2	287.9	382.5	161.3	281.6	291.2	293.3	332.3
18	290.4	280.7	266.5	324.3	302.9	310.9	294.1	390.9	172.2	288.3	297.9	300.4	339.8
20	297.1	287.0	272.8	331.4	309.6	317.6	300.4	398.9	182.7	295.0	304.6	307.5	347.4

续表

食品温度/℃	牛肉及各种禽类	羊肉	猪肉	肉类副产品	去骨牛肉	多脂鱼	鲜蛋	纯牛乳	奶油	奶油冰淇淋	牛乳冰淇淋	葡萄、杏子、樱桃	其他水果及蔬菜
22	303.4	293.3	278.6	338.1	315.9	324.7	307.1	406.8	192.3	301.7	311.3	315.1	354.9
24	310.3	299.6	287.9	345.9	326.0	334.8	316.3	418.6	204.9	311.4	321.4	325.6	366.2
26	316.4	305.9	290.8	352.4	329.3	338.1	319.7	422.8	208.7	315.1	325.1	328.9	370.0
28	322.6	312.2	297.1	359.5	336.0	345.3	326.0	430.7	215.8	321.8	331.9	336.0	377.5
30	329.2	318.4	302.9	366.6	342.7	352.0	332.3	438.7	222.9	328.5	338.6	343.2	385.1
32	355.6	324.7	309.2	373.3	349.5	358.7	338.6	446.2	230.5	335.2	345.3	350.3	392.6
34	342.3	331.0	315.1	380.5	356.2	365.8	344.8	454.2	237.6	341.9	352.0	357.4	400.2
36	348.6	337.3	321.4	387.6	362.4	372.5	351.5	462.2	243.4	348.6	359.1	364.5	407.7

表 3-17 货物包装材料和运载工具质量系数 B_b

食品类别	质量系数 B_b	
肉类、鱼类、冰蛋类	冷藏	0.10
	肉类冷却或冻结（猪单轨叉挡式）	0.10
	肉类冷却或冻结（猪双轨叉挡式）	0.30
	肉类、鱼类、冰蛋类（搁架式）	0.30
	肉类、鱼类、冰蛋类（吊笼式或架子式手推车）	0.60
鲜蛋类	0.25	
水果	0.25	
蔬菜	0.35	

表 3-18 包装材料或运载工具的比热容 单位：kJ/kg · ℃

材料名称	C_b	材料名称	C_b
木板类	2.51	布类	1.21
铁皮类	0.42	竹器类	1.51
玻璃容器类	0.84	黄油纸类	1.51
瓦楞纸类	1.47	铝皮	0.88
黄铜	0.39		

表 3-19 一些主要水果与蔬菜的呼吸热 单位：W/t

品名	不同温度（℃）下的呼吸热						
	0	2	5	10	15	20	25
杏	17	27	56	102	155	199	—
香蕉（青）	—	—	52	98	131	155	—

续表

品名	不同温度（℃）下的呼吸热						
	0	2	5	10	15	20	25
香蕉（熟）	—	—	58	116	164	242	—
柠檬（熟）	9	13	20	33	47	58	78
甜樱桃	21	31	47	97	165	219	—
橙	10	13	19	35	56	69	96
西瓜	19	23	27	46	70	102	—
梨（早熟）	20	28	47	63	160	278	—
梨（晚熟）	10	22	41	56	126	219	—
苹果（早熟）	19	21	31	60	92	121	149
苹果（晚熟）	10	14	21	31	58	73	—
李	21	35	65	126	184	233	—
葡萄	9	17	24	36	49	78	102
香瓜	20	23	28	43	79	102	—
桃	19	22	41	92	131	181	236
菠萝（熟）	—	—	45	70	80	87	—
酸樱桃	22	34	53	107	184	242	—
草莓	47	63	92	175	242	300	453
坚果	2	3	5	10	10	15	—
抱子甘蓝（嫩芽卷心菜）	67	78	135	228	295	520	—
菜花	63	77	88	138	259	402	—
卷心菜	33	36	51	78	121	194	—
结球甘蓝（冬天）	19	24	24	38	58	116	—
马铃薯	20	22	24	26	36	44	—
胡萝卜	28	34	38	44	97	135	—
黄瓜	20	24	34	60	121	174	—
甜菜	20	28	34	60	116	213	—
西红柿	17	20	28	41	87	102	—
蒜	22	31	47	71	128	152	—
葱头	20	21	26	34	46	58	—
青豆（四季豆）	70	82	121	206	412	577	721
莴苣	39	44	51	102	189	339	—
蘑菇	121	131	160	252	485	635	—
豌豆	104	143	189	267	460	645	872

续表

品名	不同温度（℃）下的呼吸热						
	0	2	5	10	15	20	25
芹菜	20	—	29	—	102	—	—
玉米	80	—	116	—	465	—	756
青椒	33	—	64	96	114	131	—
芦笋	65	—	84	160	279	363	—
菠菜	82	—	199	313	523	897	—

包装材料或运载工具进入冷间时的温度应按下列规定取值：

①在本库进行包装的货物，其包装材料或运载工具温度的取值应按夏季空气调节日平均温度乘以生产旺月的温度修正系数，该系数按表 3-20 取值；

表 3-20　　包装材料或运载工具进入冷间的温度修正系数

进入冷间的月份	1	2	3	4	5	6	7	8	9	10	11	12
温度修正系数	0.10	0.15	0.33	0.53	0.72	0.86	1.00	1.00	0.83	0.62	0.41	0.20

②自外库调入已包装的货物，其包装材料温度应为该货物进入冷间时的温度，其运载工具温度应按上一条“运载工具温度”计算。

3. 通风换气热流量（Q_3）

冷间通风换气热流量应包括有呼吸要求的食品的新风热流量和冷间内长期停留的操作人员需要的新风热流量。通风换气热流量应按式（3-9）计算：

$$Q_3 = Q_{3a} + Q_{3b} = \frac{1}{3.6} \times \left[\frac{(h_w - h_n)nV_n\rho_n}{24} + 30n_r\rho_n(h_w - h_n)\right] \tag{3-9}$$

式中 Q_3——通风换气热流量，W；

Q_{3a}——冷间换气热流量，W；

Q_{3b}——操作人员需要的新鲜空气热流量，W；

h_w——冷间外空气的比焓，kJ/kg，见附录 1；

h_n——冷间内空气的比焓，kJ/kg，见附录 1；

n——每日换气次数可采用 2~3 次；

V_n——冷间内净体积，m^3；

ρ_n——冷间内空气密度，kg/m^3；

24——1d 换算成 24h，h；

30——每个操作人员每小时需要的新鲜空气量，m^3/h；

n_r——操作人员数量。

注：(1) 本热量只存在于贮存有呼吸的食品的冷间。

(2) 有操作人员长期停留的冷间如加工间、包装间等，应计算操作人员需要新鲜空气的热流量 Q_{3b}，其余冷间可不计算。

4. 电动机运转热流量（Q_4）

冷间内电动机运转热流量应包括冷间内制冷设备配用的电动机运转热流量、冷间内运输工具配用的电动机运转热流量、冷间内固定配置的食品加工和包装工具配用的电动机运转热流量。电动机运转热流量应按式（3-10）计算：

$$Q_4 = 1000 \sum P_d \xi b \tag{3-10}$$

式中 Q_4——电动机运转热流量，W；

P_d——电动机额定功率，kW；

ξ——热转化系数，电动机在冷间内时应取 1；电动机在冷间外时应取 0.75；

b——电动机运转时间系数，对空气冷却器配用的电动机取 1，对冷间内其他设备配用的电动机可按实际情况取值，如按每昼夜操作 8h 计，则 $b=8/24$。

5. 操作热流量（Q_5）

冷间操作热流量应包括照明系统在冷间内的散热量、通过冷藏门进入的冷间外空气热流量、冷间内操作人员散热量、加湿系统在冷间内的散热量、冷间内冷却设备除霜和防冻加热散热量。操作热流量应按式（3-11）计算：

$$Q_5 = Q_{5a} + Q_{5b} + Q_{5c} = Q_{\mathrm{d}} A_{\mathrm{d}} + \frac{1}{3.6} \times \frac{n'_k n_k V_{\mathrm{n}} (h_{\mathrm{w}} - h_{\mathrm{n}}) M \rho_{\mathrm{n}}}{24} + \frac{3}{24} n_{\mathrm{r}} Q_{\mathrm{r}} \tag{3-11}$$

式中 Q_5——操作热流量，W；

Q_{5a}——照明热流量，W；

Q_{5b}——每扇门的开门热流量，W；

Q_{5c}——操作人员热流量，W；

Q_{d}——每平方米地板面积照明热流量，冷却间、冻结间、冷藏间、贮冰间和冷间内穿堂可取 2.3W/m^2；操作人员长时间停留的加工间、包装间等可取 4.7W/m^2；

A_{d}——冷间地面面积，m^2；

n'_k——门樘数；

n_k——每日开门换气次数，可按图 3-3 取值，对需经常开门的冷间，每日开门换气次数可按实际情况采用；

V_{n}——冷间内净体积，m^3；

h_{w}——冷间外空气的比焓，kJ/kg；对于冷库门设置在非控温穿堂或月台的冷间，冷间外空气温度计算参数应按夏季通风室外计算温度、湿度选取；

h_{n}——冷间内空气的比焓，kJ/kg；

M——空气幕效率修正系数，可取 0.5；如不设空气幕时，应取 1；

ρ_{n}——冷间内空气的密度，kg/m^3；

$\frac{3}{24}$——每日操作时间系数，按每日操作 3h 计算；

n_{r}——操作人员数量；

Q_{r}——每个操作人员产生的热流量（W），冷间设计温度高于或等于-5℃时，宜取 279W；冷间设计温度低于-5℃时，宜取 395W。

注：冷却间、冻结间不计 Q_5 这项热流量。

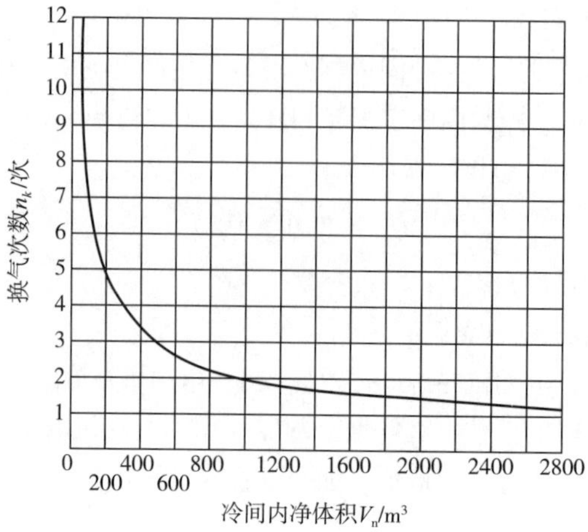

图 3-3 冷间开门换气次数图

第三节 冷库制冷负荷估算

负荷估算法是冷库建设规划阶段或扩初阶段常用的工程计算方法，特别是制冷工程技术人员在接受咨询或洽谈项目时，快捷的估算法就尤为重要。

一、 小型冷间热负荷估算

以下的冷藏库负荷的估算（表 3-21）适用于公称容积在 3000m^3以下的小型冷藏库。

表 3-21 小型冷藏库单位制冷负荷估算表

序号	冷间名称	冷间温度（℃）	单位制冷负荷/（W/t）	
			设备冷却负荷	机械负荷
肉、禽、水产品				
1	50t 以下冷藏间	-18~-15	195	160
2	50~100t 冷藏间		150	130
3	100~200t 冷藏间		120	95
4	200~300t 冷藏间		82	70
水果、蔬菜				
1	100t 以下冷藏间	0~2	260	230
2	100~300t 冷藏间		230	210
鲜蛋				
1	100t 以下冷藏间	0~2	140	110
2	100~300t 冷藏间		115	90

二、　大中型冷间热负荷估算

1. 肉类冷冻加工

肉类冷冻加工单位制冷负荷估算如表 3-22 所示。

表 3-22　　肉类冷冻加工单位制冷负荷估算表

冷间温度/℃	肉内降温情况/℃		冷冻加工	单位制冷负荷（W/t）	
	入冷间时	出冷间时	时间/h①	冷却设备负荷	机械负荷
冷却加工					
-2	35	4	20	3000	2300
-7/-2②	35	4	11	5000	4000
-10	35	12	8	6200	5000
-10	35	10	3	13000	10000
冻结加工					
-23	4	-15	20	5300	4500
-23	12	-15	12	8200	6900
-23③	35	-15	20	7600	5800
-30	4	-15	11	9400	7500
-30	-10	-18	16	6700	5400

注：①冷冻加工时间不包括肉类进、出冷间搬运的时间；

②此处指冷间温度先为-7℃，待肉体表面温度降到 0℃时，改用冷间-2℃继续降温；

③系一次冻结（不经过冷却）；

本表中的冷却设备负荷，已包括食品冷加工的热量 Q_2 的负荷系数 P（即 1.3Q_2）；

本表内的机械负荷，已包括管道等冷损耗补偿系数 7%。

2. 鱼类冷冻加工

鱼类冷冻加工单位制冷负荷估算如表 3-23 所示。

表 3-23　　鱼类冷冻加工单位制冷负荷估算表

库房名称	库房温度/℃	鱼体降温情况/℃		冷加工	单位制冷负荷/（W/t）	
		入冷间时	出冷间时	时间/h①	冷却设备负荷	机械负荷
准备间	0	20	4	10	4700	3500
冻结间	-25	4	-15	10	9300	7500
冻结间	-25	20	-15	16	7000	5600

注：①冷冻加工时间不包括鱼类进、出冷间搬运的时间。

3. 冷藏间、制冰等

冷藏间、制冰等单位制冷负荷估算如表 3-24 所示。

表 3-24　　　　　　冷藏间、贮冰间等单位制冷负荷估算表

冷间名称	冷间温度/℃	单位制冷负荷（W/t）	
		冷却设备负荷	机械负荷
冷藏间			
一般冷却物冷藏间	0、-2	88	70
250t 以下的冻结物冷藏间	-15、-18	82	70
500~1000t 冻结物冷藏间	-18	53	47
1000~3000t 单层库的冻结物冷藏间	-18、-20	41~47	30~35
1500~3500t 多层库的冻结物冷藏间	-18	41	30~35
4500~9000t 多层库的冻结物冷藏间	-18	30~35	24
10000~20000t 多层库的冻结物冷藏间	-18	28	21
制冰			
盐水制冰方式		机械负荷	7000
桶式快速制冰		机械负荷	7800
贮冰间		机械负荷	25

三、 果蔬气调冷库制冷负荷估算

果蔬气调冷库的制冷负荷见图 3-4、图 3-5。

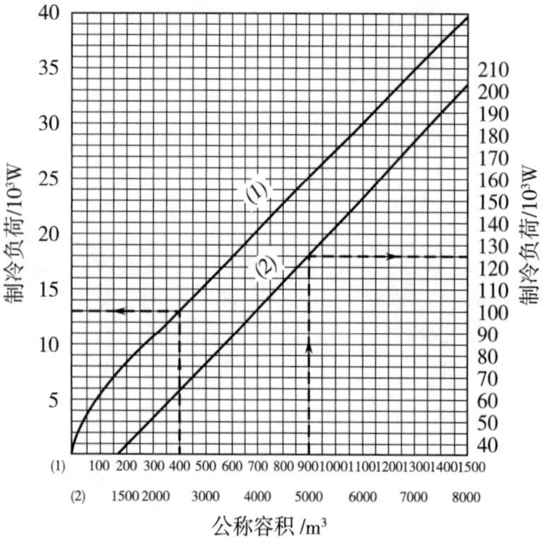

图 3-4　土建果蔬气调冷库的制冷负荷曲线

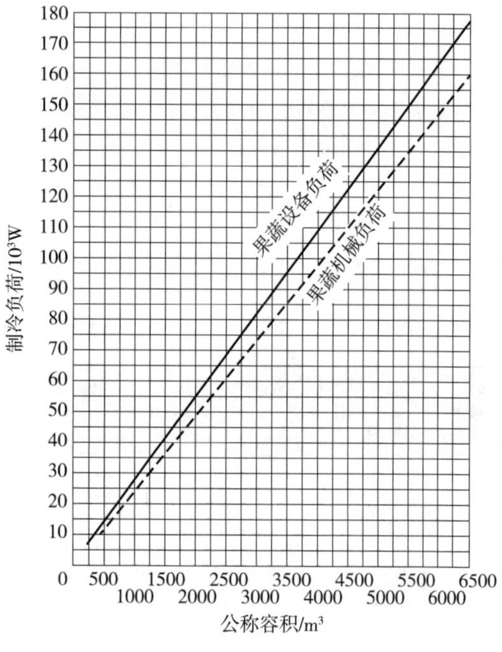

图 3-5　装配式果蔬气调冷库的制冷负荷曲线

土建果蔬气调冷库的制冷负荷如图 3-4 所示，公称容积为 100～1500m³时查图中曲线（1），公称容积为 1500～8000m³时查图中曲线（2），公称容积大于 8000m³时，每增加 155 m³，制冷负荷增加 3861W。图中制冷负荷为冷却设备负荷。

装配式果蔬气调冷库的制冷负荷如图 3-5 所示。

四、 其他冷库热负荷估算

其他冷库热负荷估算数据如表 3-25、表 3-26 所示。

表 3-25　　冻结物冷藏间每吨食品所需冷却面积估算

冷藏吨位/t	冷间温度/℃	所需设备的冷却面积/m^2	
		光滑排管	翅片管
≤250	-15、-18	0.9～1.2	2.5～3.0
500～1000	-18	0.7～0.95	1.8～2.7
1000～3000（单层）	-18、-20	0.6～0.9	1.8～2.7
1500～3500（多层）	-18	0.55～0.68	1.5～1.8
4500～9000（多层）	-18	0.45～0.50	1.3～1.5

表 3-26　　冷库单位面积耗冷量估算

冷间名称	冷间温度/℃	单位面积耗冷量/（W/m^2）	
		单层冷库	多层冷库
冷却间	-2～0	80～100	50～60
冻结间	-30	850～900	850～900
冷却物冷藏间	-3～4	80～95	60～65
冻结物冷藏间	-20	70～90	45～65
穿堂	-10	450～500	450～500
贮冰间	4	85～95	55～60
收发货间	12	35	35

思考题

1. 如何计算一个冷库的贮藏量（吨位）？
2. 一个用于新鲜水果冷藏的高温库的热负荷由哪些热量组成？
3. 一个用于新鲜水产品冻结的冻结间的热负荷包括哪些热量来源？

CHAPTER 4

第四章

制冷压缩机和设备的选型与计算

学习目标

1. 掌握制冷压缩机与设备的选型与计算；
2. 掌握冷凝器、蒸发器等制冷设备的计算与选型；
3. 会进行其他设备的选择与计算。

压缩式制冷系统是根据制冷原理将压缩机、冷凝器、节流机构和蒸发器，以及其他辅助设备用管道连接组成的一个封闭的系统。系统设计时，需要根据制冷系统的机械负荷和冷却设备负荷进行制冷系统机器设备的选型，选型计算包括制冷压缩机、冷凝器、冷却设备、节流阀的选型计算，以及中间冷却器、高压贮液器、油费分离器、气液分离器、低压循环桶等辅助设备的选型计算。

第一节　制冷压缩机选型与计算

一、压缩机选型的一般原则

压缩机的制冷量应能满足冷库生产旺季高峰负荷的要求，所选机器制冷量应大于或等于制冷机械负荷。在选择压缩机时，按一年中最热季节的冷却水温度（或气温）确定冷凝温度，由冷凝温度和蒸发温度确定压缩机的运行工况。但是，冷库生产的高峰负荷并不一定恰好就在气温最高的季节，秋、冬、春三季冷却水温（或气温）比较低（深井水除外），冷凝温度也随之降低，制冷压缩机的制冷量有所提高。因此，选择制冷压缩机时应适当考虑到这方面的因素。

选配制冷压缩机时，各压缩机的制冷量宜大小搭配。一般情况下，制冷机械负荷较大的冷库应选用大型制冷压缩机，以免使机器台数过多，而增加占地面积和投资；制冷机械负荷较小的冷库，应选用小型制冷压缩机，以免使机器台数过少。一个温度系统用机总台数要适宜，以满足高、低负荷变化的需要，一般不宜少于两台，生活服务性小冷库也可只选用一台。

相近蒸发温度的制冷系统（冷间）尽可能将必须的制冷量集中在一个机组中，按不同的蒸发温度分别选配压缩机，尽可能使每台（机组）压缩机分别提供一种蒸发温度，以确保制冷系统运行可靠，经济合理。除特殊情况一般不设备用机，压缩机的工作条件应在厂家限定的工作条件范围内。为不同蒸发系统配备的制冷压缩机应适当考虑机组之间有互相备用的可能性。

为便于压缩机的维护和零部件的更换，同一制冷系统若需要多台压缩机，应尽可能采用相同系列的压缩机，以便于控制、管理及零配件互换。一个机器间所选制冷压缩机的系列不宜超过两种，仅有两台机器时应选用同一系列。

系列压缩机带有能量调节装置，可以对单机制冷量作较大幅度的调节，但只适用于运行中负荷波动的调节，不宜用作季节性负荷变化的调节。季节性负荷变化的负荷调节宜配置与制冷能力相适应的开机数量，才能取得较好的节能效果。

氨制冷系统高、低压级压缩比（p_k/p_0）>8 时，用两级压缩；卤代烃制冷系统压力比 p_k/p_0>10 时，采用两级压缩。采用的两级压缩机可以是单机两级，也可以是配组的两级压缩。

压缩机在不同的工况下运行，消耗的功率不同，压缩机配置电动机的功率应按照运行的工况校核。应根据实际使用工况，对压缩机所需的驱动功率进行核算，并通过其制造厂选配适宜的驱动电动机。对在变工况下运行的压缩机，应按照最大轴功率工况选配压缩机。

二、 主要工况参数的确定

（一）蒸发温度 t_0

蒸发温度主要取决于被冷却介质或环境所要求的温度，是根据制冷工艺要求及节能等方面综合考虑而确定的。在间接冷却系统中，蒸发温度一般采用比载冷剂温度低 5℃；在采用排管为蒸发器的冷间中，蒸发温度比冷间温度低 8~12℃；在采用冷风机为蒸发器的冷间中，蒸发温度比冷间温度低 5~8℃。对于要求温度变化幅度较小或冷间相对湿度要求较严的冷间，蒸发温度一般采用较小的温差。采用较小温差能够提高食品质量，减少干耗，但是需要以相应增大蒸发面积为代价。蒸发温度也可以按照表 4-1 选择。

表 4-1　不同库房的蒸发温度　单位：℃

库房名称	库温	蒸发温度
冻结间	-25~-23	-33
螺旋、平板等速冻装置	-40~-35	-45~-40
低温冷藏间	-18~-15	-28
高温冷藏间	-2~0	-15
贮冰库	-4	-15
制冰池	-10	-15

（二）冷凝温度 t_k

冷凝温度主要取决于冷凝器的型式、冷却方式和冷却介质的温度。采用水冷式冷凝器时，其冷凝温度不应超过 39℃；采用蒸发式冷凝器时，其冷凝温度不应超过 36℃。

1. 立式、卧式、淋浇式冷凝器

立式、卧式、淋浇式冷凝器的冷却介质主要为冷却水，统称为水冷式冷凝器。冷却水在流过冷凝器的整个过程中温度是变化的，可以采用算术平均温差或对数平均温差进行传热计算。

（1）采用算术平均温差计算　取冷凝温度比冷凝器进出水算术平均温差高5~7℃，冷却水进出口温差较大时取大值，如式（4-1）所示。

$$t_k = \frac{t_1 + t_2}{2} + (5 \sim 7) \tag{4-1}$$

式中　t_k——冷凝温度,℃；

t_1——冷凝器冷却水进口温度，由当地水文资料查得,℃；

t_2——冷凝器冷却水出口温度,℃。

对不同形式的冷凝器，其冷却水进、出口温差各不相同。一般情况下，立式、卧式、淋浇式冷凝器冷却水出口温度分别按照式（4-2）~式（4-4）进行计算，当$t_1 \geq 30$℃时取较小值，当$t_1 \leq 25$℃时取较大值。

立式壳管冷凝器：

$$t_2 = t_1 + (1.5 \sim 2.5) \tag{4-2}$$

卧式壳管冷凝器：

$$t_2 = t_1 + (4 \sim 6) \tag{4-3}$$

淋浇式冷凝器：

$$t_2 = t_1 + (2 \sim 3) \tag{4-4}$$

（2）采用对数平均温差计算　冷凝温度可以通过式（4-5）中对数平均温差计算。

$$\Delta t_m = \frac{(t_k - t_1) - (t_k - t_2)}{2.3 \times \lg \dfrac{(t_k - t_1)}{(t_k - t_2)}} \tag{4-5}$$

根据经验，在水冷式氨制冷系统中，对数平均温差Δt_m一般取5~7℃；卤代烃系统中，取7~8℃。冷却水进出口温度t_1和t_2的选取同上。

2. 蒸发式冷凝器

蒸发式冷凝器依靠水的蒸发潜热来吸取制冷剂的冷凝热量，冷却水的流量远远小于壳管式冷凝器，冷却水系统的水泵能耗较少。在相同的工况条件下，采用蒸发式冷凝器可以达到较低的冷凝温度。与水冷壳管式冷凝器相比，蒸发式冷凝器在能耗量及运行费用方面均有明显的优势。

对蒸发式冷凝器，其计算用冷凝温度采用比空气的湿球温度高5~10℃，即式（4-6）：

$$t_k = t_s + (5 \sim 10) \tag{4-6}$$

式中　t_k——蒸发式冷凝器冷凝温度,℃；

t_s——与室外计算温度相对应的夏季湿球温度,℃。

3. 空气冷却式冷凝器

空气冷却式（空冷式或风冷式）冷凝器的冷却介质为空气。冷凝温度采用式（4-5）进行计算。由于空气的对流换热系数较小，空冷式冷凝器的冷却效率较低，在冷库制冷系统中较少采用。风冷式冷凝器的最大特点是不需要冷却水，特别适合供水困难的地区，并且便于进行无人管理。中小型卤代烃制冷系统中采用空冷式冷凝器较多。

（三）吸气温度 t_x

压缩机的吸气温度与蒸发温度和吸气过热度有关，蒸发温度不同，压缩机吸气温度也不同。由于制冷系统供液方式和操作管理的不同，压缩机吸气过热度也不同，通常选择5℃的吸气过热度。压缩机的吸气温度不应当高于其允许的最高吸气温度以保证压缩机的正常运行。氨压缩机允许的最高吸气温度如表4-2所示。

表4-2　氨压缩机允许的最高吸气温度　单位：℃

蒸发温度	0	−5	−10	−15	−20	−25	−28	−30	−33	−40	−45
吸气温度	1	−4	−7	−10	−13	−16	−18	−19	−21	−25	−28
过热度	1	1	3	5	7	9	10	11	12	15	17

（四）过冷温度 t_g

制冷剂液体在冷凝压力下冷却到低于冷凝温度后的温度，称为过冷温度。制冷剂液体在节流阀前经过过冷后，其单位制冷量有所增加。在设计工况时，氨单级压缩制冷系统的高压液体在节流阀前均无过冷；在氨两级压缩制冷系统中，高压液体在中间冷却器的蛇形盘管中得到冷却，产生过冷。过冷温度（t_g）比中间冷却器的温度（t_{zj}）高5℃，即式（4-7）：

$$t_g = t_{zj} + 5℃ \tag{4-7}$$

（五）排气温度 t_p

排气温度取决于制冷剂的蒸发压力、冷凝压力以及吸入气体的干度和缸套冷却介质温度。由工程热力学可知，排气温度与排气压力和吸气压力之比成正比，与吸气温度、过热度成正比。排气温度还与压缩机的性能和操作有关，且与运行工况的变化有直接关系。

通常氨压缩机排气温度应<150℃，正常运行时一般在100~130℃。

（六）中间温度 t_m

两级压缩制冷系统中的中间温度是由中间压力决定的，中间温度（或中间压力）如何确定是两级压缩循环特有的问题，需要通过计算确定。一般情况下，将制冷系数最大的两级压缩制冷循环所具有的中间压力，称做最佳中间压力。它可由以下方法确定。

1. 利用热力图表取数法

利用热力图表取数确定中间压力的步骤为：

（1）根据已知制冷剂的 p_k、p_0，按 $p_m = \sqrt{p_k p_0}$ 求得一个中间压力近似值。并在饱和蒸气表中查出对应的中间温度 t_m。

（2）在 t_m 的上方和下方，按1~2℃的间隔取若干个（一般取5~6个）中间温度，并根据各温度在 lg$p$−h 图（或 T−s 图）上查出其对应的两级压缩循环各主要状态点物性参数。

（3）按热力计算中计算制冷系数的公式，代入所需要的各参数进行制冷系数的计算。

（4）将制冷系数的计算结果绘制成 ε−t_m 曲线，其曲线的顶点所对应的中间温度即为最佳中间温度 t_{mopt}，与它对应的中间压力称之为最佳中间压力 p_{mopt}。

2. 计算法

要得到精确的最佳中间压力 t_{mopt}，可由电子计算机计算不同中间温度设定值时的制冷系数。经过比较，自动地取最大制冷系数时所对应的循环的中间压力为设计所需要的最佳中间压力

p_{mopt}。一级节流中间不完全冷却的两级压缩循环的最佳中间压力确定，可由式（4-8）计算其实际制冷系数的最大值，最大实际制冷系数所对应的即为最佳中间压力 p_{mopt}。

$$\varepsilon = \frac{h_0 - h_8}{h_2' - h_1 + \frac{h_{10} - h_6}{h_{10} - h_5}(h_4' - h_3)} \tag{4-8}$$

式中　h_0——出蒸发器的饱和气体的焓值，kg/kJ；

h_8——蒸发器入口制冷剂的焓值，kg/kJ；

h_2'——一次压缩终了气体的焓值，kg/kJ；

h_1——压缩机一次吸气状态的焓值，kg/kJ；

h_{10}——出中冷器制冷剂气体的焓值，kg/kJ；

h_6——出中冷器制冷剂过冷液体的焓值，kg/kJ；

h_5——冷凝器出口制冷剂饱和液体的焓值，kg/kJ；

h_4'——二次压缩终了气体的焓值，kg/kJ；

h_3——压缩机二次吸气状态的焓值，kg/kJ。

3. 经验公式法

有的学者在对两级压缩制冷循环的研究中，总结出了在一定范围内具有足够精确性的经验公式，来进行最佳中间温度计算，大大简化了热力计算过程。拉塞提出的 R717 两级压缩制冷循环的最佳中间温度 t_m（单位为℃）的经验公式如式（4-9）所示。

$$t_m = 0.4t_k + 0.6t_0 + 3 \tag{4-9}$$

其所对应的 p_m，即为所要求的 p_{mopt}。在 -40～40℃ 范围内，不仅对 R717，而且对 R40（CH_3Cl）等制冷剂均能得到满意的结果。

以上各种确定最佳中间压力的方法，适用于对两级压缩制冷循环系统及其机器设备进行全新设计的情况。特别是系统中的制冷压缩机设计，要遵照循环热力计算的要求进行。然而，实际工程建设中，由于制冷压缩机生产的系列化，往往是通过在已有的系列压缩机产品中进行选配来组成两级压缩制冷循环。一般有以下两种情况：①从现有系列产品中选配合适的高压级和低压级制冷压缩机，这种称为多台压缩机配打两级；②用一台多缸制冷压缩机配成两级压缩制冷循环，确定高压级和低压级应有的气缸数目，这种压缩机通常称为单机两级制冷压缩机。

对于选型计算情况，采用制冷系数最大的原则，求取最佳中间压力。然后按所求得的循环热力计算结果，在已有的产品系列中，选择合适的压缩机。这样只能选到一些容量与计算结果相近的产品。因而实际的循环参数将会因此而发生变化，使选配得到的中间压力偏离最佳中间压力，造成制冷系数降低。不过由于制冷系数变化不大，其选配对循环性能带来的影响不会很大。

对于校核计算情况，已确定了两级压缩的机器配组方案（单机两级或多台单级机配打两级），其高、低压级排气容积比 ξ 已知，关键是要确定一个满足该值的中间压力。方法是根据在 t_k、t_0 一定时，ξ 越大，实际中间温度越低的规律，结合实际设计经验，确定几个（一般为两个）初选中间温度（t_m），并用各初选中间温度，以低压级的理论容积为基准进行循环的热力计算，即先求出低压级质量流量 G_d，然后根据高、低压级质量流量之间的关系求出高压级质量流量 G_g，接着求出高压级理论输气量 $V_{h高}$，最后求出不同初选中间温度下的高、低压级理论输气量容积比 ξ，然后按照这些结果绘制出 $\xi - t_m$ 曲线，同时在该曲线上找出满足已知的高、低压

级排气容积比 ξ 所对应的点，该点所对应的中间温度（t_m轴）读数，即为所要求的实际中间温度。最后按此中间温度进行循环的热力计算，得出要求的各项数据。

三、 单双级制冷压缩机的选择与计算

1. 单级制冷压缩机的选择与计算

例 4-1　试计算 8S-12.5，R22 制冷压缩机运行在 $t_k=30℃$，$t_0=-15℃$，$t_5=25℃$，$t_{1'}=15℃$ 时的制冷量 Q_0。该压缩机的气缸直径 $D=125mm$，活塞行程 $S=100mm$，转速 960r/min，气缸数 $z=8$。

解：根据上述工作温度，在 lg$p$-h 图（图 4-1）上作出制冷循环，并把有关热力参数列于表 4-3，便于计算采用。

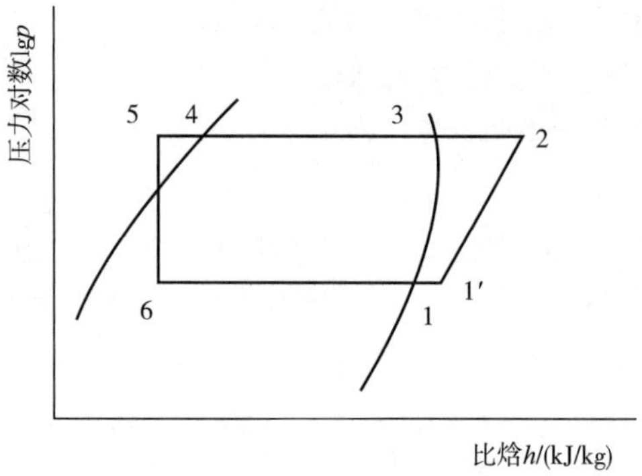

图 4-1　例 4-1 的 lg$p$-h 图

表 4-3　图 4-1 中有关点的热力参数

参数	t_k/℃	t_0/℃	p_k/kPa	p_0/kPa	$t_{1'}$/℃	t_5/℃	$h_{1'}$/(kJ/kg)	h_2/(kJ/kg)	$h_5=h_6$/(kJ/kg)	$\nu_{1'}$/(m^3/kg)
数值	30	−15	295.86	1191.9	15	25	420	461	230.32	0.091

计算步骤如下。

（1）单位制冷量（制冷量包括吸入管道的过热）　$q_0=h_{1'}-h_5=420-230.32=189.68$（kJ/kg）

（2）单位容积制冷量　$q_v=q_0/\nu_{1'}=189.68/0.091=2084.4$（kJ/kg）

（3）压缩机的理论输气量　$V_h=\dfrac{\pi}{4}D^2SnZ\times 60=47.1\times 0.125^2\times 0.1\times 960\times 8=565.2$（m^3/h）

（4）用木村公式，计算输气系数 λ　$\lambda=0.94-0.085\left[\left(\dfrac{p_k}{p_0}\right)^{\frac{1}{n}}-1\right]=0.94-0.085\left[\left(\dfrac{1191.9}{295.86}\right)^{\frac{1}{1.18}}-1\right]=0.748$

（5）8S-12.5，R22 制冷压缩机的制冷量在此工况下的制冷量　$Q_0=2084.4\times 565.2\times 0.748=88122$（kJ/h）$=244.8$（kW）

2. 不同工况下压缩机制冷量的换算

制冷压缩机在出厂时，制造厂在机器的铭牌上标出的制冷量一般都是指名义工况下的制冷量，在实际运行中如工况变化，则可按产品样本上提供的制冷机性能曲线查得工作工况下的制冷量，也可根据工况改变时，压缩机的理论输气量总是定值这个原则来进行换算，即

$$Q_{01} = \frac{\lambda_1 \cdot V_h \cdot q_{v1}}{3600} \tag{4-10}$$

$$Q_{02} = \frac{\lambda_2 \cdot V_h \cdot q_{v2}}{3600} \tag{4-11}$$

$$Q_{02} = Q_{01}\frac{\lambda_2 \cdot q_{v2}}{\lambda_1 \cdot q_{v1}} \tag{4-12}$$

式中　Q_{01}、Q_{02}——在工况 1 和工况 2 时的压缩机制冷量，kW；

λ_1、λ_2——在工况 1 和工况 2 时的压缩机输气系数；

V_h——压缩机的理论输气量，m^3/h；

q_{v1}、q_{v2}——在工况 1 和工况 2 时的制冷剂单位容积制冷量，kJ/m^3。

例 4-2　已知一台 R22 活塞式制冷压缩机，在 $t_k=40℃$，$t_0=-10℃$，$t_{5吸入}=10℃$，$t_{过冷}=35℃$ 时的制冷量为 167kW，试求该压缩机在 $t_k=35℃$，$t_0=-20℃$，$t_{5吸入}=5℃$，$t_{过冷}=30℃$ 时的制冷量。

解：假设查得在 $t_k=40℃$、$t_0=-10℃$、$t_{5吸入}=10℃$ 时，$\lambda_1=0.66$；在 $t_k=35℃$，$t_0=-20℃$，$t_{5吸入}=5℃$ 时，$\lambda_2=0.73$。又自 R22 的热力性质表求得单位容积制冷量为：

$$q_{v1}=\frac{h_{1'}-h_5}{v_{1'}}=\frac{414-236.66}{0.1075}=1649.7\ (kJ/m^3)$$

$$q_{v2}=\frac{h_{1'}-h_5}{v_{1'}}=\frac{415-243.11}{0.0725}=2370.9\ (kJ/m^3)$$

根据式（4-12）可以求得：

$$Q_{02}=Q_{01}\frac{\lambda_2 \cdot q_{v2}}{\lambda_1 \cdot q_{v1}}=105\times\frac{0.73\times2370.9}{0.66\times1649.7}=166.9\ (kW)$$

3. 两级压缩制冷压缩机制冷量的计算

两级压缩制冷压缩机制冷量的计算分为两种，具体如下。

（1）第一种情况　已知冷凝温度 t_k 和蒸发温度 t_{02} 及高、低压级理论输气量，计算两级制冷机的制冷量 Q_0（校核计算），计算步骤如下。

①确定这套两级制冷机的中间压力 P_{01}。

②按已知的 t_k（或 p_k），t_{02}（或 p_{02}）和求得的中间压力 p_{01}，作出两级制冷机循环的 $\lg p-h$ 图，并列出各有关点的热力参数值。

③最后按式（4-13）计算两级制冷机的制冷量 Q_0。

$$Q_0 = \frac{\lambda_{低} \cdot V_{h低} \cdot q_v}{3600} = \frac{\lambda_{低} \cdot V_{h低} \cdot q_{02}}{3600 v_1} \tag{4-13}$$

式中　Q_0——制冷量，kW；

q_v——制冷剂在蒸发温度 t_{02} 时的单位容积制冷量，kJ/m^3；

q_{02}——制冷剂在 t_{02} 时的单位质量制冷量，kJ/kg；

$V_{h低}$——低压级理论输气量，m^3/h；

$\lambda_{低}$——低压级输气系数；

v_1——低压级吸入蒸汽的比体积，m^3/kg。

例 4-3　试计算下列配组式两级氨制冷机的制冷量。低压级：8S-12.5 一台，$V_{h低}=566m^3/h$；高压级：4V-12.5 一台，$V_{h高}=283m^3/h$。

工作条件为 $t_k=40℃$（$p_k=1557.0$ kPa），$t_{02}=-40℃$（$p_{02}=72.01$kPa），$t=-25℃$，氨液经过中间冷却器冷却盘管后的出液温度，采取比中间温度高 5℃。

解：

①求出理想中间压力 $p_{zj}=\sqrt{p_k p_0}=\sqrt{1557\times72.01}=334.84$（kPa），并由氨热力性质表查出相对应的理想中间温度 $t_{理}=-6.55℃$。

②假设一个中间温度 $t_{01'}=-12℃$（假设的中间温度与 $t_{理}$ 相差 5～10℃，便于以后作图）。相应的 $p_{01'}=268.63$kPa。

根据这两个中间压力，分别进行热力计算，并求得在 $p_{理}=334.84$kPa 时，$\xi_1=-0.305$；$p_{01'}=268.63$ kPa 时，$\xi_2=-0.447$。

③作 p_{01}-ξ 图，求得在 $\xi=0.5$ 时，$p_{01}=244$kPa。

两级制冷压缩机循环的 lg$p$-h 图与 p_{01}-ξ 图（图 4-2）如下，各点的有关热力参数与计算结果均列于表 4-4 和表 4-5。

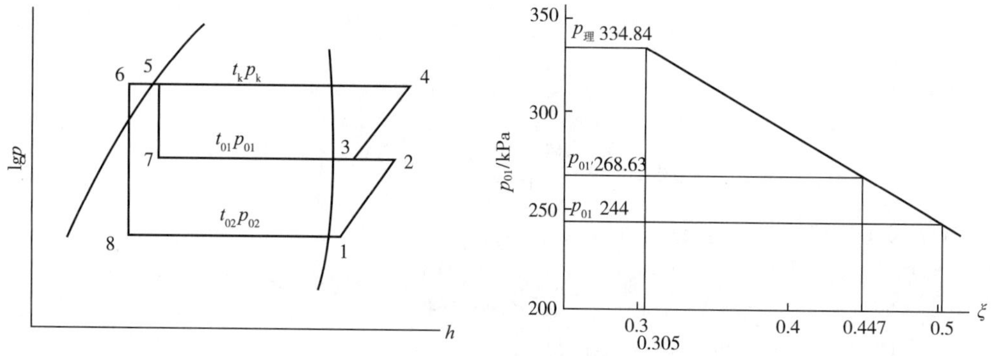

图 4-2　两级制冷机循环的 lg$p$-h 图和 p_{01}-ξ 图

表 4-4　　各点有关热力参数值

项目	单位	$t_{理}=-6.55℃$，$p_{理}=334.84$kPa	$t_{01'}=-12℃$，$p_{01'}=268.63$kPa
$t_1=t_{02}+15$	℃	-25	-25
h_1	kJ/kg	1440	1440
v_1	m^3/kg	1.6	1.6
t_2	℃	78	60
h_2	kJ/kg	1657	1616
v_2	m^3/kg	0.5	0.6
$t_3=t_{02}+5$	℃	-1.55	-7

续表

项目	单位	$t_{理}=-6.55℃$，$p_{理}=334.84\text{kPa}$	$t_{01'}=-12℃$，$p_{01'}=268.63\text{kPa}$
h_3	kJ/kg	1465	1460
v_3	m^3/kg	0.375	0.48
t_4	℃	110	126
h_4	kJ/kg	1694	1735
t_5	℃	40	40
h_5	kJ/kg	390.59	390.59
$t_6=t_{01}+5$	℃	-1.55	-7
h_6	kJ/kg	193.0	167.79

表 4-5　计算结果

计算公式	$t_{理}=-6.55℃$，$p_{理}=334.84\text{kPa}$	$t_{01'}=-12℃$，$p_{01'}=268.63\text{kPa}$
$\lambda_{高}=0.94-0.085\times\left[\left(\dfrac{p_k}{p_0}\right)^{\frac{1}{n}}-1\right]$	$\lambda_{高}=0.94-0.085\times\left[\left(\dfrac{1557}{334.84}\right)^{\frac{1}{1.28}}-1\right]=0.743$	$\lambda_{高}=0.94-0.085\times\left[\left(\dfrac{1557}{268.63}\right)^{\frac{1}{1.28}}-1\right]=0.689$
$\lambda_{低}=0.94-0.085\times\left[\left(\dfrac{p_{01}}{p_{02}-9.8}\right)^{\frac{1}{n}}-1\right]$	$\lambda_{低}=0.94-0.085\times\left[\left(\dfrac{334.84}{72.01-9.8}\right)^{\frac{1}{1.28}}-1\right]=0.71$	$\lambda_{低}=0.94-0.085\times\left[\left(\dfrac{268.63}{72.01-9.8}\right)^{\frac{1}{1.28}}-1\right]=0.758$
$G_{低}=\dfrac{V_{h低}}{v_1}\lambda_{低}$	$G_{低}=\dfrac{566}{1.6}\times0.71=251.16(\text{kg/h})$	$G_{低}=\dfrac{566}{1.6}\times0.758=268.14(\text{kg/h})$
$1+\alpha=\dfrac{h_2-h_6}{h_3-h_5}$	$1+\alpha=\dfrac{1657-193.0}{1465-390.59}=1.362$	$1+\alpha=\dfrac{1616-167.79}{1460-390.59}=1.354$
$G_{高}=G_{低}(1+\alpha)$	$G_{高}=251.16\times1.362=342.08(\text{kg/h})$	$G_{高}=268.14\times1.354=363.06(\text{kg/h})$
$V_{h高}=\dfrac{G_{高}v_3}{\lambda_{高}}$	$V_{h高}=\dfrac{342.08\times0.375}{0.743}=172.65(m^3/h)$	$V_{h高}=\dfrac{363.06\times0.48}{0.689}=252.9(m^3/h)$
$\xi=\dfrac{V_{h高}}{V_{h低}}$	$\xi=\dfrac{172.65}{566}=0.305$	$\xi=\dfrac{252.9}{566}=0.447$

在中间压力 $p=244\text{kPa}$（中间温度 $=-14.2℃$）时，两级制冷循环有关的热力参数如下：

$t_1=t_{02}+15=-25$（℃），$h_1=1440$（kJ/kg），$v_1=1.6$（m^3/kg），

$p_{02}=72.0$（kPa），$t_k=40$（℃），$p_k=1557$（kPa），$t_6=t_{01}+5=-9.2$（℃），$h_6=157.7$（kJ/kg）

$$\lambda_{低}=0.94-0.085\left[\left(\frac{P_{01}}{P_{02}-9.8}\right)^{\frac{1}{n}}-1\right]=0.94-0.085\left[\left(\frac{244}{72.01-9.8}-1\right)^{\frac{1}{1.18}}-1\right]=0.78$$

$$q_v=\frac{q_{02}}{v_1}=\frac{h_1-h_6}{v_1}=\frac{1440-157.71}{1.6}=801.43\ (\text{kJ/m}^3)$$

$$Q_0=q_v \cdot V_{h低} \cdot \lambda_{低}=801.43\times566\times0.78=353815\ (kJ/h)=98.3\ (kW)$$

（2）第二种情况　已知需要的制冷量，确定高、低压级的输气容量，然后再核算其制冷量，从而选择合适的压缩机及台数（选型计算）。

计算步骤如下。

①根据制冷工艺所需要的制冷量和温度条件（t_k和t_{02}），以及中间压力（按$p_{理}=\sqrt{p_k p_0}$求得），按式（4-14）、式（4-15）计算出高、低压级的理论输气量：

$$V_{h低}=\frac{Q_0}{q_{02}}\frac{v_1}{\lambda_{低}} \tag{4-14}$$

$$V_{h高}=\frac{Q_0}{q_{02}\lambda_{高}}(1+\alpha)v_3 \tag{4-15}$$

式中　$V_{h低}$——低压级理论输气量，m^2/h；

$V_{h高}$——高压级理论输气量，m^3/h；

v_3——高压级吸入蒸汽的比体积，m^3/kg；

$\lambda_{高}$——高压级输气系数；

v_1——低压级吸入蒸汽的比体积，m^3/kg；

q_{02}——单位质量制冷量，kJ/kg；

Q_0——制冷工艺所需要的制冷量，kJ/h；

α——为消除低压级排气过热和实现高压液体过冷，中间冷却器内液态制冷剂的蒸发量，kg/kg。

α可由中间冷却器的热量平衡关系求得，如式（4-16）所示。

$$\alpha=\frac{(h_2-h_3)+(h_5-h_6)}{h_3-h_5} \tag{4-16}$$

式中　h_2——低压级排出的过热蒸汽比焓，kJ/kg；

h_3——高压级吸入的过热蒸汽比焓，kJ/kg；

h_5、h_6——进入和流出中间冷却器蛇形冷却盘管组的高压液态制冷剂比焓，kJ/kg。

②根据上面求得的高、低压容积比ξ，选配适当的压缩机，组成配组式两级制冷机或单机两级机。

最后，由于所选配压缩机的高、低压级理论输气量与计算求得的不一定正好符合，因此可用第一种情况所列举的步骤来核算所选配的两级制冷机制冷量，使能满足工艺所要求的制冷量Q_0。

第二节　冷凝器选型与计算

冷凝器是蒸气压缩式制冷系统中的主要热交换设备之一。在制冷系统中，冷凝器位于压缩机油分离器与贮液器之间。在冷凝器里，压缩机排出的高压、过热的制冷剂蒸气把热量传给冷却介质（水或空气后），凝结成高压的饱和液体或过冷液体。制冷剂在冷凝器中放出的热量包括三部分：①蒸发器内低温低压液体制冷剂沸腾时吸收的热量；②制冷剂蒸气在回气管中从外界吸收的热量；③制冷剂蒸气在压缩机内被压缩而消耗的机械功转化的热量。因此，冷凝器需要有一定的冷却表面积和较高的传热效率，同时，冷凝器要承受一定的压力，在制冷系统中属于高压设备。

一、确定冷凝负荷

1. 冷凝器热负荷 Q_k

冷凝器热负荷是制冷剂蒸气在冷凝器中排放出的总热量。一般情况下，它包括制冷剂在蒸发器中吸收的热量及在压缩过程中所获得的机械功所转换的热量。可用式（4-17）表示：

$$Q_k = Q_0 + P_i \tag{4-17}$$

式中　Q_k——冷凝器在计算工况下的热负荷，kW；

Q_0——压缩机在计算工况下的制冷量，kW；

P_i——压缩机在计算工况下的消耗功率，kW。

冷凝器热负荷也可按制冷循环的热力计算确定，即：

$$Q_k = G(h_2 - h_3) \tag{4-18}$$

式中　G——制冷剂的质量流量，kg/s；

h_2——制冷剂进入冷凝器的比焓，kJ/kg；

h_3——制冷剂出冷凝器的比焓，kJ/kg。

对单级压缩制冷循环，冷凝器热负荷 Q_k 也可按式（4-19）近似计算：

$$Q_k = \psi Q_0 \tag{4-19}$$

式中　ψ——冷凝器负荷系数，与制冷剂种类及运行工况有关，具体数值可由图 4-3 查得。

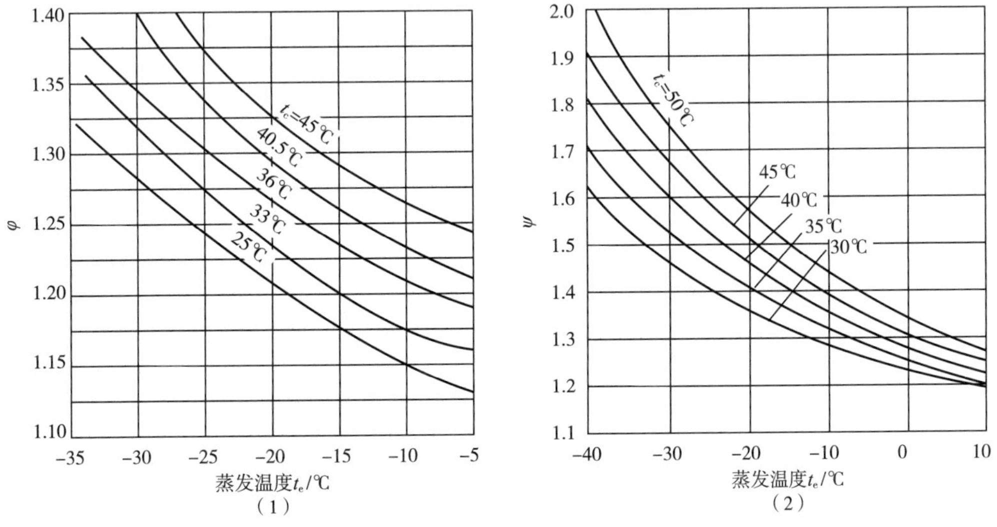

图 4-3　冷凝器负荷系数

（1）氨系统　（2）卤代烃系统

2. 冷凝器传热系数 K（W/m^2 · ℃）

其值可按传热学中有关公式计算，或按冷凝器生产厂提供的资料选取。作为初步估算，也可采用经过实验验证，符合通常使用条件的推荐值。各类冷凝器的传热系数和热流密度 q_f（W/m^2）的推荐值见表 4-6。

表 4-6　　冷凝器传热系数 K 和热流密度 q_f

制冷剂	冷凝器型式	传热系数 K/（W/m^2 · ℃）	热流密度 q/（W/m^2）	相应条件
氨	立式	700~900	3500~4000	①光滑钢管 ②传热温差 Δt_m=4~6℃ ③冷却水温升 2~3℃ ④单位面积冷却水量 1~1.7m^3/（m^2 · h）
	卧式	800~1100	4000~5000	①光滑钢管 ②传热温差 Δt_m=4~6℃ ③冷却水温升 4~6℃ ④单位面积冷却水量 0.5~0.9m^3/（m^2 · h） ⑤水速 0.8~1.5m/s
	板式	2000~2300		①板片为不锈钢板 ②使用焊接板式或经特殊处理的钎焊板式
	螺旋板式	1400~1600	7000~9000	①传热温差 Δt_m=4~6℃ ②冷却水温升 3~5℃ ③水速 0.6~1.4m/s
	淋水式	600~750	3000~3500	①光滑钢管 ②单位面积冷却水量 0.5~0.9m^3/（m^2 · h） ③补充水量为循环水量的 10%~12% ④进口湿球温度 24℃
	蒸发式	600~800	1800~2500	①光滑钢管 ②单位面积冷却水量 0.12~0.16m^3/（m^2 · h） ③单位面积通风量 300~340m^3/（m^2 · h） ④补充水量为循环水量的 5%~10% ⑤传热温差 Δt_m=2~3℃（制冷剂与钢管外侧水膜之间）
卤代烃	卧式（R22、R134a、R404A）	800~1000	5000~8000	①低肋铜管，肋化系数≥3.5 ②传热温差 Δt_m=7~9℃ ③冷却水流速 1.5~2.5m/s ④冷却水温升 4~6℃

续表

<table>
<tr><th>制冷剂</th><th colspan="2">冷凝器型式</th><th>传热系数 K/ ($W/m^2 \cdot ℃$)</th><th>热流密度 q/ (W/m^2)</th><th>相应条件</th></tr>
<tr><td rowspan="5">卤代烃</td><td colspan="2">套管式（R22、R134a、R404A）</td><td>800~1000</td><td>7500~10000</td><td>①低肋铜管，肋化系数≥3.5
②传热温差 Δt_m=8~11℃
③冷却水流速 1.0~2.0m/s</td></tr>
<tr><td colspan="2">板式（R22、R134a、R404A）</td><td>2300~2500</td><td></td><td>①板片为不锈钢板
②钎焊板式</td></tr>
<tr><td rowspan="2">空气冷却式</td><td>自然对流</td><td>6~10（以传热管内表面计）</td><td>45~85</td><td></td></tr>
<tr><td>强制对流</td><td>30~40</td><td>250~300</td><td>①铝平翅片套铜管
②传热温差 Δt_m=8~12℃
③迎面风速 2.5~3.0m/s
④冷凝温度与进风温度之差≥15℃</td></tr>
<tr><td colspan="2">蒸发式（R22）</td><td>500~700</td><td>1600~2200</td><td>①光滑钢管
②单位面积冷却水量 0.12~0.16m^3/（m^2·h）
③单位面积通风量 300~340m^3/（m^2·h）
④补充水量为循环水量的 5%~10%
⑤传热温差 Δt_m=2~3℃（制冷剂与钢管外侧水膜之间）</td></tr>
</table>

3. 冷凝器传热面积 A

传热面积可按式（4-20）计算：

$$A = \frac{Q_k}{K\Delta t_m} = \frac{Q_k}{q} \tag{4-20}$$

式中 Q_k——冷凝器热负荷，kW；

A——冷凝器传热面积，m^2；

q——热流密度，kW/m^2，其经验数据可按表 4-6 所列推荐值选取。

4. 冷却介质流量

（1）水冷式冷凝器的冷却水流量 G_s 可按式（4-21）计算：

$$G_s = \frac{3.6Q_k}{\rho_s c_s (t_2 - t_1)} \tag{4-21}$$

式中 G_s——水冷式冷凝器的冷却水流量，m^3/h；

ρ_s——冷却水密度，kg/m^3，取 $\rho_s = 1000kg/m^3$；

c_s——冷却水定压比热容，kJ/（kg·K），取 c_s=4.186kJ/（kg·K）；

t_1、t_2——冷却水进、出冷凝器温度,℃。

（2）空气冷却式冷凝器的空气流量 G_a 可用式（4-22）计算：

$$G_a = \frac{3.6Q_k}{\rho_a c_a(t_{a2} - t_{a1})} \tag{4-22}$$

式中 G_a——空气冷却式冷凝器的空气流量，m^3/h；

ρ_a——空气密度，kg/m^3，取 $\rho_a = 1.189kg/m^3$；

c_a——空气定压比热容，kJ/（kg·K），取 $c_a = 1.0056$kJ/（kg·K）；

t_{a1}、t_{a2}——空气进、出冷凝器温度,℃。

（3）淋水式冷凝器的冷却水量 冷却水量、补充水量可按表4-6推荐值选配。

（4）蒸发式冷凝器的冷却水量、通风量 除按表4-6推荐值选取外，还可按每千瓦冷凝热负荷所需循环水量为0.05~0.07m^3/h、所需通风量为85~160m^3计。

5. 冷凝器冷却水的阻力计算

立式冷凝器和淋水式冷凝器的冷却水，都是从顶部靠重力沿管壁流下的，故不需进行流动阻力计算。

强制对流空气冷却式冷凝器和蒸发式冷凝器所需的风机及水泵，均已由生产厂配置好，故在工程中不需要另行选取，卧式壳管式冷凝器的冷却水泵需要在工程设计中进行选配，为此，需计算冷却水的流动阻力，以提供选配水泵的必要数据。首先根据选定的型号，从产品样本上查出冷凝器在给定流量（或水速）和水流程数时的水阻力损失。在缺少此数据时，可查出冷凝器的传热管数目、管道直径、每根管长度及水流程数。冷却水流速可按式（4-23）计算：

$$\omega = \frac{4G_s z}{3600\pi d_i^2 n} \tag{4-23}$$

式中 ω——冷却水在管内流速，m/s；

G_s——冷却水循环量，m^3/h；

z——冷却水流程数；

d_i——传热管内径，m；

n——传热管总根数。

冷却水的总流动阻力可用以下经验公式求得：

$$\Delta p = \frac{1}{2}\rho\omega^2\left[fz\frac{L}{d_i} + 1.5(z + 1)\right] \tag{4-24}$$

式中 Δp——冷凝器冷却水的流动阻力，Pa；

ρ——冷却水的密度，kg/m^3，取 $\rho = 1000kg/m^3$；

ω——冷却水流速，m/s；

L——传热管长度，即管板之间距离，m；

d_i——传热管内径，m；

z——冷却水流程数；

f——摩擦阻力系数，与冷凝器传热管污垢和绝对粗糙度有关。

$$f = 0.178bd_i^{-0.25} \tag{4-25}$$

式中 b——系数，钢管 $b = 0.098$，铜管 $b = 0.075$。

二、 确定冷凝器类型及条件

1. 冷凝器的种类

冷凝器按其冷却介质和冷却方式不同，可以分为水冷式、空气冷却式、水和空气联合冷却式三种类型。

（1）水冷式冷凝器　冷凝器中制冷剂放出的热量被冷却水带走。冷却水可以一次流过，也可以循环使用。当循环使用时，需设置冷却塔或冷却水池。水冷式冷凝器分为壳管式、套管式、板式、螺旋板式等几种类型。

（2）空气冷却式冷凝器　通常，空气冷却式冷凝器也叫风冷式冷凝器。空气在冷凝器管外流动，冷凝器中制冷剂放出的热量被空气带走，制冷剂在管内冷凝。这类冷凝器中有自然对流空气冷却式冷凝器和强制对流空气冷却式冷凝器。

（3）水和空气联合冷却式冷凝器　冷凝器中制冷剂放出的热量同时由冷却水和空气带走，冷却水在管外喷淋蒸发时，吸收气化潜热，使管内制冷剂冷却和冷凝，因此耗水量少。这类冷凝器中有淋水式冷凝器和蒸发式冷凝器两种类型。

2. 各种类型冷凝器的特点及使用范围（表 4-7）

表 4-7　各种冷凝器的类型、特点及使用范围

类型	型式	制冷剂	优点	缺点	使用范围
水冷式	立式	氨	①可安装于室外 ②占地面积小 ③对水质要求低 ④易于除水垢	①冷却水量大 ②体积较卧式大 ③需经常维护、清洗	大、中型
	卧式	氨、卤代烃	①传热效果较立式好 ②易于与设备组装	①冷却水质要求高 ②泄漏不易发现 ③冷却管易腐蚀	大、中、小型
	套管式	氨、卤代烃	①传热系数高 ②结构简单、易制作	①水流动阻力大 ②清洗困难	小型
	板式	氨、卤代烃	①传热系数高 ②结构紧凑、组合灵活	①水质要求高 ②制造复杂	中、小型
	螺旋板式	氨、卤代烃	①传热系数高 ②体积小	①水侧阻力大 ②维修困难	中、小型
空气冷却式	自然对流式	卤代烃	①不需要冷却水 ②无噪声 ③无需动力	①体积庞大、传热面积庞大 ②制冷机功耗大	小型
	强制对流式	卤代烃	①不需要冷却水 ②易于与设备组装	①体积大、传热面积大（相对水冷却式） ②制冷机功耗大	中、小型

续表

类型	型式	制冷剂	优点	缺点	使用范围
水和空气联合冷却式	淋水式	氨	①制造方便 ②清洗、维修方便 ③冷却水质要求低	①占地面积大 ②金属耗材多 ③传热效果差	大、中型
	蒸发式	氨、卤代烃	①冷却水耗量小 ②冷凝温度低	①价格较高 ②冷却水质要求高 ③清洗、维修困难	大、中型

三、 冷凝器计算与选型

1. 冷凝器的选型原则

冷凝器选型计算的目的，是通过热力计算和传热计算，确定其传热面积，从而选用合适的冷凝器，以及通过流体动力计算，确定冷却介质的流量和流过冷凝器的阻力损失，从而选择泵或风机的容量及功率。

冷凝器型式的选择，取决于水源、水温、水质、水量及气象条件，同时与热负荷大小、机房的布置要求等情况有关，一般可按表 4-7 介绍的冷凝器型式与结构来选取。例如，在冷却水源充足、水质较好的地区，宜采用水冷式冷凝器。在冷却水源缺乏的地区，或夏季室外空气湿球温度较低的地区，宜使用蒸发式冷凝器。在冷却水源无法解决或移动式空调机组、冷藏装置中，宜采用空气冷却式冷凝器。

2. 冷凝器传热面积计算例题

例 4-4　一制冷量为 150 kW 的氨制冷系统，运行参数见图 4-4，请按需要选配冷凝器。

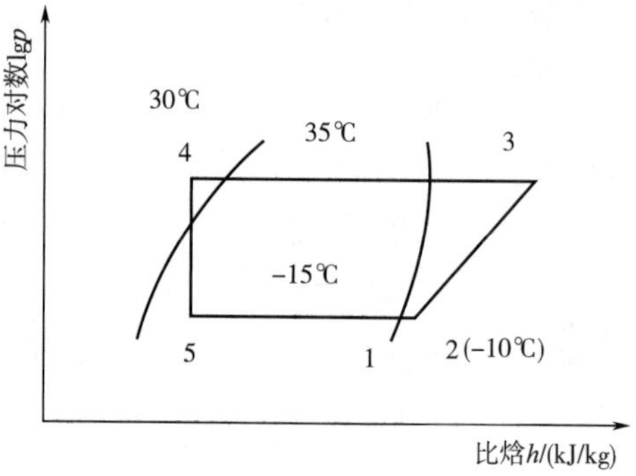

图 4-4　例 4-4 单级压缩制冷循环运行情况

解：

(1) 冷凝器热负荷 Q_k　系统压焓图如图 4-4 所示，各点部分参数如下，

$$h_1 = 1441\text{kJ/kg},\ h_2 = 1459\text{kJ/kg},\ h_3 = 1721\text{kJ/kg},\ h_4 = h_5 = 342\text{kJ/kg}$$

$$Q_k = G\Delta h = \frac{Q_0}{(h_1 - h_5)} \times (h_3 - h_4) = \frac{150}{(1441 - 342)} \times (1721 - 342) = 188.2(\text{kW})$$

（2）计算冷凝器面积　$F_k = \frac{Q_k \times 10^3}{K\Delta t_m} = \frac{Q_k \times 10^3}{q_f} = \frac{188.2 \times 10^3}{4300} = 43.8(m^2)$

根据某企业冷凝器样本，选择 WN56G 卧式冷凝器一台，其冷却面积为 $56m^2$，冷却水流量为 55t/h。

（3）冷却水用量 G_c 计算　假设冷却水进出水温差为 4℃。

$$G_c = \frac{Q_k}{c_s \cdot \Delta T} = \frac{188.2}{4.19 \times 4} = 11.23(kg/s) = 40.4(t/h)$$

第三节　库房冷却设备选型与计算

冷却设备是制冷系统中产生冷效应的低压热交换器，即蒸发器。它利用低压的制冷剂液体在较低温度下蒸发，吸收被冷却介质（空气或盐水）的热量，使被冷却介质的温度降低。

一、蒸发器类型

蒸发器按被冷却介质的不同，分为冷却液体载冷剂、冷却空气或其他气体的两大类型。

在冷却液体载冷剂的蒸发器中，有壳管式蒸发器（包括卧式蒸发器、干式蒸发器），水箱型（沉浸式）蒸发器（包括立管式、螺旋管式、蛇管式），板式蒸发器，螺旋板式蒸发器等。

冷却空气的蒸发器也有多种形式，一般都是制冷剂在管内沸腾，而气体在管外侧被冷却。在冷却空气蒸发器中，有空调用翅片式蒸发器、冷冻冷藏用空气冷却器（冷风机）及排管蒸发器等。

在冷库库房中，常用的是排管和冷风机。

各种类型蒸发器的特点及使用范围见表 4-8。

表 4-8　各种类型蒸发器的类型、特点及使用范围

类型	形式		优点	缺点	使用范围
冷却空气的蒸发器	排管式蒸发器	立管式	①加工制作方便 ②传热效果好	①充液量大 ②静液柱影响大	氨冷库墙排管
		U 形顶排管	①供液回路短 ②回气阻力小 ③传热效果好	对制造和安装的水平度要求高，否则供液不均匀	氨冷库顶排管
		蛇形盘管	①加工制作方便 ②充液量小	①回路较长，阻力大 ②传热效果降低	氨、卤代烃冷库墙和顶排管

续表

类型	形式		优点	缺点	使用范围
冷却空气的蒸发器	排管式蒸发器	搁架式	①传热效果好 ②温度均匀	①钢材消耗大 ②库内搬运劳动强度大、效率低	小型氨、卤代烃冻结间
	板管式蒸发器	管板式	①加工制作方便 ②传热效果好 ③不易泄漏	用料较多，适用于小型装置	家用冰箱
		复合板式	①传热效果好 ②用料较省	①制造工艺复杂 ②维修较难	家用冰箱
		单脊翅片管式	①单位长度制冷量比光管好 ②易于制造和清洗	一般为蛇形大通道，不宜作大面积蒸发器	家用冰箱、冷藏室
		平板式	①传热好 ②适用范围广	①制造工艺复杂 ②难维修	家用冰箱
	冷风机	翅片管式	①传热效果好 ②占地小 ③节省材料 ④结构紧凑	①制造工艺复杂 ②不易清洗 ③冷冻和空调片距要求不同	冰箱、空调
		吊顶式	①结构紧凑 ②不占库房面积	安装要求高	氨、卤代烃冷库
		落地式	①易维护 ②温度均匀	①体积大，占据有效库容积 ②易碰撞	氨、卤代烃冷库
		湿式	①结构简单 ②不结霜 ③传热效果好 ④温度均匀	①空气阻力大 ②盐水浓度易降低 ③对管道腐蚀大	空调系统
		混合式	①结构简单 ②不结霜 ③传热好	盐水对管道腐蚀大	空调系统
冷却液体载冷剂的蒸发器	水箱型(沉浸浸式)蒸发器	立管式	①载冷剂冻结危险小 ②有一定的蓄冷能力 ③操作管理方便	①体积大、占地面积大 ②易腐蚀 ③金属耗量大 ④易于积油	氨制冷系统

续表

类型	形式		优点	缺点	使用范围
冷却液体载冷剂的蒸发器	水箱型（沉浸式）蒸发器	螺旋管式	①~③同立管式 ④结构简单、制造方便 ⑤体积、占地面积比立管式大	维修比立管式麻烦	氨制冷系统
		蛇管式	①~③同立管式 ④结构简单、制造方便	管内制冷剂流速低，传热效果差	小型卤代烃制冷系统
	卧式壳管式蒸发器	满液式	①结构紧凑，重量轻，占地面积小 ②可采用闭式循环，不易腐蚀	①加工复杂 ②载冷剂易发生冻结而胀裂管子 ③无蓄冷能力	氨、卤代烃制冷系统
		干式	①载冷剂不易冻结 ②回油方便 ③制冷剂充灌量小	①制造工艺复杂 ②不易清洗	卤代烃制冷系统
	板式蒸发器		①传热系数高 ②体积小 ③结构紧凑、组合灵活	①制造复杂，维修困难 ②造价较高	氨、卤代烃制冷系统
	螺旋板式蒸发器		①体积小 ②传热系数高	①制造复杂，维修困难 ②使用淡水有冻结危险	氨、卤代烃制冷系统
	套管式蒸发器		①结构简单、体积小 ②传热系数高	①水质要求高、不易清洗 ②维修困难	小型卤代烃制冷系统

二、　蒸发器选型与计算

1. 蒸发器的选型

蒸发器型式的选择，主要是从生产工艺和供冷方式来考虑。对于自带冷源的空气调节机组，应采用翅片式蒸发器；对于不挥发载冷剂的开式循环系统，例如集中喷雾式空调冷水系统，可采用水箱型（沉浸式）蒸发器，对具有挥发性的载冷剂循环系统，或采用闭式循环的集中空调冷水系统，应采用卧式壳管式蒸发器。蒸发器型式的选择，可参照表 4-8 的蒸发器型式。

2. 蒸发器选择计算

蒸发器的选择计算包括确定蒸发器的传热面积、载冷剂流量等。

（1）蒸发器传热面积

①制冷量 Q_0：制冷量即蒸发器的热负荷，一般是给定的，也可根据生产工艺或空调负荷进行计算，或根据制冷压缩机的制冷量来确定，同时应考虑到冷损耗和制冷量的裕度等。

②蒸发器的传热系数 K 和热流密度 q_f：蒸发器的传热系数 K 可按传热学公式进行计算，或按蒸发器生产厂提供的资料进行选取，作为初步估算也可采用经实际验证的推荐数值。各种蒸

发器的传热系数 K 和热流密度 q_f 的推荐值见表 4-9。

③传热温差 Δt_m：可按式（4-26）计算，或按表 4-9 选取。

$$\Delta t_m = \frac{t_1 - t_2}{\ln \frac{t_1 - t_0}{t_2 - t_0}} \tag{4-26}$$

式中 t_1——载冷剂进口温度，℃；

t_2——载冷剂出口温度，℃；

t_0——蒸发温度，℃。

④传热面积 A：可按式（4-27）计算：

$$A = \frac{Q_0}{K\Delta t_m} = \frac{Q_0}{q_f} \tag{4-27}$$

式中 A——传热面积，m^2；

q_f——热流密度，kW/m^2，其经验数据可按表 4-9 所列推荐值选取；

K——传热系数，$W/(m^2 \cdot K)$，对于氨冷风机，传热系数按照表 4-10、表 4-11 选择；

Δt_m——传热温差，℃，按照表 4-12 选择。

卤代烃冷库冷风机在迎面风速 2.5m/s、翅片间距 4~10mm 时，传热系数一般为 18~23W/（$m^2 \cdot K$）。冷却排管的传热系数一般为 12~15W/（$m^2 \cdot K$）。

表 4-9 蒸发器传热系数 K 和热流密度 q_f

制冷剂	蒸发器型式	载冷剂	传热系数 K/[$W/(m^2 \cdot ℃)$]	热流密度 q_f/(W/m^2)	相应条件
氨	直管式	水	500~700	2500~3500	①传热温差 Δt_m=4~5℃ ②载冷剂流速 0.3~0.7m/s
		盐水	400~600	2200~3000	
	螺旋管式	水	500~700	2500~3500	
		盐水	400~600	2200~3000	
	卧式壳管式（满液式）	水	500~750	3000~4000	①光滑钢管 ②传热温差 Δt_m=5~7℃ ③载冷剂流速 1.0~1.5m/s
		盐水	450~600	2500~3000	
	板式	水	2000~2300		①板片为不锈钢板 ②使用焊接板式或经特殊处理的钎焊板式
		盐水	1800~2100		
	螺旋板式	水	650~800	4000~5000	①温差 Δt_m=5~7℃ ②载冷剂流速 1.0~1.5m/s
		盐水	500~700	3500~4500	
卤代烃	蛇管式（R22）	水	350~450	1700~2300	有搅拌器
		水	170~200		无搅拌器
		盐水	115~140		

续表

制冷剂	蒸发器型式	载冷剂	传热系数 K/[W/(m²·℃)]	热流密度 q_f/(W/m²)	相应条件
卤代烃	卧式壳管式（满液式）	水	800~1400		①光滑钢管 ②传热温差 $\Delta t_m=4\sim6$℃ ③载冷剂流速 1.0~1.5m/s
		盐水	500~750		①低肋管，肋化系数≥3.5 ②载冷剂流速 1.0~2.4m/s
	干式（R22）	水	800~1000	5000~7000	①光滑铜管 φ12mm ②传热温差 $\Delta t_m=5\sim7$℃
		水	1000~1800	7000~12000	①高效传热 ②传热温差 $\Delta t_m=4\sim8$℃ ③载冷剂流速 1.0~1.5m/s
	套管式（R22、R134a、R404A）	水	900~1100	7500~10000	①低肋铜管，肋化系数≥3.5 ②载冷剂流速 1.0~1.2m/s
	板式（R22、R134a、R404A）	水	2300~2500		①板片为不锈钢板 ②钎焊板式
		盐水	2000~2300		
	翅片式	空气	30~40	450~500	①蒸发管组 4~8 排 ②传热温差 $\Delta t_m=8\sim12$℃ ③迎面风速 2.5~3.0m/s

表 4-10　　氨翅片管冷风机传热系数 K

蒸发温度/℃	最小流通截面上空气流速/（m/s）	K/［W/（m²·K）］
-40	3~5	11.6
-20	3~5	12.8
-15	3~5	14.0
≥0	3~5	17.0

表 4-11　　氨搁架式排管传热系数　　单位：W/（m²·K）

空气流动状态	自然对流	风速 1.5m/s	风速 2.0m/s
传热系数	17.5	21	23.3

表 4-12　　蒸发器计算温度差 Δt　　单位:℃

蒸发器类型	冷却间	冻结间	冷却物冷藏间	冻结物冷藏间	贮冰间
光滑排管	—	10~12	—	8~10	10

续表

蒸发器类型	冷却间	冻结间	冷却物冷藏间	冻结物冷藏间	贮冰间
翅片排管	—	—	—	10~12	—
光滑管冷风机	8~10	8~10	6~8	—	—
翅片管冷风机	10~12	8~10	8~10	8~10	10
搁架排管	12~15				

（2）蒸发器中载冷剂流量　对于液体载冷剂流量 G_z 可按式（4-28）计算：

$$G_z = \frac{3.6Q_0}{\rho_z c_z (t_1 - t_2)} \tag{4-28}$$

式中　G_z——液体载冷剂流量，m^3/h；

Q_0——蒸发器在计算工况下的制冷量，kW；

ρ_z——载冷剂密度，kg/m^3；

c_z——载冷剂定压比热容，kJ/（kg·K），取 c_z=4.186kJ/（kg·K）；

t_1、t_2——空气进、出口温度,℃。

对于空气载冷剂流量 G_{za} 可按式（4-29）计算：

$$G_{za} = \frac{3.6Q_0}{\rho_a (h_1 - h_2)} \tag{4-29}$$

式中　G_{za}——空气载冷剂流量，m^3/h；

ρ_a——空气密度，kg/m^3，取 ρ_a=1.189kg/m^3；

h_1、h_2——空气进、出口比焓，kJ/kg。

第四节　其他设备选型与计算

一、节流装置

节流装置又称为节流机构，膨胀机构或膨胀阀、节流阀。制冷系统的节流阀位于冷凝器（或贮液器）和蒸发器之间，从冷凝器来的高压制冷剂液体经节流阀后进入蒸发器中。它除了起节流降压作用外，还具有调节制冷剂流量的作用。

节流机构在制冷系统中起着非常关键的作用，通过选择合适的节流机构与制冷系统匹配是整个制冷设备降低能耗的重要环节。冷库制冷系统中常见的节流机构有热力膨胀阀、手动膨胀阀、电子膨胀阀、浮球膨胀阀。

节流阀的选型主要以阀门的容量为依据，选型时考虑到阀前后压力差的大小及其他因素，以制冷能力选定其型号。

1. 手动节流阀

表 4-13 所列为手动节流阀容量特性，选型时根据阀前后压力差、阀门所处制冷回路的制冷量（稍大于实际制冷量）确定阀门的通径，选择与之相对应的节流阀型号。

表 4-13　　手动节流阀容量　　单位：kW

公称口径/mm	压力差/MPa				阀门接口外径/mm
	0.6	0.8	1.0	1.2	
DN3	17.39	24.33	28.95	32.41	D14×2
DN5	51.4	73.81	84.93	96.51	D18×2
DN10	176.05	247.07	289.53	328.41	D25×2

2. 浮球阀

浮球式膨胀阀，简称浮球阀，是一种自动调节的节流阀，广泛应用于氨制冷装置中。浮球阀用来控制进入具有自由液面的中低压容器的制冷剂液体，具有节流降压和控制液压的作用。在氨冷库制冷系统中，广泛应用的是非直通式低压浮球阀，用于氨液分离、中间冷却器和低压循环贮液桶等容器的液压控制。

浮球阀一般根据制冷系统制冷的大小来选用，选型时可查厂家提供的产品样本。

氨节流阀的口径选择依据是制冷系统热负荷大小。一般可以按照表 4-14 选择。

表 4-14　　不同热负荷下节流阀通径

热负荷/kW	6	12	24	48	72	96	144	240
节流阀通径/mm	8	10	10	15	20	25	32	40

3. 热力膨胀阀

热力膨胀阀普遍用于卤代烃制冷系统中。它能根据蒸发器出口处制冷剂气体过热度的大小自动调节阀门的开度，达到调节制冷剂供液量的目的，使制冷剂的流量与蒸发器的负荷相匹配。

热力膨胀阀适用于没有自由液面的蒸发器，它有内平衡式和外平衡式之分。热力膨胀阀的选配主要是根据制冷量大小、制冷剂种类、节流前后的压力差、蒸发器管内制冷剂的流动阻力等因素，利用热力膨胀阀性能参数表来确定膨胀阀的形式和规格型号。一般情况下应考虑20%～30%的余量。选型时可查厂家提供的产品样本。

选型时，对于过冷度偏离 4℃的情况，需先对蒸发器制冷量进行修正，查表 4-15，用所需制冷量除以修正系数，再用修正后的制冷量从厂家选型表中选择热力膨胀阀的型号。

表 4-15　　不同过冷度的修正系数

过冷度/℃	4	10	15	20	25	30
修正系数	1.00	1.07	1.13	1.19	1.25	1.32

例 4-5　某 R22 制冷系统计算所得冷却设备负荷为 20kW，其蒸发温度为 0℃，冷凝温度为 36℃，过冷温度为 26℃，系统中用分液器供液，采用外平衡热力膨胀阀，为该系统选择热力膨胀阀。

解：

蒸发压力 0.497MPa；冷凝压力 1.389 MPa；分液器压降 0.05MPa；其他压降 0.04MPa。

膨胀阀两端压降　（1.389-0.497-0.05-0.04）MPa =0.802 MPa≈0.8MPa。

过冷度 36-26=10（℃），修正系数1.07（查表4-15），修正后的冷却设备负荷 20kW/1.07=18.7kW。

根据蒸发温度0℃，阀两端压降为0.8MPa，修正后的冷却设备负荷为18.7kW，由某厂家样本可以选定型号为TDEX6的膨胀阀，其同工况下的制冷量为20.1kW。若考虑余量，也可选用型号为TDEX7.5的膨胀阀，其同工况下的制冷量为24.8kW。

二、油分离器

油分离器的选型是计算其直径，见式（4-30）。油分离器桶体直径的大小，与桶体内要求的制冷剂蒸气流速有关。应当使其能够保证高压气体进入油分离器后流度不超过规定的数值，满足润滑油与制冷剂蒸气分离的要求。

$$D = \sqrt{\frac{4V_h \cdot \lambda \cdot v_2}{3600\pi v_1 w}} \tag{4-30}$$

式中 D——油分离器直径，m；

V_h——压缩机的理论排气量，m^3/h；

λ——压缩机的输气系数；

v_2——压缩机排气比体积，m^3/kg；

v_1——压缩机吸气比体积，m^3/kg；

w——气体在壳体内的流速，m/s。对填料式油分取 $w=0.3\sim0.5m/s$，其他型式油分取 $w=0.5\sim0.8m/s$。

三、中间冷却器

中间冷却器的选择应满足两个条件：一是气体通过中间冷却器横断面的速度应满足气液分离的要求。一般流速不大于0.5m/s；二是传热面积应满足液体制冷剂过冷的要求，而且盘管内液体的流速一般不大于0.4m/s。

1. 中间冷却器内液体冷却盘管传热面积的确定

传热面积按式（4-31）和式（4-32）计算：

$$F = \frac{Q_m}{K\Delta t_m} \tag{4-31}$$

式中 F——中间冷却器传热面积，m^2；

Q_m——中间冷却器的热负荷，W；

Δt_m——中间冷却器内平均传热温差，K；

K——中间冷却器中的传热系数，W/（$m^2 \cdot K$）；氨中间冷却器 K 取580~700 W/（$m^2 \cdot K$）；卤代烃中间冷却器 K 取290~400W/（$m^2 \cdot K$）。

$$\Delta t_m = \frac{t_1 - t_2}{\ln\frac{t_1 - t_{01}}{t_2 - t_{01}}} \tag{4-32}$$

式中 t_1——进入盘管内的液体制冷剂温度，K；

t_2——流出盘管内的液体制冷剂温度，K；

t_{01}——中间冷却器中的蒸发温度，K。

2. 中间冷却器壳体直径的确定

中间冷却器壳体的直径按如式（4-33）计算：

$$D = \sqrt{\frac{4V_h \cdot \lambda_d \cdot v_2}{\pi \cdot w \cdot v_1}} \tag{4-33}$$

式中　D——中间冷却器壳体直径，m；

V_h——低压级压缩机制冷剂气体的理论排气量，m^3/s；

λ_d——低压级压缩机的输气系数；

v_1——低压级压缩机的吸气比体积，m^3/kg；

v_2——低压级压缩机的排气比体积，m^3/kg；

w——气体流速，m/s。

四、　高压贮液器

高压贮液器用于贮存由冷凝器来的高压制冷剂液体，以适应冷负荷变化时调节系统制冷剂的循环量，并减小系统内补充制冷剂的次数。此外，还起到高低压间液封的作用，防止高低压间窜通。

高压贮液器大多制成卧式结构，其上部有压力表、安全阀、进出液阀、气体压力平衡管，下部有放油阀等。高压贮液器的液位计指示贮液量，其液位高度一般不超过桶体直径的80%。小型卤代烃制冷装置可不专设贮液器，仅将冷凝器下部空间作为贮液器使用。

高压贮液器的选择主要是确定其容积。容积应能保证在制冷系统运行时其最大贮液量不超过容积的70%，最少贮液量不超过容积的10%。对大型（氨）系统贮液器所需容积可按照式（4-34）计算：

$$V = \frac{G \cdot v \cdot \varphi}{\beta} \tag{4-34}$$

式中　V——高压贮液器所需容积，m^3；

G——单位时间内制冷剂的循环量，kg；

v——冷凝温度下氨液比体积，m^3/kg；

φ——系数，见表4-16；

β——贮液器充满度，取β=0.7。

表4-16　　系数φ的选择

制冷系统		φ
空调制冷系统、制冰系统、以冷风机为冷分配设备的冷库制冷系统		0.5
以光滑排管为分配设备的冷库制冷系统	库容量1000t以下	1.0
	库容量1000~4500t	0.8
	库容量4500~5000t	0.65
	库容量5000t以上	0.5

对中、小型卤代烃制冷系统，贮液器容积可按照式（4-35）计算：

$$V = \frac{\sum G \cdot v}{\beta} \tag{4-35}$$

式中 V——贮液器容积，m^3；

$\sum G$——制冷系统内制冷剂总的充注量，kg；

v——冷凝温度下氨液比体积，m^3/kg；

β——贮液器充满度，取 $\beta=0.7$。

贮液器的台数可根据容积大小、外形尺寸及布置位置等因素确定。一般，小型系统选一台，大型系统可多选并联使用。但需要注意，多台并联使用时，宜采用相同型号、规格的贮液器，且互相之间要设置气体、液体连通管，保证各台贮液器中液位平衡。

五、 低压循环桶（器）及氨液分离器

1. 低压循环桶

低压循环贮液桶是液泵供液系统的必要设备。低压循环贮液桶按其结构，分为立式和卧式。一般立式气液分离效果较稳定，但要求设备间层间高度高。另外，由于低压贮液器内温度较低，通常根据容器内的温度必须予以隔热处理。

低压贮液桶的选择应满足两个条件：一是直径的确定，使通过低压贮液桶横断面的速度应满足气液分离的要求；二是容积选择。

（1）低压循环贮液桶直径的确定　低压循环贮液器的直径按式（4-36）计算：

$$D = \sqrt{\frac{4V_h \cdot \lambda}{3600\pi \cdot w \cdot \xi \cdot n}} = 0.0188\sqrt{\frac{V_h \cdot \lambda}{w \cdot \xi \cdot n}} \tag{4-36}$$

式中 D——低压循环贮液器直径，m；

V_h——压缩机的理论吸气量，m^3/h；

λ——压缩机的输气系数；

w——低压循环贮液器在壳体内的气体流速，立式桶为 0.5m/s，卧式桶为 0.8m/s；

ξ——低压循环贮液器截面积系数，立式桶为 1，卧式桶为 0.3；

n——低压循环贮液器气体进气扣的个数，立式低压循环贮液器为 1，卧式低压循环贮液器为 2。

（2）低压循环贮液器容积的确定

①对蒸发器上进下出进液方式，即泵停止运转后，蒸发器内的液体全部返回低压循环贮液器内，其低压循环贮液器的容积按式（4-37）计算：

$$V = \frac{1}{0.5}(\alpha V_q + 0.6V_h) \tag{4-37}$$

式中 V——低压循环贮液器容积，m^3；

α——冷却设备设计充氨量容积的百分比；

V_q——冷却设备的容积，m^3；

V_h——回气管容积，m^3。

②对蒸发器下进上出进液方式，即泵停止运转后，蒸发器内的液体不返回低压循环贮液器内，其所需的容积主要是保证分离两相流体所需的容积以及保持一定的液体制冷剂容量供氨泵再循环使用，兼作排液桶使用时，应将最大一间库房蒸发器的排液量考虑进去。容积计算公式如式（4-38）。

$$V = \frac{1}{0.7}(0.2V'_q + 0.6V_h + \tau V_b) \tag{4-38}$$

式中　V——低压循环贮液器容积，m^3；

V'_q——各冷间中冷却设备充氨量最大一间的蒸发器总容积，m^3；

V_h——回气管容积，m^3；

τ——取$\frac{1}{3}$，即桶的正常液位一般保持在桶高度的$\frac{1}{3}$，这部分氨液体容积可以保证氨泵15~20min不断液，即相当于氨泵15~20min的流量；

V_b——一台液泵的体积流量，m^3/h。

2. 氨液分离器

氨液分离器是氨重力供液系统中的重要辅助设备。氨液分离器分立式和卧式两种。立式的优点是气体流速不受液面波动的影响，分离效果较好，供液高度易保证；缺点是需要专门修建安装立式分离器的阁楼，投资有所增加。卧式氨液分离器的优缺点与立式相反。实际应用较多的是立式氨液分离器。

氨液分离器的选择主要是确定其直径。对于库房氨液分离器，直径用式（4-39）计算。

$$D = \sqrt{\frac{4Gv}{\pi w \times 3600}} = 0.0266\sqrt{Gv} \tag{4-39}$$

式中　D——氨液分离器直径，m；

v——蒸发温度相对应的饱和蒸气比体积，m^3/kg；

G——氨液分离器的循环量，kg/h；

w——氨液分离器内氨液的流速，m/s，常取 $w=0.5m/s$。

对于机房氨液分离器，以 $V_h\lambda$ 代替公式中的 Gv 得到，见式（4-40）。

$$D = \sqrt{\frac{4V_h\lambda}{\pi w \times 3600}} = 0.0266\sqrt{V_h\lambda} \tag{4-40}$$

式中　V_h——机房吸气所接压缩机的理论排气量，m^3/h；

λ——压缩机的输气系数。

六、液泵

泵的作用是将低压循环桶内的低温低压液体制冷剂送到各冷间的蒸发器里去。利用泵将循环贮液桶中的制冷剂液体不断输送到蒸发器内强制流动，增加了液体流动速度，提高了传热系数和制冷效能。

液泵有多种型式，冷库中常用的是齿轮氨泵和离心氨泵。离心氨泵分为叶轮泵和屏蔽泵。

1. 液泵的流量计算

液泵供液系统采用低压氨液多倍循环方式，泵的体积流量按式（4-41）计算：

$$q_v = nq_zv_z \tag{4-41}$$

式中　q_v——氨泵体积流量，m^3/h；

n——循环倍数，一般选择3~6倍，冷藏间下进上出制冷系统一般为3~4倍，冷却间和冻结间采用下进上出系统为5~6倍，若采用上进下出系统则还需增加30%；

q_z——泵所供同一蒸发温度的氨液蒸发量，kg/h；

v_z——蒸发温度下制冷剂饱和溶液的比体积，m^3/kg。

2. 液泵的扬程（输出压头）计算

液泵的输出压头根据水力学原理，其输液管道上的压力损失计算与系统的蒸发压力无关。但同一系统内连接不同的蒸发器时，该液泵的压头应按蒸发压力较高的计算。液泵的排出压力必须克服泵出口至蒸发器进液口的沿程及局部阻力损失，液泵中心至最高的蒸发器进液口上升管段静压阻力损失、加速度阻力损失。蒸发器节流阀前应维持足够的压力，以克服蒸发器及回气管的沿程、局部、上升管段静压、加速度阻力损失，并有一定裕量使多余制冷剂液体顺利流回低压循环桶。

液泵扬程的具体计算如下。

液泵输液管道的各项阻力引起的总压力降的计算公式为：

$$\Delta p = \Delta p_m + \Delta p_j + (z_2 - z_1)g\gamma \tag{4-42}$$

式中 Δp——管道的总压力损失，Pa；

Δp_m——管道的摩擦压力损失，Pa；

Δp_j——管道的局部压力损失，Pa；

z_2——蒸发器调节阀处液位高度，m；

z_1——液泵中心处高度，m；

γ——蒸发压力下制冷剂液体的密度，kg/m^3；

g——重力加速度，m/s^2，取 $g=9.81m/s^2$。

为了便于分析问题，通常把管道中的局部阻力损失换算成沿程阻力损失的等值长度进行计算，则从氨泵排出口到蒸发器入口前输液管的总长度如式（4-43）所示。

$$L = L_z + L_j \tag{4-43}$$

式中 L_z——直管长度，m；

L_j——阀门、弯头、管件等的当量长度，m，具体见式（4-44）。

$$L_j = \sum nd_n \tag{4-44}$$

式中 n——管件的折算系数；

d_n——管子内径，m。

各项阻力引起的总压力降为：

$$\Delta p = \lambda_m \frac{L}{d_n}\frac{w^2}{2}\gamma + (z_2 - z_1)g\gamma \tag{4-45}$$

式中 λ_m——摩擦阻力系数。

L——总长度，m；

d_n——管子内径，m；

w——输液管道内液体的流速，m/s，常取 $w=0.4\sim1.0m/s$。

在求出总扬程后，还应当增加10%的安全附加量。一般情况下，氨泵用于五层以下冷库时其扬程都可以满足要求。因此，对于五层以下的冷库选泵时只计算流量即可，高于五层的冷库选泵时需要校核泵的扬程。根据计算系统所需的流量和供液管总压力降，对照产品样本进行选型并确定台数。需要注意的是氨泵吸入口处必须保持有足够的液柱静压以保证氨泵的正常工作，防止气蚀现象的发生。

七、 冲霜排液桶

排液桶以体积选型，使其能容纳各冷间中排液量最多的一间蒸发器的排液量。其体积按式（4-46）计算。

$$V = \frac{\theta_{zl} V'_q}{\beta} \tag{4-46}$$

式中　V——排液桶的体积，m^3；

θ_{zl}——各冷间中冷却设备贮氨量最大的一间蒸发器的贮氨量体积的百分比，可查表4-17；

V'_q——各冷间中冷却设备贮氨量最大的一间蒸发器的总体积，m^3；

β——排液桶液体充满度，一般取0.7。

八、其他设备

1. 空气分离器

对于需要设置空气分离器的系统，一般每个制冷系统只设1台空气分离器。压缩机总的标准制冷量在1200kW以下时，可选用冷却面积为0.45m^2的空气分离器1台；压缩机总的标准制冷量在1200kW以上时，可选用冷却面积为1.82m^2的空气分离器1台。

2. 集油器

一般集油器根据压缩机的总制冷量进行选择。当压缩标准工况机的总制冷量小于83.8×10^4kJ/h，采用桶径为D159mm的集油器JY-150，1台；总制冷量在（83.8~419）×10^4kJ/h，采用桶径为D325mm的集油器JY-300，1~2台；总制冷量在419×10^4kJ/h，采用桶径为D325mm的集油器JY-300，2台。

3. 紧急泄氨器

为防止制冷设备在发生火灾等意外事故时引起爆炸，把制冷系统中有大量氨存在的高压贮氨器用管路与紧急泄氨器联接，当情况紧急时，可将高压贮液器里的液氨排出阀和通往紧急泄氨器的自来水阀打开把氨液和水混合后排出。每个系统设置1个即可。

九、制冷系统中各设备和管路的液体制冷剂充灌量的计算

制冷系统中各设备和管路的液体制冷剂充灌量，可以按照表4-17、表4-18所列查出的充满度乘以相关设备和管路的内容积进行计算。

表4-17　氨制冷系统中设备和管道的液体制冷剂充满度

设备名称	注氨量 容积百分比/%	设备名称	注氨量 容积百分比/%
冷凝器	15	氨泵强制供液	
洗涤式油分离器	20	上进下出式冷风机	40~50
贮液器	70	下进上出式冷风机	60~70
中间冷却器	盘管容积的100，壳体容积的50	重力供液冷风机	70
立式低压循环桶	35	壳管式蒸发器（满液式）	80
卧式低压循环桶	25	搁架式排管	50

续表

设备名称	注氨量 容积百分比/%	设备名称	注氨量 容积百分比/%
氨泵强制供液		平板蒸发器	50
上进下出式排管	25	氨液分离器	20
下进上出式排管	50~60	氨液管	100
重力供液排管	50~60	低压循环桶之前的回气管	60

注：(1) 注氨量的氨液密度按 650kg/m^{3}计算。

(2) 洗涤式油分离器、中间冷却器、低压循环桶的注氨量，如有产品规定时，则按产品规定取值。

表 4-18　卤代烃制冷系统中设备和管道的液体制冷剂充满度

设备名称		容积百分比
热力膨胀阀供液的蒸发盘管		盘管容积的 25%
壳管式蒸发器	满液式	壳体容积的 80%
	干式	传热管容积的 25%
壳管式冷凝器		传热管容积的 100%，壳体侧容积的 50%
冷凝蒸发器		盘管容积的 25%，壳体容积的 50%
中间冷却器		盘管容积的 100%，壳体容积的 50%
回热式热交换器		盘管容积的 100%
液体管		管道容积的 100%
其他部件或设备		制冷剂侧总容积的 10%~20%

思考题

1. 制冷压缩机选型时需要考虑哪些因素？两级压缩制冷系统的压缩机如何选型？
2. 如何进行冷凝器、蒸发器等制冷设备的计算与选型？
3. 节流装置、油分离器、中间冷却器等设备如何进行选型计算？

CHAPTER 5

第五章 制冷系统管道设计

学习目标

1. 掌握制冷剂管道系统设计的原则、管材的选用；
2. 了解管道的计算与选择方法，能够采用线算图法进行管道选择；
3. 掌握管道的坡度、支撑等安装要求；
4. 掌握氨、卤代烃和二氧化碳系统管道的布置原则；
5. 了解制冷管道和设备的绝热要求。

一个制冷系统设计的成功与否，在相当大的程度上取决于制冷剂管道系统的设计是否合理，以及对该系统中的制冷设备的认识程度。

1. 管道设计原则

制冷剂管道系统设计应当遵守如下的原则。

（1）必须使制冷系统的所有管道，做到工艺系统流程合理，操作、维修、管理方便，运行安全可靠，确保生产。

（2）设备与设备、管道与设备、管道与管道之间，必须保持合理的位置关系。

（3）必须保证供给蒸发器适量的制冷剂，并且能够顺利地在制冷系统内循环。

（4）管道的管径要合理，不允许产生过大的压力降，以防止系统的效率和制冷能力不必要的降低；冷间冷却设备内每一通路的压力降宜控制在制冷剂对应的饱和温度降低 1℃的范围内。

（5）根据制冷系统的特点和不同管段，必须设计有一定的坡度和坡向。

（6）输送液体的管段，除特殊要求外，不允许设计成倒 U 形管段。以免形成气囊，阻碍流体的流通；输送气体的管段，除特殊要求外，不允许设计成 U 形管段，以免形成液囊，阻碍流体的流通。

（7）必须防止润滑油积集在制冷系统的其他无关部分。

（8）制冷系统开始运行后，部分停机或全部停机时，必须防止液体倒流回制冷压缩机。

（9）必须按照制冷系统所用制冷剂的特点，选用管材、阀门、仪表和密封材料等。

（10）对于两相流体管段，管道内介质质量应按全部充满液态制冷剂计算。

（11）直接式制冷系统和二氧化碳间接式制冷系统管道应校核由于运行温度变化、运行温度与安装温度温差导致的位移应力，并应在制冷管道的直管段超过 50 m 时设置补偿装置，补偿装置宜采用伸缩弯，不应采用带填料密封的补偿器；

（12）按刚度条件计算管道允许跨距时，由管道自重产生的弯曲挠度不应超过管道跨距的 1/400；对于不允许积液的管段，弯曲挠度不应形成液囊，并应校核管段坡度对液囊的影响。

（13）直接式制冷系统和二氧化碳间接式制冷系统管道管径的选择宜按照经济适用原则选择，并应符合允许压力降和安全流速的要求。回气管或吸气管的允许压力降不宜超过相当于饱和温度降低 1℃的压力降，排气管的允许压力降不宜超过相当于饱和温度降低 0.5℃的压力降。

（14）氨、卤代烃及其混合物制冷系统管道的设计压力应根据当地夏季空调室外计算干球温度和工作压力计算确定，高压侧设计压力不应小于冷凝温度加 5℃所对应的制冷剂饱和压力及当地夏季空调室外计算干球温度加 5℃所对应的制冷剂饱和压力中的最大值；低压侧设计压力不应小于当地夏季空调室外计算干球温度加 5℃所对应的制冷剂饱和压力及最高工作压力加循环泵扬程中的最大值，并且制冷系统管道设计压力不应小于表 5-1 内规定的压力值。

表 5-1 制冷系统管道设计压力表 单位：MPa

制冷剂	管道部位		
	高压侧（风冷冷凝）	高压侧（水冷、蒸发式冷凝）	低压侧
R717	—	2.0	2.0
R404A、R407F、R507A	3.0	2.5	2.5
R407C	2.5	2.0	2.0
R134a	1.6	1.2	1.0

注：高压侧是指自制冷压缩机排气口经冷凝器、贮液器到节流装置入口这一段制冷管道；低压侧是指自系统节流装置出口，经蒸发器到制冷压缩机吸入口这一段制冷管道，两级压缩制冷系统的中间冷却器的中压部分管道也归类至于低压侧。

2. 管道流程设计规定

制冷系统管道的流程设计应符合下列规定。

（1）用于融霜的制冷剂热气应经过除油，并且应在其管道的引出端配置紧急切断装置和压力表；

（2）集油器、不凝性气体分离器等需要降压操作的制冷设备的回气管道流程不应引发制冷压缩机液击；

（3）液体管道应采取防止液体升温时体积膨胀量超过管道承受能力的措施；

（4）氨、卤代烃及其混合物制冷剂应能够从制冷系统的任何一台设备内抽出；

（5）液体和两相流体管道内部不应产生液击，需要回油的气体和两相流体水平管道内不应存在液囊和积液；

（6）对于直接接到机房以外的大中型制冷系统贮液器的出液管道，应在接到机房以外的管段上配置紧急切断装置。

第一节　管道计算与选择

一、制冷管道计算

制冷管道计算包括确定主要制冷剂管道的长度、管壁厚度和管道直径。

根据冷库工程建设各类经济技术指标等建设条件，确认制冷负荷和制冷系统，以及构成制冷系统选用的各制冷设备，由制冷工艺设计工程师确定制冷机房内各制冷设备平面布置和安装要求后，确定管道长度。

根据工作压力选定标准定型管，从而确定管道管壁厚度。

根据制冷剂的流量（或负荷）、摩擦阻力（压力降）和制冷剂流速确定管道直径。

（一）管道壁厚计算

管子的壁厚取决于工作压力、管径和管子材料的应力，管道的最小壁厚可按式（5-1）计算：

$$\delta_{\min} = \frac{P \times d_n}{2 \times \sigma - P} + C \tag{5-1}$$

式中　P——计算压力，MPa；一般可用试验压力的 $\frac{2}{3}$ 或 $\frac{3}{4}$，也可以直接采用试验压力，制冷系统的设计压力参见表5-2，对于载冷剂（冷媒）、冷却水管道可按实际工作压力取用，但不得低于0.6MPa；

d_n——管子内径，mm；

σ——管子材料的许用应力，MPa（参见表5-3）；

C——附加度，mm；对于各种用途的无缝钢管，取 $C=1.0$mm；对于接触制冷剂的无缝钢管，取 $C=1.5$mm；对于其他管子，取 $C=1.2$mm。

表5-2　制冷系统的设计压力选择表　单位：MPa

制冷系统	制冷剂		
	R717	R404A	R507
高压侧	2.0	2.5	2.5
低压侧	1.5	1.8	1.8

表5-3　管子材料的许用应力　单位：MPa

材料	抗拉极限强度 δ_b	管子材料	
		无缝钢管	焊接管
10#碳素钢	340	53	42.4

续表

材料	抗拉极限强度 δ_b	管子材料	
		无缝钢管	焊接管
20#碳素钢	400	63	49.8
12#铬钼钢	420	75	60
15#铬钼钢	450	80	64
铜	210	30	18

由于制冷系统内的工作压力并不很高，从相关制冷设计手册中查得管道的壁厚均能满足需要，一般不必进行计算。

（二）管道直径

1. 公式法

利用连续性流量方程式（5-2）和管道中流体的允许流速计算管道内径，见式（5-3）：

$$V = A \times \omega = \frac{\pi}{4} \times d_n^2 \times \omega \times 3600 \tag{5-2}$$

$$d_n = \sqrt{\frac{4 \times V}{3600 \times \pi \times \omega}} \tag{5-3}$$

式中 d_n——管道内径，m；

A——管道截面积，m^2；

ω——制冷剂制冷管道允许流量（参见表 5-4），m/s；

V——管道中制冷剂流体的最大流量，m^3/s。

表 5-4 制冷管道允许流速 单位：m/s

<table>
<tr><th colspan="3">管道类别</th><th>允许流速</th></tr>
<tr><td rowspan="11">氨</td><td rowspan="2">回气管</td><td>单相气体管</td><td>10~16</td></tr>
<tr><td>两相气体管</td><td>6~8</td></tr>
<tr><td colspan="2">吸入管</td><td>10~16</td></tr>
<tr><td colspan="2">排气管</td><td>15~25</td></tr>
<tr><td rowspan="2">高压液体管</td><td>冷凝器→贮液器</td><td>0.5</td></tr>
<tr><td>贮液器→节流阀</td><td>0.5~1.5</td></tr>
<tr><td rowspan="3">低压液体管</td><td>节流阀→蒸发器</td><td>0.8~1.4</td></tr>
<tr><td>氨液分离器→分调节站</td><td>0.2~0.25</td></tr>
<tr><td>氨泵进出液管</td><td>0.5~1.5</td></tr>
<tr><td colspan="2">溢流管</td><td>0.2</td></tr>
<tr><td colspan="2" style="display:none"></td></tr>
<tr><td rowspan="4">卤代烃</td><td colspan="2">吸入管</td><td>5.8~20</td></tr>
<tr><td colspan="2">排气管</td><td>10~20</td></tr>
<tr><td colspan="2">冷凝器→贮液器</td><td>0.5</td></tr>
<tr><td colspan="2">贮液器→蒸发器</td><td>0.5~1.25</td></tr>
</table>

$$V = G \times V' \tag{5-4}$$

式中 G——制冷剂流体的质量流量，kg/h；

V'——制冷剂流体的比体积，m^3/kg。

2. 线算图法

公式计算法较精确但计算繁琐，线算图法虽然精确度不如计算法，但使用简便，用于工程计算已经足够用。下面分别按照卤代烃和氨进行介绍。

（1）卤代烃制冷系统的管道选择

①吸气管道的选择：吸气管道中的压力降将直接影响到制冷压缩机的容量，通常把吸气管道中的压力降控制在相当于蒸发温度差1℃是合适的，根据这个条件，图5-1给出了R22在不同饱和蒸发温度和不同当量总长情况下，不同内径的吸气管道的容量。图的左侧为钢管，右侧为铜管，中间是不同当量总长的转换准线。该能量是根据饱和蒸发温度差为1℃与膨胀阀前的液体温度为40℃计算的，对于其他进液液温可以近似地应用。

例5-1 已知R22制冷系统的吸气管负荷为50kW，蒸发温度为-30℃，管道的当量总长为50m，计算吸气钢管内径。

解：用查图法。查图5-1，从吸气管负荷的横坐标A点（50kW）处垂直向上，交于当量总长50m转折线于B点，再水平向左与蒸发温度-30℃准线相交于C点，然后从该交点垂直向上与左侧钢管内径横坐标交于D点，读出需用吸气钢管内径为70mm。

大多数卤代烃制冷剂有与润滑油互相溶解或有限溶解，因为其上述特点，必须保证从每台制冷压缩机带出的润滑油在经过冷凝器、蒸发器等一系列设备和管道之后，基本上能全部回到制冷压缩机的曲轴箱中，所以对于上升的吸气竖管应当考虑必要的带油速度，以满足回油的需要。R22吸气竖管带油需要的最低流速参见图5-2。

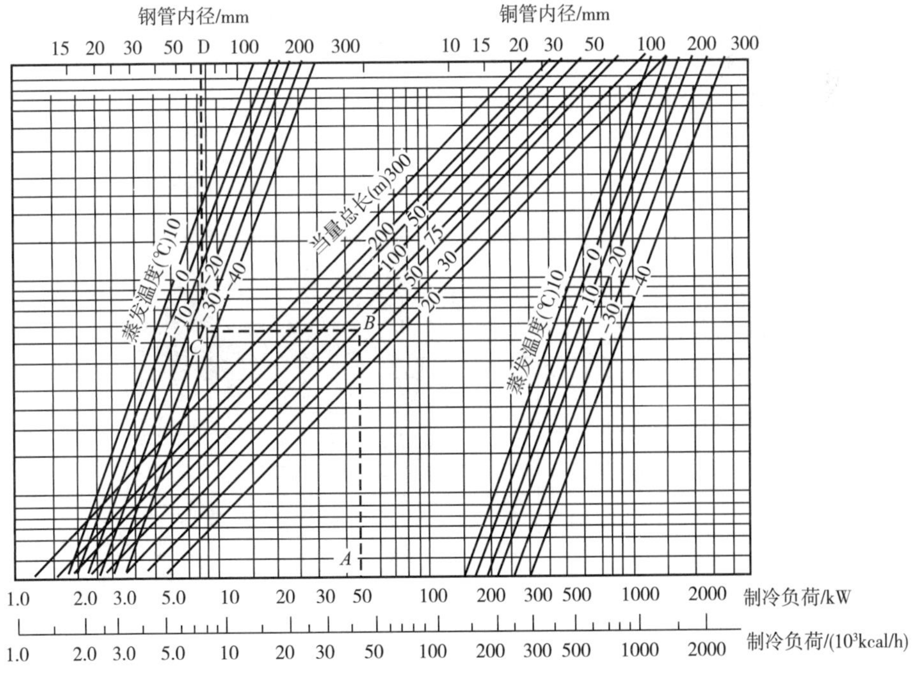

图5-1 R22吸气管道的容量

为了便于进行设计工作，将图 5-2 中的最低流速换算成最低流量，参见图 5-3。根据图5-3 中的最小流量，当膨胀阀前的液体温度为 40℃时，计算出了上升的吸气竖管的最小制冷负荷，参见图 5-4。当遇有膨胀阀前的液体温度不同时，其制冷剂流量与冷负荷也不同，可利用图 5-5进行调整。

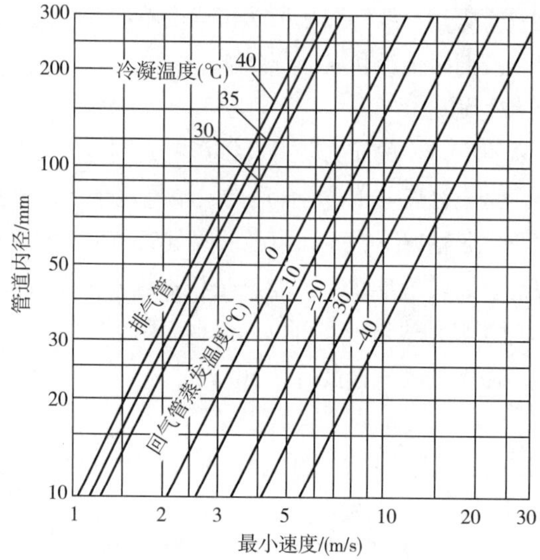

图 5-2　R22 上升吸气管与排气管的回油最低流速图

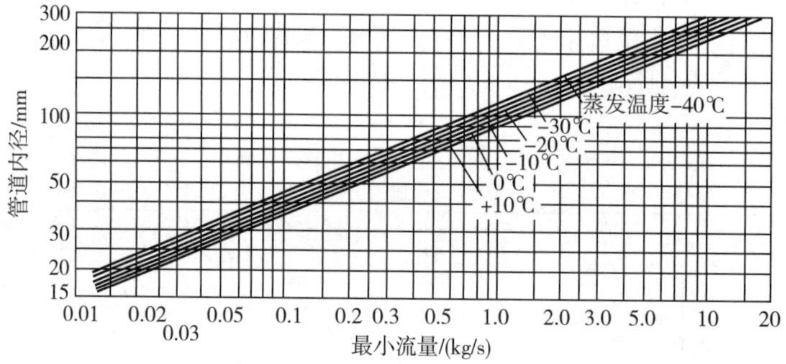

图 5-3　R22 上升吸气竖管最小流量

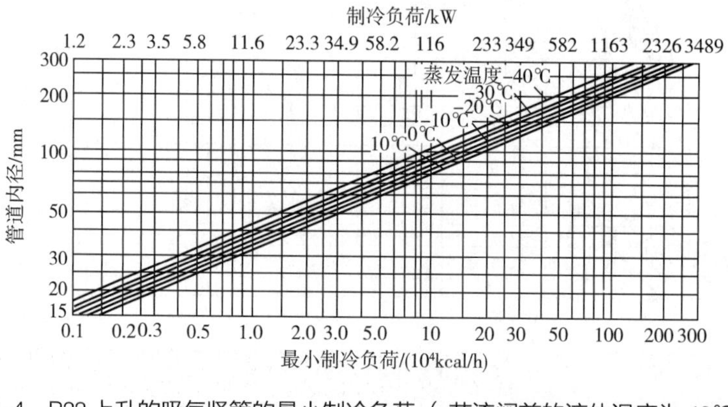

图 5-4　R22 上升的吸气竖管的最小制冷负荷（节流阀前的液体温度为 40℃）

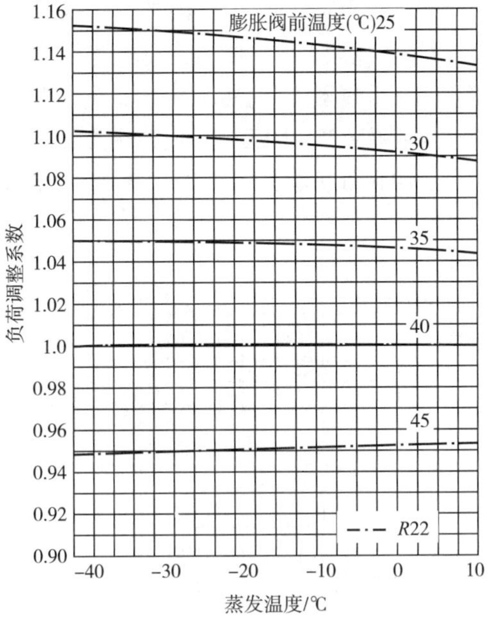

图 5-5 制冷负荷调整系数

②排气管道的选择：排气管道中的压力降将直接影响到制冷压缩机的消耗功率，通常把排气管道中的压力降控制在相当于冷凝温度差 0.5℃。图 5-6 给出了 R22 的排气管道的容量，在冷凝温度为 35~45℃时可以近似地通用。

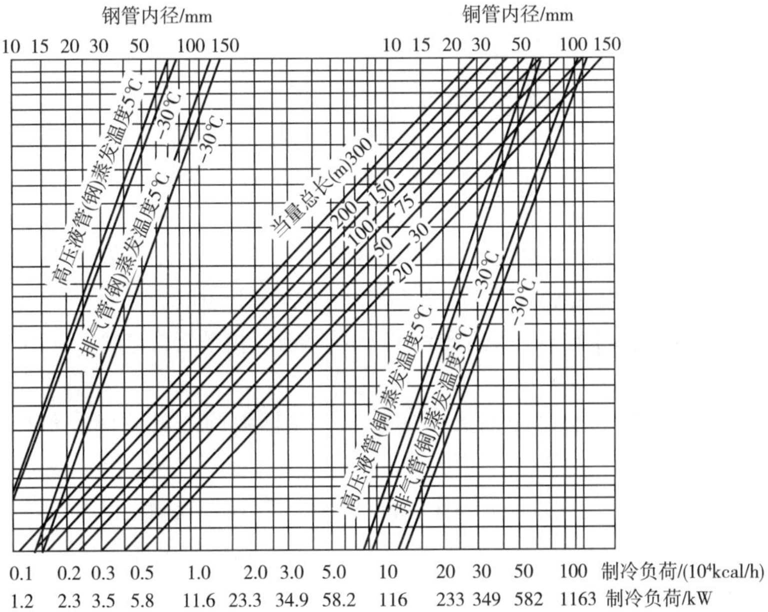

图 5-6 R22 排气管道与高压液体管道的容量

（冷凝温度 40℃，冷凝温度差 0.5℃）

对于排气管道，除了应当考虑压力降之外，正如吸气管道的选择中所述，在上升的竖管中还应当考虑必要的带油速度。排气竖管中的带油气流最低流速参见图 5-2。

③高压液体管道的选择：高压液体管道系指从贮液器到热力膨胀阀进口的液体管道。这部分高压液体管道中的压力降，可能导致产生闪发气体而使热力膨胀阀工作异常。通常把高压液体管道中的压力降控制在相当于饱和温度差 0.5℃是合理的。R22 的液体管道的能量和排气管道的容量见图 5-7。

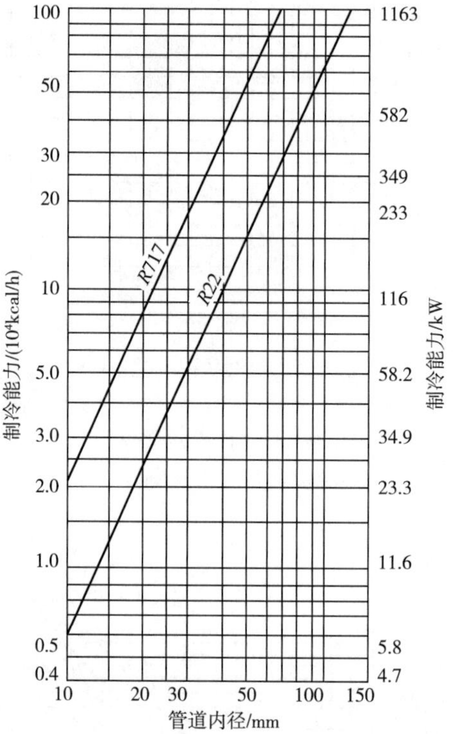

图 5-7 冷凝器出液管的容量

④冷凝器的出液管道：从冷凝器到贮液器间的液体管道，称为冷凝器的出液管道。当液体流速为 0.5m/s、液体温度为 40℃、蒸发温度为-20℃时，其管道的容量见图 5-8，对于其他温度可近似采用。如果冷凝器和贮液器的顶端设计有足够的气相平衡管道时，则图 5-7 中的管道容量可以提高 50%。

在不同工作温度下的 R22 制冷剂的循环量。可以根据制冷系统的冷负荷从图 5-8 中查得。

（2）氨制冷系统的管道选择　氨管道中无回油问题，因而管径确定比卤代烃管道简单。

氨制冷系统中的排气管道和高压液体管道直径的选择原则和卤代烃相同。把压力降控制在相当于冷凝温度差 0.5℃是合适的。吸气管道的压力降通常也是控制在相当于蒸发温度差 1℃。

氨管道的容量见图 5-9，图的左侧是单级压缩制冷系统或高压级的管道系统，右侧是低压级管道系统部分，高压级系统采用的冷凝温度为 40℃；低压级系统采用的中间温度为 0℃；过冷液体温度为 5℃。

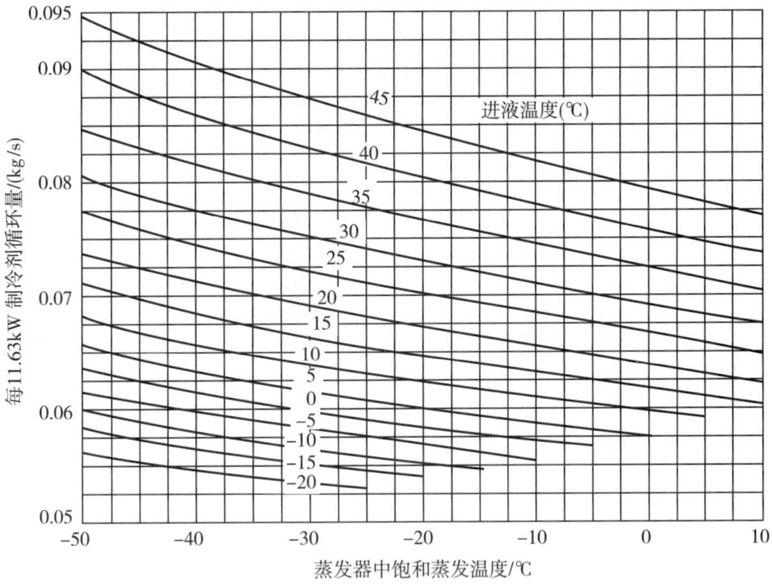

图 5-8　R22 的循环量

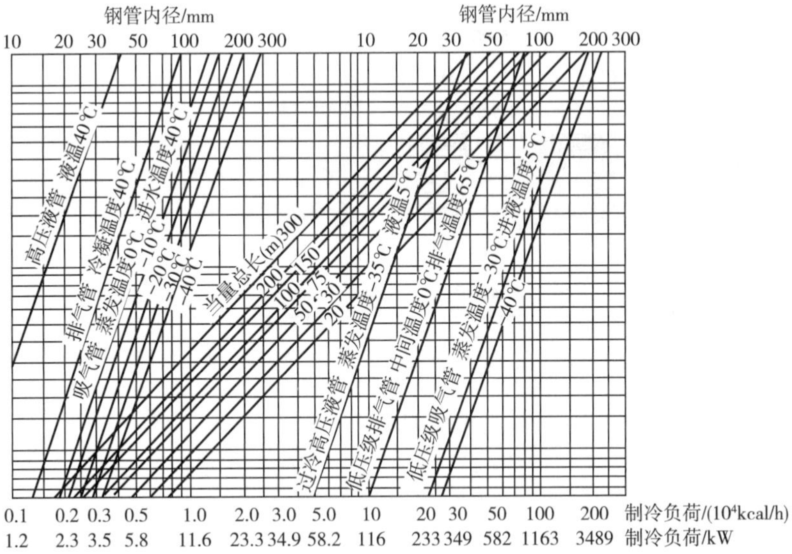

图 5-9　R717 管道的容量

在不同工作温度下的 R717 制冷剂的循环量，可以根据制冷系统的冷负荷从图 5-10 中查得。

（3）其他辅助管道管径的确定　除以上几种主要管道外，下述管道的管径可以参照设备管接头大小或按以下规格选用。

①融霜用热氨管：DN32~DN50；

②放油管：DN20~DN32，应与接头通径一致，低温放油管的管径应适当加大些；

③安全管：与各安全阀管接头相同，主管取 DN25~DN50；

④排液管：DN25~DN32；

⑤设备的加压、减压管：DN20~DN32；

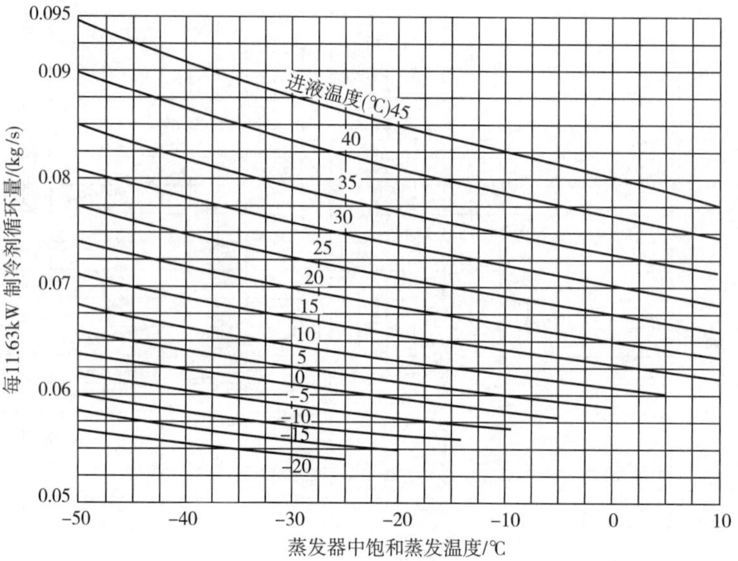

图 5-10 R717 制冷剂的循环量

⑥均压管：与接头通径一致，设备多时，总管管径加大一档；

⑦氨泵进、出液管管径：参照表 5-5 确定。

表 5-5　　氨泵进、出液管管径选择　　单位：mm

名称	氨泵流量/（m^3/h）							
	3	4	5	6	7	8	9	10
进液管（外径×壁厚）	57×3	63×3	76×3.5	76×3.5	89×3.5	89×3.5	89×3.5	95×3.5
出液管（外径×壁厚）	38×2.2	42×2.2	57×3	57×3	57×3	63×3	63×3	76×3.5

除上述方法外，管径还可以通过查表法、管接头法等确定。

（三）校核阻力损失是否符合管道允许的压力降

对单相流体的制冷剂管道，总阻力损失的计算公式为式（5-5）：

$$\sum \Delta P = \Delta P_{m} + \Delta P_{\xi} = \lambda \times \left(\frac{L + Le}{d_{n}}\right) \times \frac{\rho \times \omega^{2}}{2} \tag{5-5}$$

式中　$\sum \Delta P$——管道总阻力损失，Pa；

ΔP_{m}——摩擦阻力损失，Pa；

ΔP_{ξ}——局部阻力损失，Pa；

λ——管道的摩擦阻力系数，参见表 5-6；

L——管道直管段长度，m；

Le——产生局部阻力的阀门、弯头、三通等管件的当量长度（参见表 5-7），m；

d_{n}——以允许流速计算出管内径，m；

ω——管道允许流速，m/s；

ρ——流体密度，kg/m^3。

表 5-6　　摩擦阻力系数

干饱和蒸气和过热蒸气	0.025
湿蒸气	0.033
制冷剂液体	0.035
水和盐水	0.040

表 5-7　　管件当量长度系数$\left(n=\frac{Le}{d_n}\right)$

<table>
<tr><th colspan="2">管件名称</th><th>n</th><th colspan="3">管件名称</th><th>n</th></tr>
<tr><td colspan="2">角阀（全开）</td><td>170</td><td rowspan="2">三通</td><td colspan="2">干管</td><td>60</td></tr>
<tr><td colspan="2">闸阀（全开）</td><td>8</td><td colspan="2">支管</td><td>90</td></tr>
<tr><td colspan="2">单向阀（全开）</td><td>80</td><td rowspan="3">管径突然扩大</td><td rowspan="3">d/D</td><td>1/4</td><td>30</td></tr>
<tr><td colspan="2">球形阀（全开）</td><td>340</td><td>1/2</td><td>20</td></tr>
<tr><td colspan="2">方弯 90°</td><td>80</td><td>3/4</td><td>17</td></tr>
<tr><td rowspan="2">丝扣</td><td>45°弯头</td><td>14</td><td rowspan="3">管径突然缩小</td><td rowspan="3">d/D</td><td>1/4</td><td>15</td></tr>
<tr><td>90°弯头</td><td>30</td><td>1/2</td><td>11</td></tr>
<tr><td rowspan="5">焊接</td><td>45°弯头（二段组成）</td><td>15</td><td>3/4</td><td>7</td></tr>
<tr><td>60°弯头（二段组成）</td><td>30</td><td></td><td></td><td></td><td></td></tr>
<tr><td>90°弯头（二段组成）</td><td>60</td><td></td><td></td><td></td><td></td></tr>
<tr><td>90°弯头（三段组成）</td><td>20</td><td></td><td></td><td></td><td></td></tr>
<tr><td>90°弯头（四段组成）</td><td>15</td><td></td><td></td><td></td><td></td></tr>
</table>

管道允许压力降，对吸气管或回气管，相当于饱和温度降 1℃；对排气管，相当于饱和温度降 0.5℃，如表 5-8 所示。

表 5-8　　氨制冷管道允许压力降

管段	类别工作温度/℃	允许压力降/kPa
吸气管或回气管	-45	2.99
	-40	3.75
	-33	5.05
	-28	6.16
	-15	9.86
	-10	11.63
排气管	90~150	19.59

对于两相流体的制冷剂管道，鉴于尚无简易准确的阻力损失计算公式，以按成功工程实例或合成单相流体管道计算为宜。

二、制冷管道材料选择

安装和制作制冷系统管道时，对管材有明确的要求，应选用制冷剂、冷冻油及其他混合物均不对其产生腐蚀的管材。制冷系统管道管材确定的方法如下。

（1）氨制冷系统的管道　一律采用 A10 或 A20 碳素钢无缝钢管输送流体，不能用铜管或其他管材代替，内壁不得镀锌，质量标准应符合 GB 8163—2018《输送流体用无缝钢管》中的有关规定，如表 5-9、表 5-10 所示。

（2）卤代烃制冷系统的管道　对于公称直径在 25mm 以下的，一般紫铜管遵守 GB/T 17791—2017《空调与制冷设备用铜合金无缝管》相关规定；25mm 以上的一般采用无缝钢管输送流体，内壁不得镀锌，质量标准应符合 GB/T 8163—2018《输送流体用无缝钢管》中的有关规定。

（3）冷排管　采用碳钢或低合金钢管制作时，氨冷排管腐蚀裕量不应小于 1.5mm，卤代烃及其混合物冷排管腐蚀裕量不应小于 1mm，二氧化碳冷排管腐蚀裕量不应小于 2 mm；卤代烃及其混合物管道采用铜及铜合金管时，腐蚀裕量不应小于 0.5mm。冷排管强度和刚度应按照外表面结冰，管内全部充满液态制冷剂计算；

（4）水系统的管道　一般均采用低压流体输送用镀锌焊接钢管（遵守 GB/T 3091—2015《低压流体输送用焊接钢管》相关规定）、螺旋电焊接钢管或铸铁管；

（5）载冷剂制冷系统管道　应根据载冷剂的物理化学性质，来确定应该采用何种管道材料合适。

表 5-9　制冷系统常用无缝钢管的规格　单位：mm

公称直径	10	15	20	25	30	40	50	70	80	100	125	150	200	250
外径	14	18	22	32	38	45	57	76	89	108	133	159	219	273
壁厚	2	2	2	2.5	2.5	2.5	3.5	3.5	3.5	4	4	4.5	6	7

表 5-10　制冷系统管道材料（无缝钢管）选用表

制冷剂	R717	R22	R404A	R507A
管材牌号	10；20	10；20 T_2、TU_1、TU_2 0Cr18Ni9 1Cr18Ni9	10；20 T_2、TU_1、TU_2 0Cr18Ni9 1Cr18Ni9	10；20 T_2、TU_1、TU_2 0Cr18Ni9 1Cr18Ni9
质量标准	GB/T 8163—2018《输送流体用无缝钢管》	GB/T 8163—2018《输送流体用无缝钢管》 GB/T 17791—2017《空调与制冷设备用铜及铜合金无缝管》 GB/T 14976—2012《流体输送用不锈钢无缝钢管》	GB/T 8163—2018《输送流体用无缝钢管》 GB/T 17791—2017《空调与制冷设备用铜及铜合金无缝管》 GB/T 14976—2012《流体输送用不锈钢无缝钢管》	GB/T 8163—2018《输送流体用无缝钢管》 GB/T 17791—2017《空调与制冷设备用铜及铜合金无缝管》 GB/T 14976—2012《流体输送用不锈钢无缝钢管》

注：蒸发温度低于-45℃时，无缝钢管不得采用沸腾钢。

紫铜管的质量标准应符合 GB/T 17791—2017《空调与制冷设备用铜及铜合金无缝管》中的有关规定，黄铜管应符合 YB 448—71《黄铜管》中的有关规定，见表 5-11。

表 5-11　　制冷系统常用铜管的规格　　单位：mm

外径	3	4	5	6	7	8	10	12	13	16	19	22	28	30	35
壁厚	0.5	0.75	1	1	1	1	1	1	1	1	1.5	1.5	2	2	2.5

第二节　管道安装要求

制冷系统管道的布置应符合 GB 50316—2000《工业金属管道设计规范（2008 年版)》的有关规定，并且符合下列规定：

①管道不应布置在电梯及垂直运输设备的通道内，不应布置在电梯前室、楼梯间前室和楼梯间内；

②对于生产性冷库和物流冷库，所有直接式制冷系统和二氧化碳、氨水间接式制冷系统的管道不应穿过与库房生产、管理无直接关系的其他房间和与库房生产、管理直接有关的辅助房间；氨制冷系统的管道不应穿过其中具有分拣、配货功能的穿堂或封闭月台；

③对于商用冷库，直接式制冷系统和二氧化碳间接式制冷系统的管道不应穿过与库房生产、管理无直接关系的其他房间和与库房生产、管理直接有关的辅助房间；

④氨直接式制冷系统和氨水间接式制冷管道不应穿过生活、办公和批发交易区域；

⑤直接式制冷系统和二氧化碳、氨水间接式制冷管道不应敷设在地下、管沟和封闭的阁楼、顶棚、夹层、吊顶、管井内；

⑥穿过建筑物墙体、楼板、屋面的管道应加套管，除制冷压缩机排气管道外，套管与管道间的空隙应密封；低压侧管道套管的直径应大于管道隔热层的外径，并且不应影响管道由于温度变化导致的位移；套管应超出墙面、楼板、屋面，并且不应小于 50mm；管道穿过屋面时应采取防水措施。

此外，制冷系统管道安装前，应将管子内的氧化皮、污染物和锈蚀除去，使内壁出现金属光泽后，管子的两端方可封闭。除锈的方法很多，如机械除锈法、喷砂法、酸洗法等，应按不同的要求选用。

管道的法兰、焊缝和管路附件等，不应埋于墙内或不便检修的地方；排气管穿过墙壁处，应加保护套管，其间宜留 10mm 的间隙，间隙内不应填充材料。有绝热层的管道，在管道与支架之间应衬垫木，其厚度不应小于绝热层的厚度。

在液体管上接支管，应从主管的底部或侧部接出；在气体管上接支管，应从主管的上部或侧部接出。

为避免因管道配置不当而在管内造成气囊和液囊，供液管不应出现上凸的弯曲，吸气管除卤代烃系统中专门设置的回油弯以外，不应出现下凹的弯曲。液体管路上应防止形成气囊；气体管道应防止形成液囊，如图 5-11 所示，以保证系统正常运转。

吸、排气管道敷设时，为减少吸、排气管间的热影响，其管道外壁之间的间距应大于200mm；在同一支架敷设时，吸气管宜装在排气管下方。

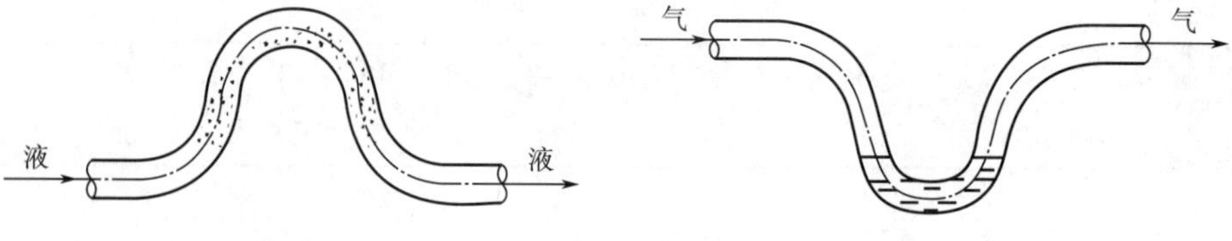

图 5-11 管道上的气囊和液囊

（1）气囊 （2）液囊

一、 管道的坡度

设备之间制冷剂管道连接的坡向及坡度，当设备或设备技术无规定时，应符合表 5-12 规定。

表 5-12 制冷设备管道敷设坡向及坡度

管道名称	坡向	坡度
制冷机进气水平管（氨）	蒸发器	≥0.3%
制冷机进气水平管（卤代烃）	制冷机	≥0.4%
制冷机排气水平管	油分离器	≥1%
冷凝器至贮液器的水平供液管	贮液器	0.1%~0.3%
油分离器至冷凝器的水平管	油分离器	0.3%~0.5%
制冷机房调节站的供液管	调节站	0.1%~0.3%
调节站至制冷机房的加气管	调节站	0.1%~0.3%

注：国家标准说明制冷机进气水平管（卤代烃）坡向制冷机，在实际设计安装一般坡向蒸发器为宜。

制冷系统中管道的安装有很多规定，必须满足制冷工艺和设备安装的要求。

为了使制冷系统的制冷剂流动顺畅，制冷管道安装时要注意有一定的坡度和坡向，如图 5-12 所示。

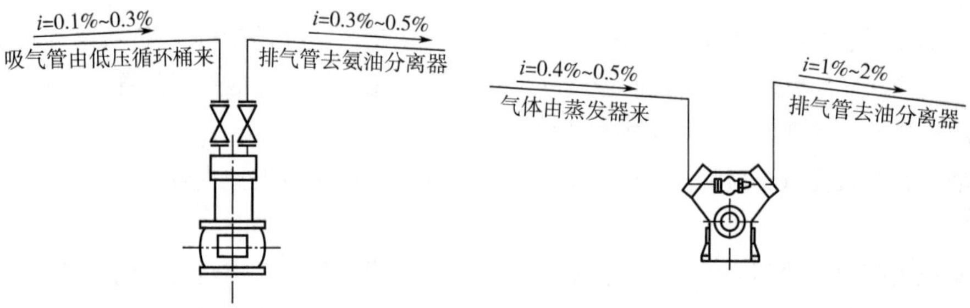

图 5-12 氨、卤代烃制冷机的吸气管、排气管坡向示意图

氨与卤代烃制冷系统的要求不一样。卤代烃制冷系统因为考虑冷冻油的回油，水平吸气管要有不小于0.4%的坡度，以便冷冻油能流回制冷机。排气管要有1%～2%的坡度，坡向油分离器（见表5-12）。

二、管道的支撑

管道支架的设置和安装直接影响制冷系统运行的经济性和安全性。

支架是承托管道的重要构件，见图5-13，必须在土建工程进行中预留、预埋。在预埋支架和吊点时，应严格按照设计图纸施工，管道安装前应对支架的材料、尺寸和相邻两个支架间的跨度尺寸进行核对，防止管道安装后管道成下弧线或管架下沉。

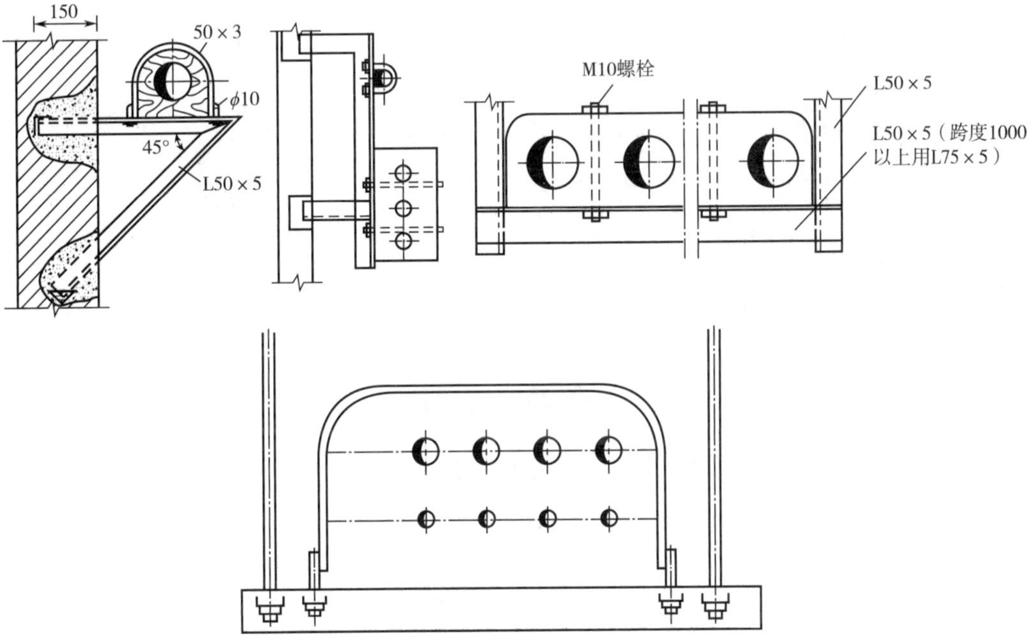

图5-13　管道支架

管道支架吊点的间距见表5-13。支架的形式有吊架和托架两种。吊架是悬吊排管和系统管道的支架，用于安装顶面楼板下的管道；托架是指利用墙壁作固定支点的支架，用于安装沿墙面敷设的管道。

表5-13　　　　管道支架、吊点的最大间距

（外径/mm）×（壁厚/mm）		管道支架、吊点的最大间距/m			
		不保温气管	不保温液管	保温气管	保温液管
冷拔无缝钢管	10×2.0	—	1.05	—	0.27
	14×2.0	—	1.35	—	0.45
	18×2.0	—	1.55	—	0.60
	22×2.0	1.95	1.85	0.75	0.72

续表

	(外径/mm)×(壁厚/mm)	管道支架、吊点的最大间距/m			
		不保温气管	不保温液管	保温气管	保温液管
冷拔无缝钢管	32×2.2	2.60	2.35	1.02	1.02
	38×2.2	2.85	2.50	1.20	1.16
	45×2.2	3.25	2.80	1.42	1.40
热轧无缝钢管	57×3.5	3.80	3.33	1.92	1.90
	76×3.5	4.60	3.94	2.60	2.42
	89×3.5	5.15	4.32	2.75	2.60
	108×4.0	5.75	4.75	3.10	3.00
	133×4.0	6.80	5.40	3.80	3.65
	159×4.5	7.65	6.10	4.56	4.30
	219×6.0	9.40	7.38	5.90	—
	273×7.0	10.90	8.40	7.35	—

注：(1) 正常间距应为最大间距的80%，若管道上有附件（或弯管处）应增加吊点。

(2) 制冷机的排气管管径 $D \geqslant 108$mm 时，间距取3m；$D<108$mm 时，间距取2m。

(3) 弯管处必须增加吊点。

三、氨系统管道布置

(一) 对氨制冷系统用阀类、仪表及连接件的要求

1. 阀门

制冷管道系统应采用氨专用阀门，其公称压力不应小于2.5MPa（表压），并不得有铜质和镀锌、镀锡的零配件。阀门应有倒关阀座，阀开足后能在运行中更换填料。

2. 管件

制冷管道所用的弯头、三通等管件，应采用工厂制作件，其设计条件应与其连接管道的设计条件相同，其壁厚也应与其连接的管道相同。热弯加工的弯头，其最小弯曲半径应为管子外径的3.5倍；冷弯加工的弯头，其最小弯曲半径应为管子外径的4倍。

3. 连接件

氨系统管道主要用焊接，必要的地方也可采用法兰连接，但法兰应带凸凹口。两根管子作T形连接时，若管径相同，应在接合部加一段较粗的管子，并应做顺流向的弯头。

4. 仪表、测控元件

应选用与氨相适应的专用元器件。

(二) 管道布置要求

(1) 低压侧制冷管道的直线段超过100m，高压侧制冷管道直线段超过50m时，应设置一处管道补偿装置，并应在管道的适当位置设置导向支架和滑动支、吊架。

(2) 制冷管道穿过建筑物的墙体（防火墙除外）、楼板、屋面时应加套管，套管与管道间的空隙应密封，但压缩机排气管道与套管的间隙不应密封。低压侧管道套管的直径应大于管道

隔热层的外径，并不得影响管道的热位移。套管应超出墙面、楼板、屋面 50mm。管道穿过屋面时应设防雨罩。

(3) 热气融霜用的热气管，应从制冷压缩机排气管除油装置后引出，并应在其起端设置截止阀和压力表，热气融霜压力不得超过 0.8MPa（表压）。

(4) 在设计制冷系统管道时，应考虑能从任何一个设备中将制冷剂抽走。

(5) 制冷系统管道的布置，供液管应避免形成气囊，回气管应避免形成液囊。

(6) 水平回气管外径大于 108mm 时，其变径元件应选用偏心异径管接头，并应保证管道底部平齐。

(7) 跨越厂区道路的管道，在其跨越段上不得装设阀门、法兰、金属波纹管补偿器、螺纹接头等管道组成件，路面距管道的净空不小于 4.5m。

(8) 放空气器、集油器、排液桶等的减压管应接在气液分离装置的回气入口之前，不应直接接在压缩机的吸入管上。

(9) 连接压缩机的排气管道不应与建筑物结构刚性连接。

(10) 氨系统水平管道的坡度宜按表 5-14 的规定采用。

表 5-14 系统管道坡度（水平管段） 单位：%

管道名称	坡度方向	参考值
压缩机至油分离器的排气管	坡向油分离器	0.3~0.5
与安装在室外冷凝器相连接的排气管	坡向冷凝器	0.3~0.5
冷凝器至贮液器的出液管	坡向贮液器	0.1~0.5
氨压缩机吸气管	坡向分离设备	0.1~0.3
液体分调节站至蒸发器的供液管	坡向蒸发器	0.1~0.3
蒸发器至气体分调节站的回气管	坡向蒸发器	0.1~0.3

（三）管道布置

1. 机器间吸、排气管的布置

吸、排气管是机器间的主要管道，其布置形式与机器布置形式有关，机器成双列式布置时多采用架空式，机器成单列式布置时多采用沿墙式。并联压缩机吸、排气支管与总管的连接应从总管的上面或侧上方接入，以防止回液和减少流动阻力，并应沿制冷剂流向弯曲。还可在排气支管上设止回阀，用以防止排气端进液，减少压缩机的操作调整。

一台机器为两个以上蒸发回路配置时，可在压缩机吸气管上并联一根管道与另一蒸发回路的吸气总管相接，这种接法操作方便，使用灵活，应用较普遍。

2. 机房内其他管道的布置

机房内设备较多，设备之间的连接管道也较多，它们应尽量集中布置，并用管架固定在墙上或用吊架固定在屋顶。管道集中布置时的原则是：水平布置时管径大的靠墙，支管少的靠墙；垂直布置时，热管在上冷管在下，管径大的在上，管径小的在下，有隔热的在上，无隔热的在下。同时，要考虑到把包隔热的放在一起等。出现矛盾时应综合考虑确定。

3. 室外管道布置

室外设备主要有油分离器、冷凝器、贮液器和放空气器等。室外设备之间、室外设备和室内设备之间的管道连接要用落地支架固定，集中通过机房墙上的预留洞进入机房。管架布置时尽量避免阻挡操作通道。室内外管道标高不同时，应尽量减少大管径管道的弯曲次数。

4. 过道管道布置

管道通过过道时的布置管道通过人行道时，管底离地面净高不得小于 3m；通过行车道时，净高不得小于 4.5m。

四、 卤代烃系统管道布置

除了与氨管道布置共性的要求外，卤代烃的溶油性导致了氟系统与氨系统管道布置有所不同。随着氟的流动，润滑油将遍及所有有氟的设备和管道，让油随着制冷剂的流动顺利返回压缩机是氟系统管道设计的一个主要任务，管道布置也是围绕着这一问题展开的。

（一）回气管

氟系统回气管不仅要完成向压缩机输送低压气体的任务，还要借助管内气体流速将蒸发器内的润滑油带回压缩机。回气管布置方式很多，总的目的都是在工作时使润滑油能均衡地返回压缩机且不发生回液现象。布置时应从以下几方面考虑。

1. 坡度与坡向

为了便于回油，回气管水平部分应有 0.5% ~1.0% 的坡度，坡向压缩机。

2. 液囊

回气管上应避免出现液囊。如布置中出现液囊，在轻负荷或停机时，油和氟液就会滞留于此形成液封，增大管道压降，重新启动时油和液体就容易进入压缩机引起油击或液击。

3. 回油弯（存油弯）

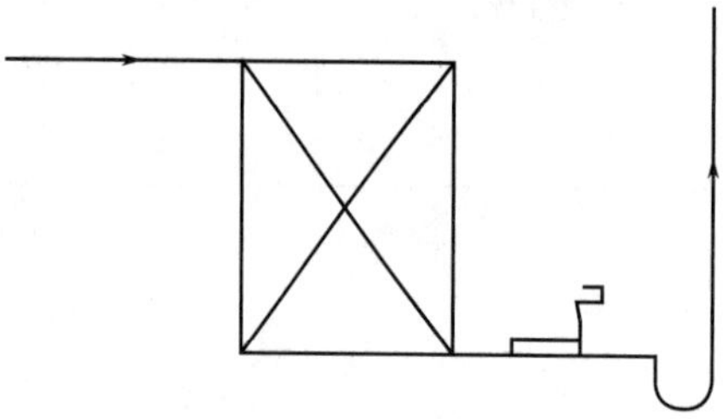

图 5-14 回油弯示意图

上升回气立管中的油只有在建立了必要的带油条件时才便于被带走。一般是在蒸发器出口上升回气立管的底部设置一个 U 形弯头，称为“回油弯”，如图 5-14 所示。蒸发器内积存的油流入回油弯内积在弯头底部使回油弯与立管连接处附近流通截面积减小，流速加快，以利于连续带油上升至水平回气管。

在设计制作回油弯时，弯曲半径要尽量做小，以便于油的提升和避免产生较大的压降。试验表明，制作精良的回油弯，只要机器在设定的工作条件下正常工作，即可避免间歇回油（先形成油封，造成立管上下两端的压降增加，达到一定程度，打破油封，回油继续，如此周而复始的过程），回油弯中的回油方式不是先形成油封，后消除油封，再形成油封式的间断回油，而是始终没有油封形成的连续回油。

4. 双上升回气立管

对于带有卸载装置的压缩机或几台压缩机并联运行时，用最小负荷选配上升立管管径虽能满足最小带油速度，但在满负荷工作时压降很大。在机器负荷变化不大的情况下，可通过增大水平管段、下降管段管径的办法来维持回气管总压降不变，这时只要水平管内流速不太小并有一定的坡度坡向压缩机，油就可顺利返回，但在机器负荷变化较大的系统中，用上述方法就难以维持总压降不变，这时宜采用“双上升回气立管”加以解决。图 5-15 为其配连图，管径及工作原理如下。

（1）按满负荷运行确定管子流通总截面积，其中 A 管管径按最小负荷下满足最小带油速度确定，B 管管径则由总截面积减去 A 管流通截面积来确定。

（2）低负荷运行时，由于回油管内没有积油，两根立管同时有气体流过，管内流速较低，当低于最小带油速度时，油（或液）滴就逐渐沉积到回油弯内，直至形成油封，将 B 管堵住，此时气体只从 A 管流过。由于 A 管是按最小负荷能够回油设置的，所以油可通过 A 管被连续带走。在恢复满负荷工作时，开始仍是 A 管照常工作，由于负荷大，流速加快，流阻增加很多，导致双上升立管两端的压差明显增大，压差大到足以把滞留在回油弯内的油带走时，油就通过 B 管上升至顶部进入水平管，这时油封消除，A、B 管同时工作。由于 A、B 管是按满负荷工作时能带油确定的，所以此时仍能带油连续上升。

（3）为防止单管工作时油可能倒流回不工作的管子中，双立管在接至水平管时应从上面接入。

（4）为缩短消除油封的时间和避免影响曲轴箱中的存油，回油弯的尺寸也应尽量做小。

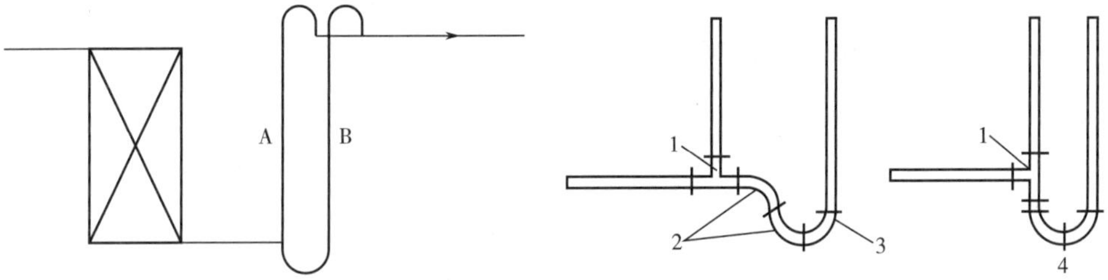

图 5-15　双上升回气立管

1—三通　2—45°弯头　3—90°弯头　4—U 形弯或两个 90°弯头

5. 回气管与压缩机的连接

在压缩机吸入口附近的回气管上不要设置回油弯，以免出现液囊，造成机器重新起动时发生湿行程。对于多台压缩机并联方案，应使回到水平回气总管中的油能均匀地返回每一台压缩机，特别注意防止回气总管中的油液进入停止工作的压缩机中。图 5-16 为并联压缩机与回气总管的连接方案之一。在回气总管上设一集管，各支管由集管上部插入，支管端头加工成坡口，以便回到集管中的油能及时被任意一台工作中的压缩机吸走。为回油均匀，要求支管坡口角度一致、插入深度相同。有时为了解决各压缩机回油不均匀问题，有条件的机器可在曲轴箱上部与下部设均压管与均油管，并在该管上加设阀门。

6. 回气管与蒸发器的连接

根据蒸发器与压缩机高度位置的不同，布置方案有以下几种。

（1）蒸发器高于压缩机　蒸发器设在压缩机上面时，最有利于回油的连接方式如图 5-17 所示，但在停止工作时，蒸发器中的油液会自行流入压缩机，造成再次开机时的液击或其他事故。所以该方案只能在供液很少或停机前提前关闭供液以使停机时无油液下流或在自动控制中采取措施的情况下使用。

经常采用的方案如图 5-18 所示。图 5-18（1）所示为一组蒸发器时的连接。在蒸发器出口设上升回气立管至蒸发器的顶部（根据供液情况，也可升至稍高于蒸发器工作液面的某一高度）再接至压缩机。在蒸发器的出口侧，伸出一段坡度与制冷剂流向一致的水平短管，用以安装热力膨胀阀的感温包，然后再设回油弯。图 5-18（2）为位于不同标高的蒸发器回气管的连

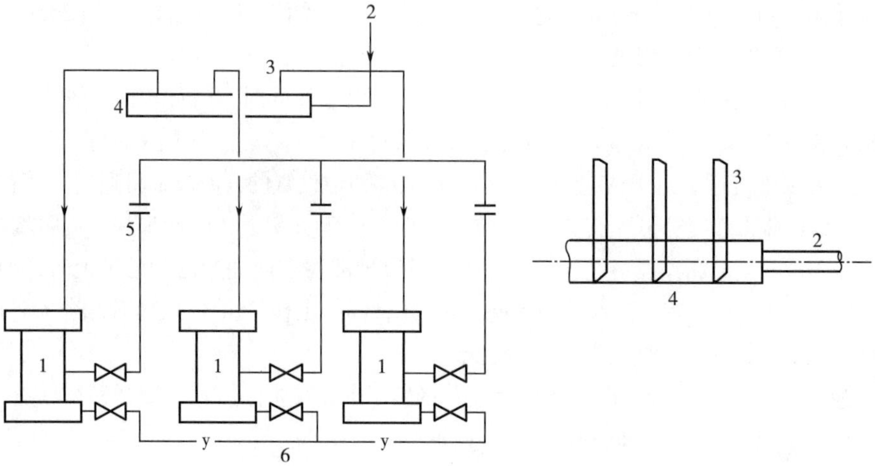

图 5-16　并联压缩机与回气总管的连接

1—压缩机　2—回气总管　3—回气支管　4—集管　5—均压管　6—均油管

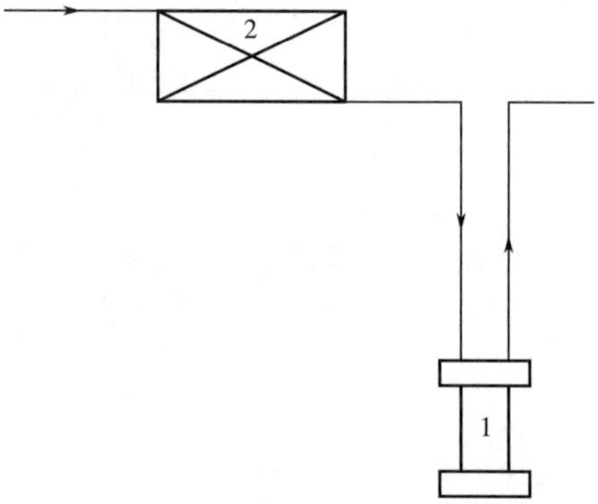

图 5-17　蒸发器高于压缩机时回气管连接方案（Ⅰ）

1—压缩机　2—蒸发器

接方案。注意不要使来自上边蒸发器内的油液流入下边蒸发器中。图 5-18（3）为三组同一标高并联蒸发器的连接。为防止油液由一组蒸发器流入另一组蒸发器，在每组蒸发器的出口接出一水平短管，向下接入共同的水平回气管，在该水平回气管的末端设回油弯及上升立管；而对负荷变化较大的系统，则可设双上升回气立管。

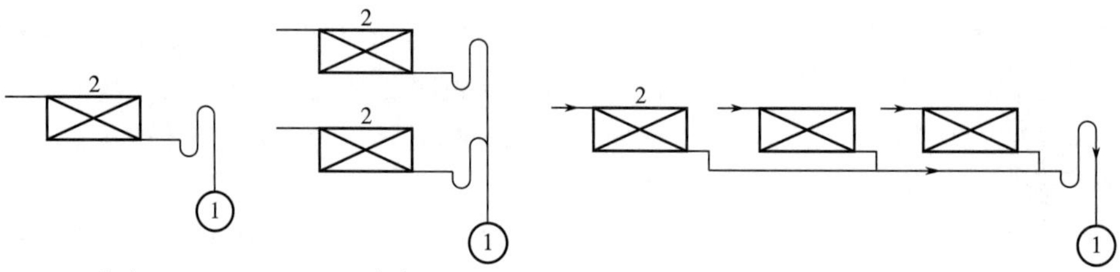

图 5-18　蒸发器高于压缩机时回气管连接方案（Ⅱ）

（1）一组蒸发器时回气管的连接　（2）位于不同标高的蒸发器回气管的连接　（3）同一标高蒸发器回气管的连接

1—压缩机　2—蒸发器

（2）蒸发器低于压缩机　蒸发器设在压缩机下方时的管路连接如图 5-19 所示。连接方式与上述基本相同，主要考虑的是蒸发器的回油和防止油液窜流。需要指出的是，上升立管并不能取任意长度。当上升立管较长时，每隔 8m 左右或更短距离设一回油弯分级提升，以利于回油，见图 5-20。

（3）上下均有蒸发器而压缩机位于中间　管路连接可参照图 5-21 进行连接。

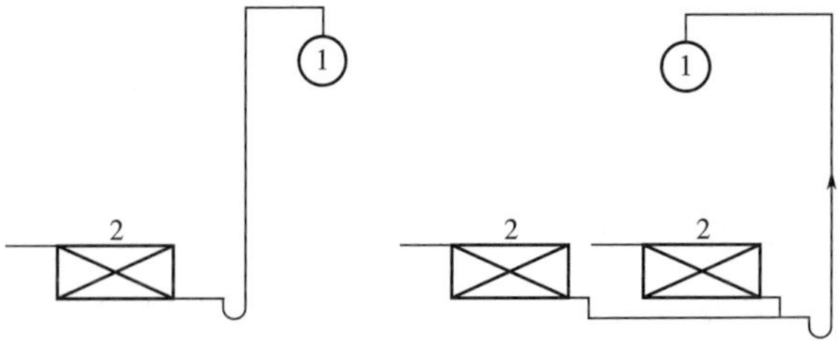

图 5-19　蒸发器低于压缩机时回气管连接方案

1—压缩机　2—蒸发器

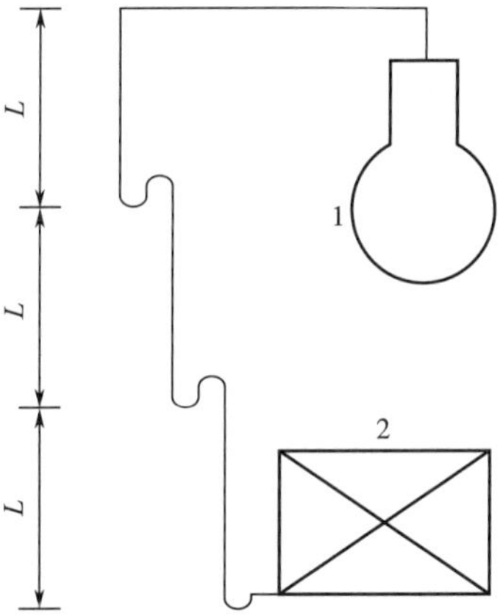

图 5-20　分级提升润滑油管路

1—压缩机　2—蒸发器

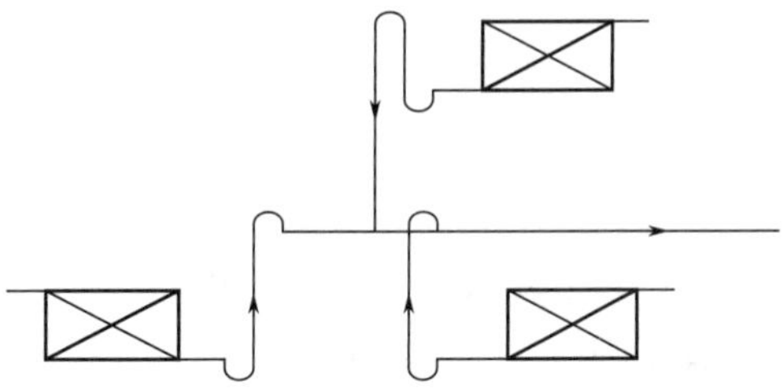

图 5-21　蒸发器标高不同时的连接

7. 回气管与换热器的连接

回气管与换热器的连接应有利于回油，热交换器应装在水平或下降回气管上，不得设在上升回气立管上。为增强换热，进、出液和进、出气管宜逆流连接。回气管与热交换器的连接如图 5-22 所示，不同结构的热交换器可参照该方法连接。

8. 吸气管与低压循环桶的连接

在氨泵供液系统中，由蒸发器返回的油随气体进入低压循环桶，吸气管除输送气体外还需将低压循环桶内的油送回压缩机。其做法是利用低温下氟油混合溶液两层分离的特点，在近液面的富油层处引出 1~3 根回油管至吸气管，利用低压气体的流速将油引射至吸气总管并返回压缩机，如图 5-23 所示。图中 A 点宜接在离低压循环桶出气口远点的吸入管上，支管应从总管的上方接入并深入总管中心处。为了控制回油量，应在回油管上加设电磁阀或截止阀等。

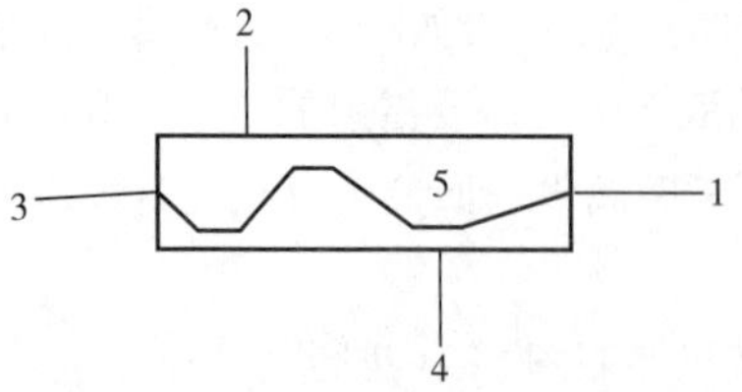

图 5-22 回气管与换热器的连接

1—进液 2—进气 3—出液 4—出气 5—换热器

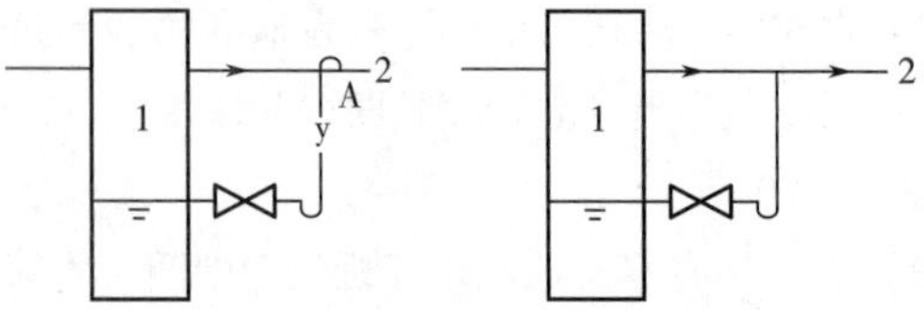

图 5-23 回气管与换热器的连接

1—低压循环桶 2—接压缩机

（二）排气管

排气管是指从压缩机排出口至冷凝器进气口之间的高压气体管道。对将压缩机、油分离器、冷凝器等组装成一整体的压缩冷凝机组来说，无需对排气管进行设计布置。

1. 注意事项

①压缩机停止运转时，排气管内冷凝下来的氟液和油不得流回压缩机，排气管较长或环境温度较低的地方更应注意。

②多台并联压缩机的排气不应互相碰撞，以减少流动阻力。

③随工作压缩机排气排出的油不得流入停止工作压缩机的机头，以免造成该机启动困难。

④水平管段应有≥1% 的坡度，坡向油分离器或冷凝器。

2. 连接

（1）设油分离器时排气管的连接 有油分离器时，应将上升排气立管设在油分离器之后，油分离器后的上升立管不需设置回油弯和考虑带油速度问题，可简化设计。图 5-24 是设有油分离器时排气管的连接示例。

（2）不设油分离器时排气管的连接 不设油分离器时，上升排气立管也应考虑一定的带油速度并设回油弯。两台机器并联时排气管的连接可参见图 5-25。

上升立管较长时，需采用分级提升，见图 5-26。

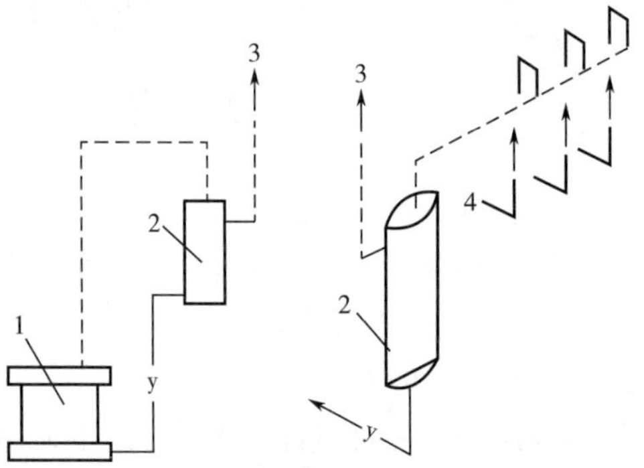

图 5-24 设油分离器时排气管的连接

1—压缩机 2—油分离器 3—接往冷凝器 4—来自压缩机

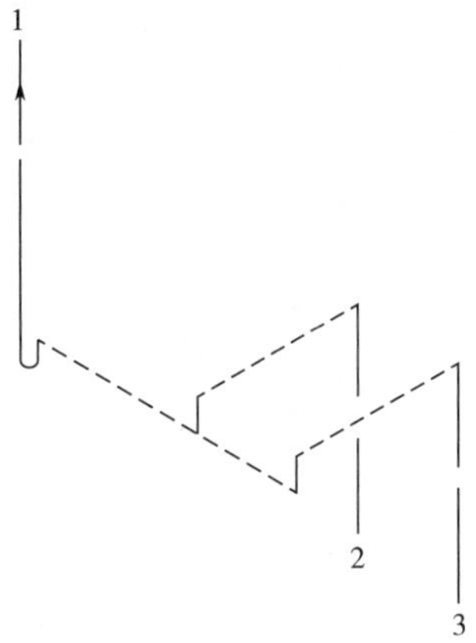

图 5-25　不设油分离器时排气管的连接

1—接往冷凝器　2，3—来自压缩机

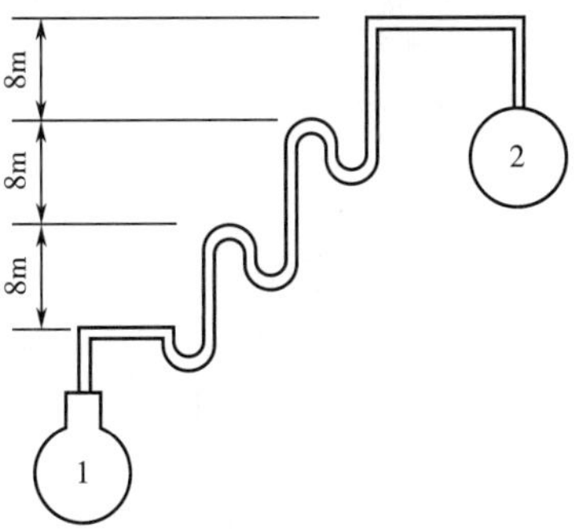

图 5-26　排气管的分级提升

1—压缩机　2—冷凝器

（三）液体管

1. 下液管

参照氨系统管道布置要求。

2. 高压液体管

高压液体管指贮液器或冷凝器至节流阀段的液体管。在这段管路中氟液和润滑油处于互溶状态，即使流速很低也不会分离。本管段需要解决的是如何防止或减少闪发气体产生的问题。在氟系统的液体管上，多设有干燥过滤器和自控元件，况且卤代烃密度大，使得管路产生较大的摩擦阻力和局部阻力；液位差的存在也会产生较大的阻力损失；还有周围环境温度的影响等。闪发气体的产生会带来一系列不良影响。例如，闪发气体在液管内出现会使流阻增大而促进闪发气体更多地产生；带有闪发气体的液体制冷剂进入节流阀，实际上等于减小了节流孔的流通面积，使供液量降低；节流后制冷剂中闪发气体量进一步增加，使并联蒸发器供液不均等。

由上述分析可知，防止高压液体管中产生闪发气体是十分重要的。摩擦、局部阻力可通过扩大管径、减少阀件等措施加以改善，但液位差的存在是无法减少的阻力损失。在管道设计中，防止高压液体管中出现闪发气体的主要手段是在此段管路上加设热交换器或过冷器等对液体过冷，以消除或减少可能产生的闪发气体。

对几台高度不同的蒸发器并联供液时，应将较低位置蒸发器的进口放得比三通管的出口支管高一些，如图 5-27 所示，以便闪发气体分散进入不同蒸发器。

3. 低压液体管

低压液体管是由节流阀到蒸发器的供液管段。

这段管道的设计应使其能向各蒸发器均匀供液且有利于回油。

（1）热力膨胀阀的连接　直接膨胀供液多用热力膨胀阀节流。热力膨胀阀宜靠近蒸发器布置，阀前一般设有电磁阀，当不需要供液时用以切断供液，以免停机后继续向蒸发器供液，不利于下次开机。为了清洗过滤器、检修热力膨胀阀和电磁阀时不影响工作，可增设截止阀且并联一个手动节流阀，必要时手动供液。其连接示意如图 5-28 所示。

（2）与冷却排管的连接　蒸发器为冷却排管时，为防止各个通路供液不均匀，以每个热力

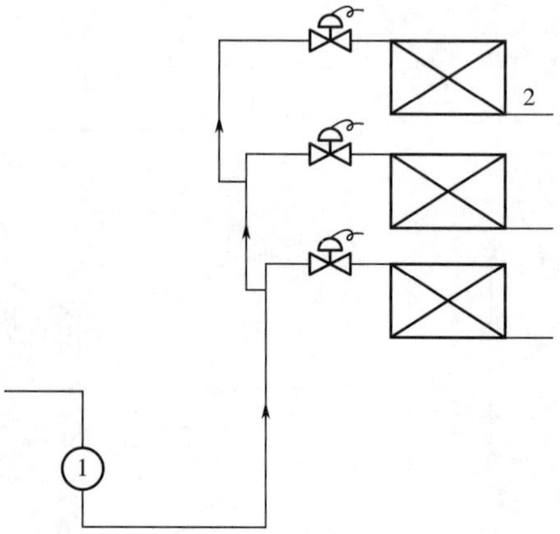

图 5-27 不同高度蒸发器的供液

1—贮液器 2—蒸发器

膨胀阀只向一个通路供液的单路供液系统为宜，如图 5-29 所示。为便于回油，采用上进下出供液流向。一个热力膨胀阀向几个并联通路供液时，要求各通路阻力尽量平衡，必要时采用分液器配液，如图 5-30 所示。

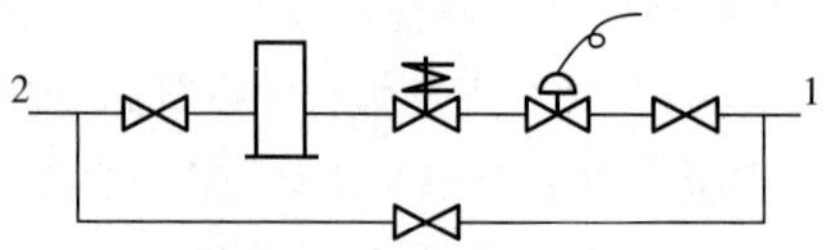

图 5-28 热力膨胀阀的连接

1—去往蒸发器 2—高压来液

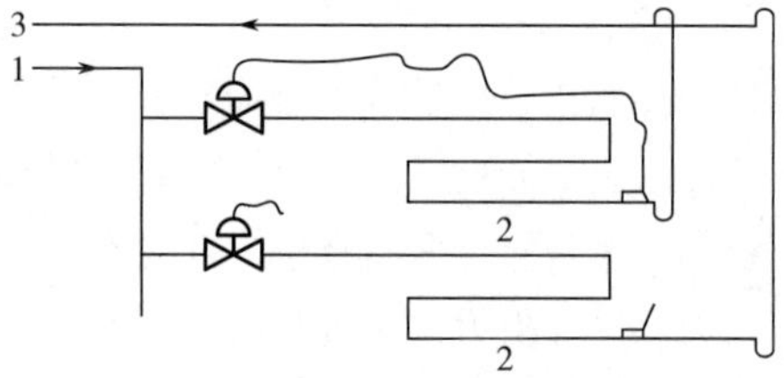

图 5-29 并联排管单路供液

1—高压供液 2—排管 3—回气管

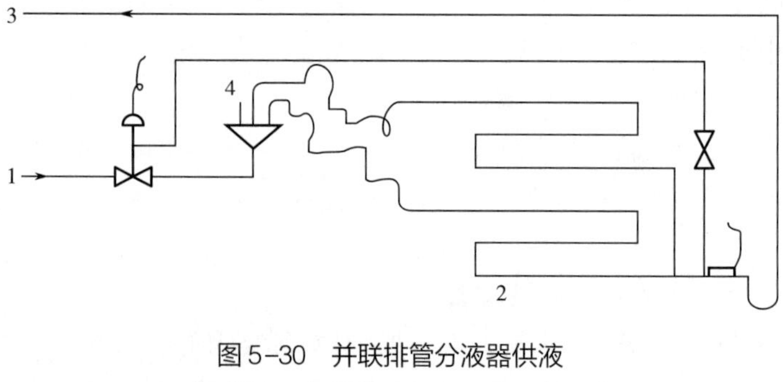

图 5-30 并联排管分液器供液

1—高压供液 2—排管 3—回气管 4—分液器

（3）与冷风机的连接 冷风机多为定型产品，常见的为多通路并联结构。根据其结构设计时可用一个（或两个）热力膨胀阀向一台冷风缸供液。为使供液均匀，冷风机多用分液器对各并联支路配液。鉴于分液器阻力较大，应选用外平衡热力膨胀阀，其连接如图 5-31 所示。

向系统充注制冷剂时，小系统吸气阀多，较大系统则在高压液体管上加充液接头，这样，既可在制冷剂进入系统前先净化，也可避免充注时发生液击现象。

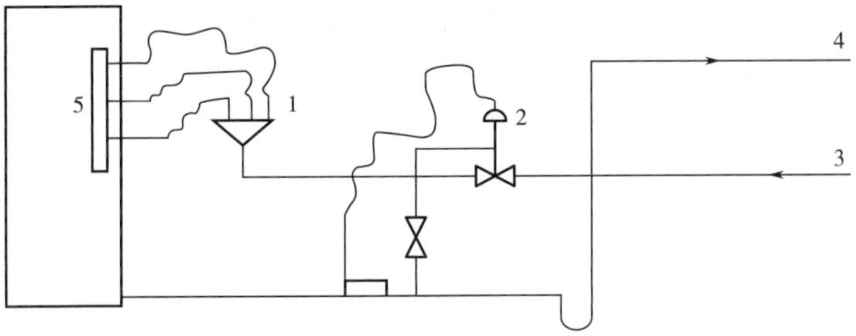

图 5-31　冷风机用分液器供液

1—分液器　2—外平衡热力膨胀阀　3—供液　4—回气　5—冷风机

五、 二氧化碳系统管路布置

二氧化碳作为制冷剂具有高密度，低黏度，流动损失小，传热效果良好等优点，并且通过对传热作用的强化，可以弥补其循环不高的缺点。同时二氧化碳的环境性表现优良，费用低易获取，稳定性好，有利于减小制冷装置体积。当然，采用二氧化碳为制冷剂也有相应的高要求，二氧化碳相对较高的临界压力和低的临界温度也给它做制冷剂带来了许多难题。无论亚临界循环还是跨临界循环，二氧化碳制冷系统的运行压力都将高于传统的制冷空调系统，这必然会给系统及部件的设计带来许多新的挑战。

在-55~0℃的蒸发温度范围，二氧化碳的单位体积制冷量是氨的 4~12 倍。

1. 二氧化碳制冷系统管道设计压力的规定

①与热气融霜无关的管道的设计压力不应小于系统运行的最高工作压力，并且最低设计压力不应小于 3. 9MPa。

②与热气融霜有关的管道设计压力不应小于最高融霜温度对应的饱和压力，并且最低设计压力不应小于 5. 1MPa。

2. 二氧化碳制冷系统管道设计温度的规定

①复叠式制冷系统的低温级低压侧管道按设计蒸发温度减 3~5℃确定。

②低温级冷凝温度低于 0℃的复叠式制冷系统的低温级高压侧管道按高温级制冷系统的设计蒸发温度减 3~5℃确定。

③低温级冷凝温度高于 0℃的复叠式制冷系统的低温级高压侧管道按低温级最高排气温度加 10℃确定，并且不宜低于 80℃。

④间接式制冷系统的载冷管道按制冷系统设计蒸发温度减 3~5℃确定。

⑤热气融霜管道按低温级的高压侧管道和低压侧管道工况中材质、许用应力最不利条件时对应的温度确定。

3. 二氧化碳系统管道管材的选用

①二氧化碳系统压力高，可以使用铜、铜铁合金和不锈钢的管道。例如，K 型铜管可用于系统低压侧的管道，但管道尺寸不超过 3. 175~25. 4mm（热气系统仅为 22. 225mm）。当管道尺

寸变大时，压力等级降低。9.525~25.4mm 及以上的管道尺寸则不足以承受二氧化碳的额定压力。对于二氧化碳系统，管道接头不允许对接焊缝，必须使用适当的配件连接。所有焊接接头应使用15%的银焊条。在安装过程中，应特别注意保持整个系统的清洁和干燥；要求焊接头采用风冷，湿抹布的快速冷却会导致接头的强度问题，从而导致泄漏。

②二氧化碳间接式制冷系统管道应采用无缝、非脆性金属管道，钢管应符合 GB/T 8163—2018《输送流体用无缝钢管》或 GB/T 18984—2016《低温管道用无缝钢管》的有关规定，不锈钢管应符合 GB/T 14976—2012《输送流体用不锈钢无缝钢管》的有关规定，铜管应符合 GB/T 17791—2017《空调与制冷设备用铜及铜合金无缝管》的有关规定。

其他许多传统制冷系统管道如氨系统管道的要求也适用于二氧化碳系统管道。

4. 二氧化碳系统管道的安装

二氧化碳吸入管道的直径大约是相同容量的氨管道直径的一半。所有吸入管线和其他垂直立管长度超过 1.82m 的吸入管线应在底部安装 P 型集油器。高度大于 4.88m 的立管应在立管顶部设置一个反向存液弯。吸入管线应朝流动方向向下倾斜，以帮助回油。

直接式制冷系统和二氧化碳间接式制冷系统管道应校核由于运行温度变化、运行温度与安装温度温差导致的位移应力，并且应在制冷管道的直管段超过 50m 时设置伸缩弯。

第三节　制冷管道和设备的绝热要求

制冷系统管道中主要是低压管道需要绝热或隔热，目的是减少冷量损失和回气过热；其次是防止管壁表面凝水结露。

热氨融霜管和经过低温库房的上、下水管也须敷设隔热层，前者是为了避免热氨气温度下降而影响融霜效果，后者是为了使水管不至于结冰堵塞。

制冷管道的绝热材料、防潮层、保护层和其他敷料的要求，遵守 GB 50264—2013《工业设备及管道绝热工程设计规范》的规定。

一、制冷管道和设备隔热层厚度的确定

低温管道隔热层的计算原则是：应使求得的隔热层厚度能保证隔热层外表面的温度不低于当地露点温度，以防止管道外表面凝结滴水或结霜。

制冷设备和管道隔热层厚度 δ 可按式（5-6）计算：

$$\delta = \frac{2\lambda}{\alpha_w}\frac{t_3 - t_1}{t_2 - t_3} \leqslant D_1 \ln \frac{D_1}{D_2} \tag{5-6}$$

式中　δ——隔热层厚度，m；

t_1——管路或设备内制冷剂或载冷剂的温度，℃；

t_2——周围空气置度，℃，可取夏季空气调节日平均温度；

t_3——隔热层外表面温度，℃，一般可按露点温度加 1~2℃；

λ——隔热材料的热导率，W/(m·K)；

D_1——管路或设备包保温层后的外径，m，即 $D_1 = D_2 + 2\delta$；

D_2——管路或设备外径，m；

α_w——隔热层外表面传热系数，W/(m^2·K)，一般可采用 8.141W/(m^2·K)。

在冷库工程中，为了方便计算和确定隔层厚度，利用式（5-6）绘制出如图 5-32 所示的隔热层厚度计算曲线图。应用已知参数和简单计算，从曲线图上就可查出所需要的隔热层厚度。

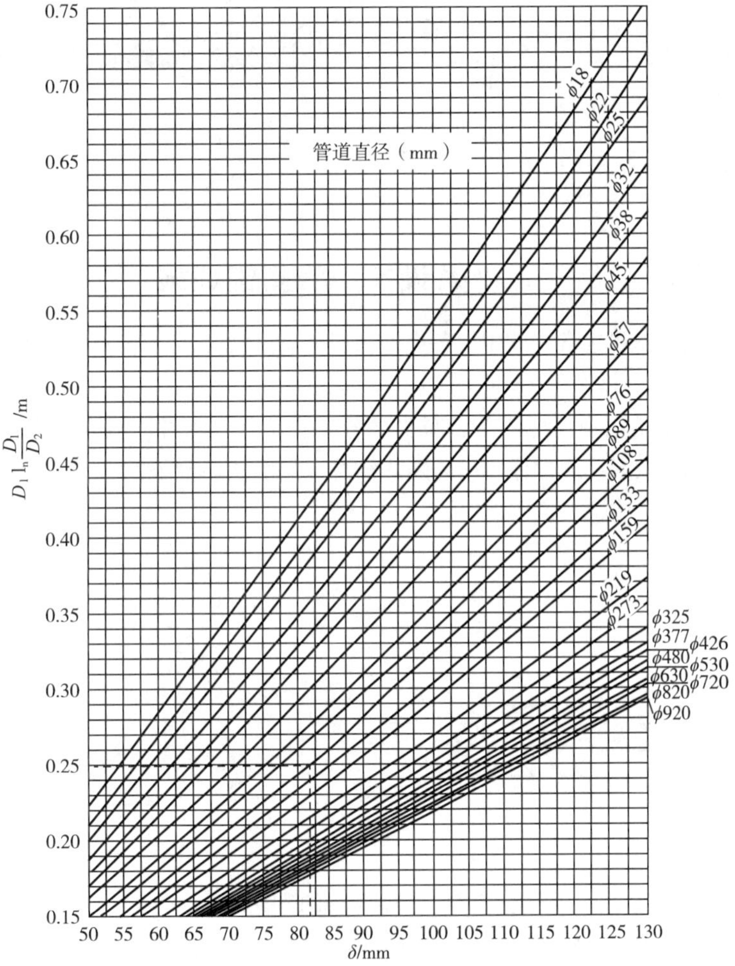

图 5-32　隔热层厚度计算曲线图

例 5-2　某一冷库制冷装置，管道直径为 108mm，管内载冷剂（或制冷剂）的工作温度为-40℃，管路周围空气温度为 35℃，隔热材料的热导率 λ=0.058W/(m·K)。试求其隔热层厚度。

解：按题意 α_w=8.141W/(m^2·K)，λ=0.058W/(m·K)

$$t_1=-40℃,\ t_2=35℃,\ t_3=t_L+1.5℃=29.5+1.5=31\ (℃)$$

$$D_1 \ln \frac{D_1}{D_2} = \frac{2\lambda}{\alpha_w} \times \frac{t_3 - t_1}{t_2 - t_3} = 0.25$$

利用图 5-32，从纵坐标上找到 0.25 这一数值，再沿横坐标方向右移，与管径为 108mm 的斜线相交，最后从这一交点作垂线，横坐标的交点即为隔热层厚度 δ。查到 $\delta=82$mm。

上例中隔热材料热导率 λ 可查有关手册，对矿棉及制品隔热材料、聚苯乙烯、聚氨酯泡沫塑料及玻璃棉隔热材料，λ 可分别取 0.0581、0.0349、0.0233、0.0485 W/（m·K）。在自然对流条件下，隔热层外表面传热系数 α 可取 8.14W/（m^2·K）。此外，环境温度、露点温度和隔热层外表面温度，可取表 5-15 的数据。

表 5-15　各地区环境温度、露点温度和隔热层外表面温度　单位：℃

地区	环境温度	露点温度	隔热层外表面温度
西北干燥地区	30	21.5	23
北方地区	30	26	27.5
南方地区	30	29.5	31

二、制冷设备和管道隔热设施

冷库制冷管道保温材料常用软木，各类泡沫板材、管材等。制作保温层时应严格按照设计技术要求施工。

确定隔热层厚度是实现良好隔热，减少冷量损失的基本条件，但只有合理的实施隔热结构，才能保证其隔热效果。通常保冷用的隔热结构，一般从内到外约有 5 层（图 5-33）：防锈层、隔热层、防潮层、防蚀及识别层等。

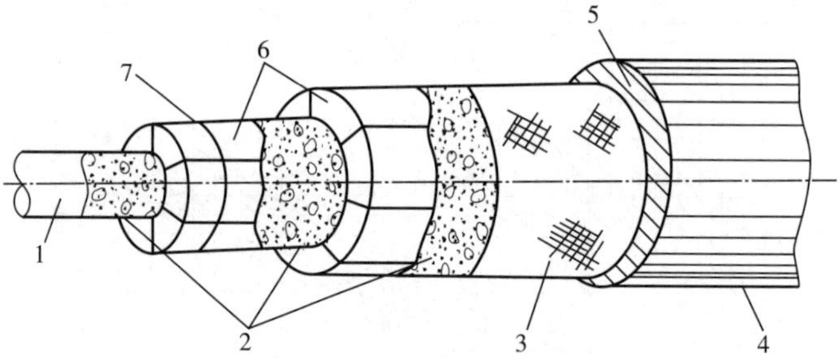

图 5-33　管道隔热的典型结构

1—管道外表面防锈层　2—防潮沥青涂层　3—20mm×20mm 铁丝网　4—油漆层
5—石棉石膏保护层　6—隔热层　7—Φ1.2 mm 镀锌铁丝捆扎

隔热结构的内层为金属管道或设备的表面防锈层。它可以在冷表面受湿后，避免锈蚀，提高管道使用寿命。防锈层一般在管道隔热施工前，先清除管外的铁锈污垢，擦拭干净，然后用红丹防锈漆涂 1~2 层，或用冷底子油涂刷 1~2 遍。

隔热层在防锈层后施工，根据管道或设备结构尺寸、形状不同，可采用多种施工方法。目前使用较多的有：砌块型、浇灌型、喷涂型和充填型等。砌块型是将隔热材料预制成砖、板、管壳等形状，施工时选择一定的几何尺寸，用挂钉、铁丝等将成型件固定于管道或设备外壁，构成隔热层。常用的隔热材料有：软木，聚苯乙烯、聚氨酯泡沫塑料，矿棉或岩棉等。半圆形管壳是在管道隔热中较广泛采用的一种隔热型式。包隔热层时成型材料应先浸以热沥青，成错缝排列，与管道压紧，管壳应对好接缝，并嵌以玛蹄脂，第一层包好后再涂以热沥青，依此包第二层、第三层。硬质闭孔聚氨酯泡沫塑料制品施工方便、隔热效果良好。浇灌型是用聚氨酯现场灌注发泡，构成隔热层。这种隔热层与管道结合牢固、不易松动或脱壳，但其施工不方便，需先用镀锌薄钢板把管道套包成一密闭空间，并在套管上方每隔 1.5 m 左右开一个直径 8 mm 气孔，将 A、B 料按比例混合后注入套管内。喷涂型是把聚氨酯泡沫塑料的发泡配料，在施工现场利用喷枪喷涂于设备或管道表面，构成隔热层。这种方法更适用于非规则结构的设备和管道隔热。充填型是将松散的隔热材料，充填于事先做好隔汽防潮层的设备或管道外的金属壳、板壁、箱或网壳内，构成隔热。这种隔热层的施工较麻烦，工艺要求较高。

管路或设备隔热结构的防潮层，可以有效地阻止水蒸气从高温侧渗透到低温侧，造成隔热层受湿，金属表面锈蚀。所以，在隔热层的高温侧，即外侧，应进行隔汽防潮处理。常用的隔汽防潮材料有沥青油毡、沥青玛蹄脂夹玻璃布、聚乙烯塑料薄膜等。在隔热层两侧涂刷沥青玛蹄脂，做成连续有效的防潮层的方法已得到较多的应用。

隔热结构中的保护层，是用以保护隔热层和防潮层不受机械损伤。常用的保护层材料有石棉水泥、石膏保护层，玻璃布外刷油漆保护，覆铝箔玻璃钢或成形的金属薄板保护层等。石棉水泥一般由 1∶2.5 的水泥砂浆加石棉或麻刀拌合而成，为防止龟裂和便于附着，在防潮层外绑扎铅丝网来增加保护层的强度。保护层抹面必须平整、光滑，外形美观。保护层也可采用玻璃钢制品或金属薄板制作。

用泡沫塑料作保温材料时，管道隔热常使用成型的两半对开瓦状管材（设备使用板材），通过切割拼装成型。泡沫塑料用醋酸丁脂（白色）黏合，用铅丝固定，外层可用塑料膜作为隔汽防潮层。

隔热结构外层均有防腐蚀或识别层。例如，用镀锌薄钢板做保护层时，外表面涂两道油漆（如醇酸磁漆等）。用玻璃布做保护层，也应涂刷两道油漆。其他保护层外，可不作防腐处理。但对室外的设备、管道应作防水处理。至于识别层，则根据使用管理的需要或有关规范要求，刷不同颜色的油漆或箭头标志。制冷管道及设备涂敷色漆的色标应符合表 5-16 的规定。

表 5-16　　制冷管道及设备涂敷色漆的色标

管道或设备名称	颜色（色标）	管道或设备名称	颜色（色标）
制冷高、低压液体管	淡黄（Y06）	贮液器	淡黄（Y06）
制冷吸气管	天酞蓝（PB09）	气液分离器、低压循环桶、中间冷却器、排液桶	天酞蓝（PB09）
制冷高压气体管、安全管、均压管	大红（R03）	集油器	黄（YR02）
放油管	黄（YR02）	制冷压缩机及机组、空气冷却器	按产品出厂涂色
放空气管	乳白（Y11）	各种阀体	黑色
油分离器	大红（R03）	截止阀手轮	淡黄（Y06）
冷凝器	银灰（B04）	节流阀手轮	大红（R03）

思考题

1. 制冷剂管道系统设计应当遵守什么原则？制冷管道计算需要确定哪些参数？
2. 卤代烃和氨制冷系统在管道设计和管材选择上有何差异？
3. 制冷管道安装有哪些要求？
4. 氨、卤代烃和二氧化碳系统管道的布置原则各有何特点？
5. 制冷管道和设备的绝热层如何确定厚度？

CHAPTER 6

第六章 制冷机房设计

学习目标

1. 掌握机房设计的土建、给排水、采暖通风、电气、照明和安全方面的要求；
2. 会进行机房和设备的布置。

制冷装置的机房（以下简称机房）是控制制冷系统运行的场所，是冷库的重要组成部分，常被称为冷库的心脏。机房的设计应以保证冷库的生产要求、布置合理紧凑、节省投资为主，并给投产后的运行、管理和维修创造安全有利条件。

在机房设计中，制冷工艺设计人员需要与土建、水、暖、电等专业的设计人员密切配合，根据设计任务和现场实际情况合理设计。具体而言就是依据机房系统原理图所确定的制冷方案，把设计计算书所选用的制冷机器、设备及管道等进行合理的空间布置，按照现场实际情况确定出机房的位置、朝向、建筑面积以及具体尺寸，并按一定比例画成施工图，作为机房施工图设备安装的根据。

制冷机房是机器间和设备间的总称。规模小的可以采用单间房间。规模大的冷库机房，可以分隔为变配电设备间，（操作）自动控制室，制冷机间，设备间（高、低压设备）和辅助用房（水泵房、冷冻油处理间、制冷剂瓶安全存放间、机修间、备品备件存放间等）等。

第一节 机房设计一般要求

一、 土建要求

机房宜独立建筑，也可与冷库主体建筑连接，一般为单层。

在冷库的总平面布置中，应将机房布置在制冷负荷中心附近，靠近冷负荷最大的冷间，但不宜紧靠库区的主要交通干道。机房在库区内宜布置在夏季主导风向的下风向，但在生产区内一般应布置在锅炉房、煤场等易发烟尘场所和有气味场所的上风侧，并留出一定的距离。机房四邻也不宜靠近人员密集的场所（如宿舍、食堂、学校等）以及有精密贵重设备的房间，以免在发生重大事故时造成人身伤亡和重大财产损失。另外，除非特殊需要，一般不宜将机房布置在地下建筑内。

制冷机房面积一般可由机器、设备的布置及操作所需确定。机房的建筑形式、结构、柱网、跨度、高度、门窗大小及其分布位置，最好由制冷工艺设计人员与土建设计人员共同商定。机房的高度要考虑到压缩机检修时装设起吊设备和抽出活塞的空间要求以及兼顾通风采光的需求。一般大中型冷库机房（跨度≤13m）的净高可取6.5~7.0m，中小型冷库机房（跨度≤9m）净高可取5.0~5.5m。对于利用旧建筑改建或设置小型机组的机房也不应低于4.0m。南方地区的大中型机房应适当加高，屋顶最好设置通风气楼，并要注意朝向和周围开阔，务必获得良好的自然通风和天然采光条件。炎热地区还可以在机房屋顶设备阁楼，开通风气窗。空调用机房高度不应低于3.2m。

为了保证操作人员的安全和方便，机房内主要通道不宜过长，最好不超过12m，如需超过12m，要有两个以上互不相邻直接通向室外的出入口，设备间设一个门。出入口门扇的大小，可视安装、检修机器设备的需要决定，但门洞净宽至少不小于1.5m，其中一个门洞净宽应能进入最大的设备。机房必须有良好的自然采光，其窗孔投光面积应不小于地板面积的1/7~1/6，在炎热季节里应采取遮阳措施，避免阳光经常直射。机房侧窗宜分高低两排，以便在高低窗之间敷设辅助管道。制冷机房所有的门、窗均应朝外开启，并采用手开门，禁用侧拉门，以便出现紧急情况时人员避险逃脱。氨机房的门不允许直接通向生产性车间。

制冷机间与（操作）自动控制室、值班室必须分隔（图6-1）；分隔墙上应设大面积的隔音、防噪的密闭双层防爆玻璃观察窗（一般设置在便于观察制冷机的主要操作通道一端）；并设置人员进出的专用操作门（开门朝向制冷机间并带自动关闭功能）。

制冷机房选择方案时既要考虑管道系统的简化，也要考虑机房的通风采光。机房与冷库主体建筑连接时，要根据建筑物的沉降不同，在设计中采取防止扭裂管道的措施。

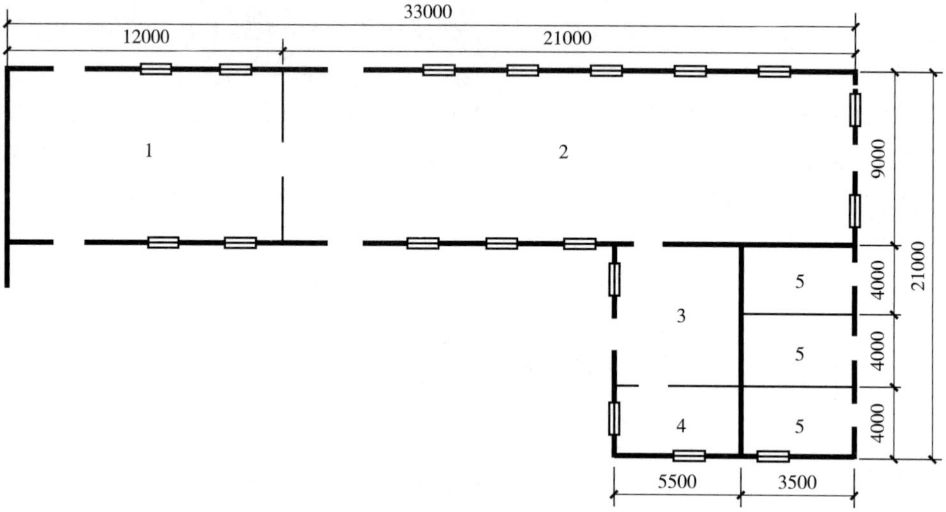

图6-1　机房的建筑平面设计示例

1—设备间　2—机器间　3—配电间兼监控室　4—工具间兼休息室　5—变压器室

制冷机房的地面通常做成水泥压光地面。为了防止油浸污染，便于清洗，对墙裙和机座（包括周围 0.5m 宽的地段）可做水磨石面层或其他易于清洗的面层。墙裙用水泥砂浆粉刷。压缩机基础一般参照机器说明书要求处理，应待压缩机到现场，型号确定落实后再捣筑。根据国家颁布的 GB 50016—2014《建筑设计防火规范》，氨压缩机房属于乙类危险性生产建筑，应按二级耐火等级建筑物进行设计。

机房设计因考虑到生产的发展和冷库规模扩大的可能，在布置时根据远景规划的要求在机房的一端留出发展余地。

机房建筑的形式应根据机器设备台数和现场情况，选用 I 形和 L 形，根据压缩机布置的不同，可以分为单列式（图 6-2）、双列式（图 6-3 和图 6-4）及三列式。

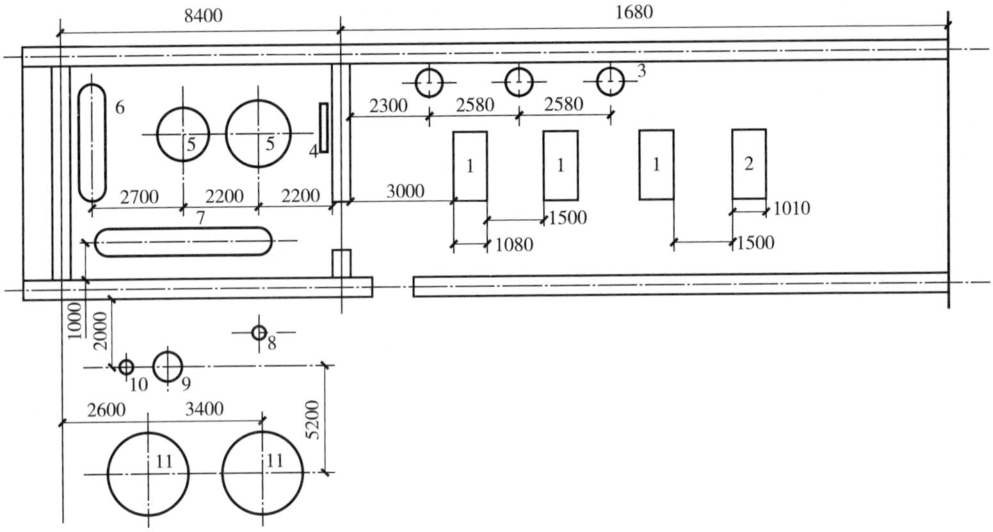

图 6-2 单列横向式

1，2—制冷压缩机 3—中间冷却器 4—调节站 5~11—其他设备

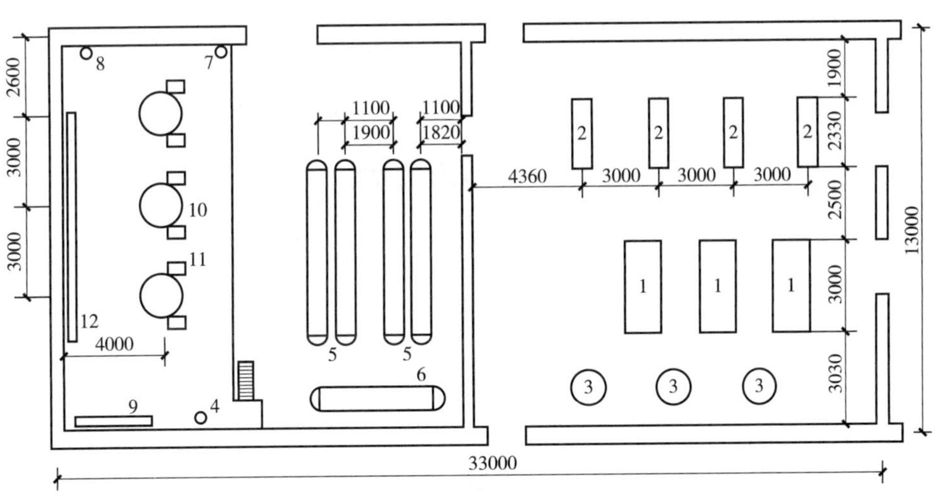

图 6-3 双列横向式

1，2—制冷压缩机 3—中间冷却器 4—调节站 5~12—其他设备

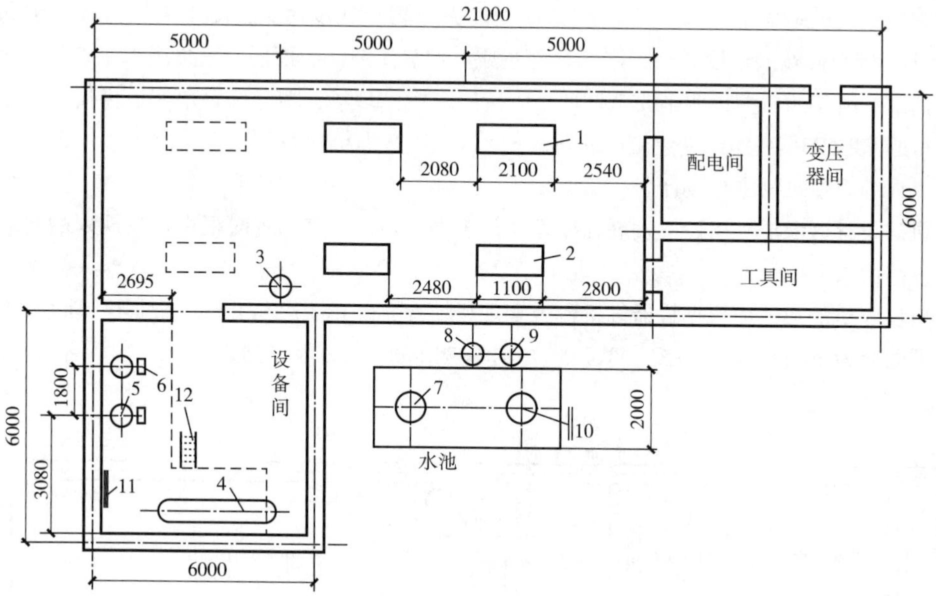

图6-4　双列纵向式

1，2—制冷压缩机　3—中间冷却器　4~12—其他设备

二、给排水要求

氨压缩机气缸水套冷却水量、水冷式冷凝器冷却水量、冷风机冲霜水量应按产品规定。冷却水应循环使用，冲霜水一般应回收利用。为满足消防的需要，在氨压缩机房外、常温穿堂或楼梯间应设置消防栓。

氨压缩机房及冷却间、常温穿堂地面宜设地漏。设备间及电梯井、地磅坑等易于积水处应设有排水设施。

冷却水的水质应考虑对于机器设备和管道的腐蚀、积垢等方面的问题，水中的有机物和无机物含量应控制在一定的数量之内，具体数据可参考当地水文资料。

穿堂或楼梯间应设置消防栓。

冷却水进入机房的水压，一般情况下应保持在146~196kPa，不应大于294kPa。

三、采暖通风要求

为了保证生产的正常运行，改善机房内环境条件，制冷机房内要求有采暖和通风设施。

1. 制冷机房采暖设计的要求

①在采暖地区，制冷机房的采暖温度不宜低于16℃。

②制冷机房内严禁使用电炉、火炉等明火采暖。在北方需采暖的地区，当室内温度低于12℃时，要采用以水蒸气为热源的散热器取暖。

2. 制冷机房通风设计的要求

①制冷机房日常运行时应保持良好通风，通风换气次数不应小于3次/h。自然通风无法满足时应设置日常排风装置。

②氟制冷机房应设置事故排风装置，排风换气次数不应小于12次/h。事故排风口上沿距室

内地坪的距离不应大于 1.2m。

③氨制冷机房应设置事故排风装置，事故排放量应按 183m³/（m²·h）计算确定，且最小排放量不应小于 34000m³/h。氨制冷机房的事故排风机必须选用防爆型，排风口应位于侧墙高处或屋顶。排风机开关要设在机房内外易于操作的地方。

四、电气、照明要求

大型冷库、高层冷库（冷库公称容积≥15000m³或冻结量≥60t/d）及有特殊要求的冷库应按二级负荷用户供电，中断供电可导致较大经济损失的中型冷库应按二级负荷用户供电，不会导致较大经济损失的中型冷库及小型冷库可按三级负荷用户供电。

冷库宜设变配电间，由于制冷机房是冷库主要用电单位，所以变配电间应靠近或贴邻制冷机房布置。对于不设制冷机房的分散式制冷系统，变配电间宜靠近库区负荷中心布置。装机容量小的小型冷库，可仅设低压配电间。为保证安全，在机房内外均要设置电源开关，一旦发生事故，在机房内外都能切断一些电源。

在正常运行中会产生火花的压缩机启动控制装置、氨泵及冷风机等动力的启动控制设备不应布置在压缩机房内，这些装置的自控柜、自控仪表操作台等可设在机器间一侧相邻的控制室内。该室应隔声防震，以确保仪表精度。为防止氨气侵入控制室腐蚀仪表，应把用于观测机器间动态的大玻璃窗做成不可开启型。

制冷机房照明宜按正常环境设计。照明方式宜为一般照明，设计照度不应低于 150lx。制冷机房及控制室应设置备用照明，大、中型冷库备用照明照度不应低于正常照明的 50%，小型冷库备用照明不应低于正常照明的 10%。当采用自带蓄电池的应急照明灯具时，应急照明持续时间不应小于 30min。

五、安全要求

氨（含氨和二氧化碳复合）制冷机房应设置氨气体浓度报警装置（图 6-5）。当空气中氨气浓度达到 100mg/L 或 150mg/L 时，应自动发出报警信号，并应自动开启制冷机房内的事故排风机。氨气浓度传感器应安装在氨制冷机组及贮氨容器上方的机房顶板上。氨制冷机房应设事故排风机，在控制室排风机控制柜上和制冷机房门外墙上应安装人工启停控制按钮。手动切断电源的按钮（开关），应设置警示标识。

大、中型冷库氟制冷机房应设置气体浓度报警装置。当空气中氟气体浓度达到设定值时，应自动发出报警信号，并自动开启事故排风机。气体浓度传感器应安装在制冷机房内距地面 0.3m 处的墙上。氟制冷机房应设事故排风机。在机房内排风机控制柜上和制冷机房门外墙上应安装人工启停控制按钮。

事故排风机应按二级负荷供电，当制冷系统因故障被切除供电，电源停止运行时，应保证排风机的可靠供电。

氨制冷机房应设控制室，控制室可位于机房一侧。制冷压缩机组启动控制柜、冷凝器水泵及风机、机房排风机控制柜、氨气浓度报警装置、制冷机房照明配电箱等宜集中布置在控制室中。每台氨制冷压缩机组控制台上应安装紧急停车按钮/开关。机房平开门 3m 以外的宽敞通道一处，应设紧急关闭机房（大红色醒目）总电源的开关，如图 6-6 所示。在紧急机房总电源开关附近摆放适用于机房的消防设施（包括防毒面具、应急药品等）。

卤代烃及其混合物、二氧化碳为制冷剂，二氧化碳、盐水为载冷剂的制冷机房可不单设控制室，各制冷设备控制柜、排风机控制柜等可布置在机房内。

冷库库区及氨制冷机房（靠近贮液器处）门外应设室外消火栓。大型冷库的氨制冷机房对外进出口处宜设室内消火栓并配置开花水枪，机房贮液器上方宜设置水喷淋系统，贮液器近处稀释漏氨排水，紧急泄氨器排水应单独排出，在排入库区排水管网前应设有隔断措施，并配备事故水池、提升水泵。事故水池内稀释漏氨排水，紧急泄氨器排水应经处理达标后排入市政排水管网或沟渠。

氨制冷机房内的应急照明和灯光疏散指示标志应按爆炸性气体环境进行设计。疏散照明的照度、疏散指示标志的设置和疏散照明与灯光疏散指示标志的备用电源的连续供电时间，应符合 GB 50016—2014《建筑设计防火规范》的有关规定。

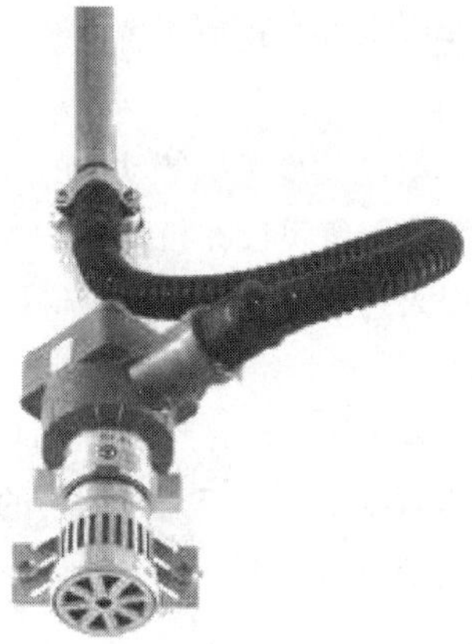

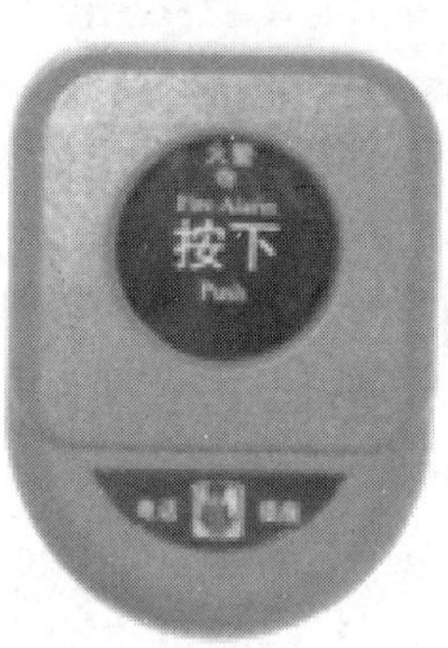

图 6-5　机房制冷剂泄漏报警器　图 6-6　机房外紧急总电源开关（示意供参考）

六、机器设备布置原则

机房是整个制冷系统进行操作、运转的场所。机房内设置的压缩机和设备对冷库的正常运行十分重要。

机房内机器与设备的布置应依照如下原则。

1. 应符合制冷工艺流程

在保证制冷工艺合理、流畅的前提下，流量缩短和简化管道连接。设备的位置和标高，也应与制冷剂的流向相适应，不至于增加制冷剂流动时的阻力，同时可减少管道的初置费用核算运行费用。

机房间主要放置制冷压缩机、起动控制柜、中间冷却器、总调节站等。设备间可以分为高、低压设备间。高压设备间是布置高压制冷设备的一个场所，主要应有油分离器、冷凝器、高压贮液器、高压集油器、总调节站和加氨站、紧急泄氨器、空气分离器、中间冷却器等和其他辅助设施；低压设备间应有低压循环桶与氨泵组合、气液分离器、各类调节站、排液桶、低压集油器等设备。

2. 操作方便，安全生产

机器设备之间、机器设备与墙面之间的最小距离应符合操作管理的需要和安全技术规程的规定。制冷机的系列或机型选用，在一个机房内原则上不宜超过两种。

(1) 机房内主要操作通道，应视机器的结构型式而定 一般主要操作通道的宽度及设备突出部分到配电箱或总调节站之间的距离以 1.5~2.0m 为宜，条件许可也可以为 2.5m。

(2) 机器或设备与墙面之间的距离 如属非主要操作通道，不得小于 0.8m；不作通道时，不得小于 0.5m。

(3) 两台压缩机突出部位之间的距离或压缩机与设备突出部位之间的距离不小于 1.0m。当压缩机轴承同向排列时，应考虑抽出曲轴长度的空间。

(4) 压缩机的吸、排气阀门 应位于或接近于主要操作通道，阀门设置高度应在 1.5m 左右。

(5) 压缩机的压力表及其他操作仪表应面向主要操作通道，并留有足够的操作空间，应尽量设置在采光较好的地方，利于操作检修。机器的电动机应布置在靠墙的通道侧，保证安全生产。

(6) 各设备壁（包括蒸发压力下工作的设备包隔热层的外壁）与柱的边缘距离不应少于 2.0m。设备布置时应考虑窗的开启和自然采光的条件。

3. 安装、检修方便

布置机器设备时，要考虑拆卸检修的必要性和可能性，保证从机器设备中能取出最长的构件，并不影响邻近的机器设备和建筑物。选用大、中型压缩机时，应考虑设置检修用的起重吊钩或吊环，也可考虑在机房内留有支撑三叉杆或其他起重方法的空间，以便于安装、运输、检修工作的进行。

4. 布置尽量紧凑

合理地减少机房的面积和容积，充分利用机房空间，以节省机房的建筑面积。有些设备，如某一面不需要操作可将此面靠墙布置；有些设备可安装在另一个设备的下面，例如，高压贮液器可直接安装在卧式冷凝器的下面。

制冷机间不允许摆放或堆放任何杂物（包括维修用小车和制冷机零件等)。

机器、设备的布置除考虑上述原则外，还应适当注意整齐、美观；对要产生噪声的设备（如水泵）尽量设在机房建筑物外；尽可能设置降噪措施，机器间的噪声不应超过 85dB。对于有扩建可能性的冷库，要考虑到扩建的各种因素，适当增加机房面积，留出将来扩建时压缩机和辅助设备的布置空间。

第二节 机器、设备的布置

一、 制冷压缩机的布置

制冷机是制冷机间的核心，除了制冷机间的一些特定要求外，制冷机布置也有自身的基本原则。制冷机的布置前有对产品本身尺寸的核对；根据制冷机间的总体要求下的制冷机基础设计（固定制冷机在制冷机间的平面与局部高度的尺寸要求，以及为安装、调试、维修、常年运行创造良好的空间)；后接管道的工艺连接。

我国系列制冷机一般由制冷机、联轴器（控制屏）、电动机组合在一钢架（基础）上，在生产工厂已经完成动、静平衡试验，制冷机组合尺寸的固定；在布置时，只需考虑制冷机的进、排气管和其他连接对接到制冷机间内各总管的连接口、孔上。因此，需要核对在平面与高度方面的各尺寸。图 6-7 是 1984 年拍摄的上海江浦冷冻厂氨制冷机房内景。

在有多台制冷机布置在制冷机间时，应将制冷机头布置在一个方向，且机头操作阀的中心在同一高度和同一（平面）直线为原则，并布置在操作主通道侧。同系列不同型号的制冷机，以大号制冷机的机头操作阀为基准；不同系列、不同型号制冷机，以最高尺寸操作阀的制冷机为基准。

操作阀高度尺寸，须考虑制冷机的土建基础（地面高出部分尺寸）和制冷机曲轴箱维修高度尺寸等因素。主要考虑曲轴箱取出或维修安装曲轴时，当地工人弯腰省力为宜；因此，不同地区的同型号制冷机基础高度略有不同。满足此高度的制冷机布置，其制冷机自带控制屏高度也满足了对人工抄表高度的要求；该高度工艺或技术需要在安装时的各细节中累计保证。

双向对列布置时，制冷机机头突出部分之间的最小距离，必须考虑通过最大设备的尺寸和操作主通道尺寸等因素，一般不小于 1m。

制冷机土建基础按设备供应商的基本要求为宜，主要保证制冷机的安全运行。

图 6-7　冷冻厂氨制冷机房内景（1984 年拍摄）

二、设备的布置

1. 冷凝器

冷凝器的布置与冷凝器的结构形式有关。各种形式的冷凝器都应按工艺流程，与油分离器、贮液器就近布置。冷凝器的安装高度必须使制冷剂液体能借助重力顺畅地流入贮液器。冷凝器上应设置压力表和安全阀。

立式冷凝器应安装在室外离机房出入门较近的地方。立式冷凝器通常以底部冷却水池为基础，水池壁与机房等建筑物墙体的距离应大于 3m，以避免冷却水外溅损坏建筑物，为了便于操作和清除水垢，立式冷凝器一般设有钢结构的操作平台。

卧式冷凝器通常布置在设备间，它的一端留有清洗和更换管道的空间，约为冷凝器长度的 1.5 倍。为节省占地面积，将卧式冷凝器与贮液器上、下分层布置。为保证出液顺畅，其出液管的截止阀至少应低于出液口 300mm。图 6-8 为卧式冷凝器的水平布置尺寸要求及卧式冷凝器与贮液器的垂直布置示例。

蒸发式冷凝器多布置在机房的屋顶上（见图6-9），要求周围通风良好。蒸发式冷凝器的顶部应高出邻近建筑物 300mm，至少不低于邻近建筑物，以免排出的热湿空气沿墙面回流至蒸发冷的进风口。如不能满足此要求，应在蒸发式冷凝器顶部出风口上装设渐缩口风筒，以提高出口风速，提高排气高度，减少回流。

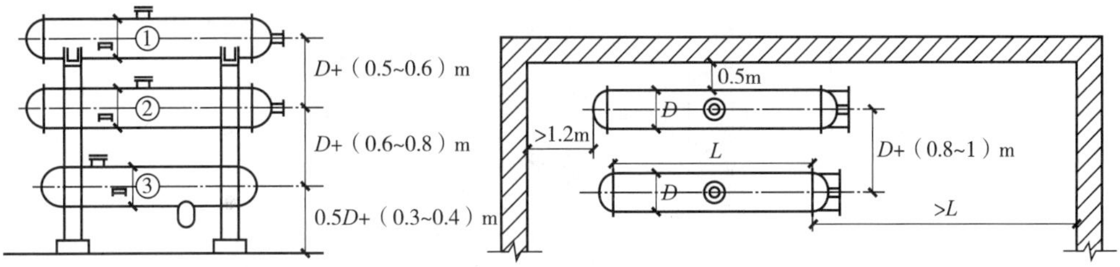

图6-8　卧式冷凝器的布置

1—冷凝器　2—过冷却器　3—贮液器

图6-9　某公司冷库屋顶冷凝器实景

蒸发式冷凝器的维修平台面积、巡查、抄表通道的设置，必须满足蒸发式冷凝器工艺或技术以及管道连接的要求。

蒸发式冷凝器与邻近建筑的间距：当冷凝器的四周都是实墙时，进风口侧的最小间距为 1800mm，非进风口侧的最小间距为 900mm。当冷凝器处于三面是实墙，一面是空花墙时，进风口侧的最小间距为 900mm，非进风口侧的最小间距为 600mm。

两台蒸发式冷凝器之间的间距：如两台都是进风口侧，最小间距为 1800mm；如一台为进风口侧，另一台为非进风口侧，最小间距为 900mm；如两台都不是进风口侧，最小间距为 600mm。如果蒸发式冷凝器采用同轴连接的离心式风机或水盘内设有电加热器时，上述的尺寸应适当加大，以利维修。蒸发式冷凝器的水盘离地面距离不小于 500mm，以便于管道连接、水盘检漏和防止地面脏物被风机吸入。

当选用多台蒸发式冷凝器，而要求的最小间距不能保证时，安装处将形成自己的环境空气，在选择冷凝器时应适当提高计算湿球温度。多台蒸发式冷凝器联用时，要保证各台实际阻力相等，防止某台冷凝器出液不畅。由于制冷剂通过蒸发式冷凝器时阻力损失较大，为了保证氨液顺畅流入贮液器，应把蒸发式冷凝器布置在高于贮液器 1.2~1.5m 处。两台蒸发式冷器的布置如图 6-10 所示。

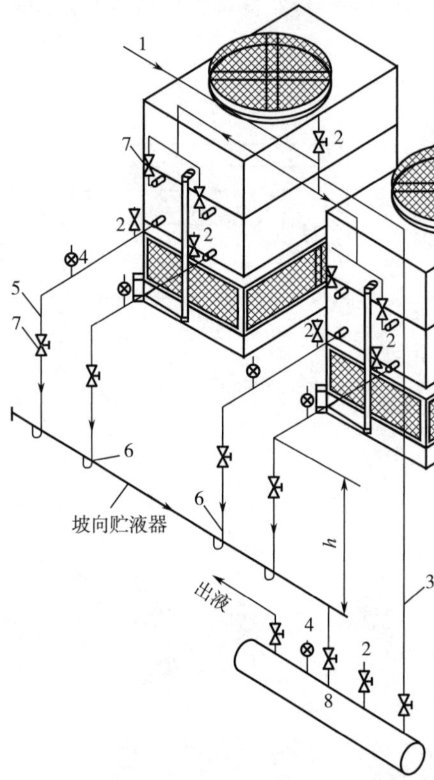

图 6-10　两台蒸发式冷器的布置

1—压缩机排气　2—放空气器　3—均压管　4—安全阀　5—下液管

6—存液弯（U 形液封）　7—检修阀　8—贮液器

蒸发式冷凝器与壳管式冷凝器并联时，由于前者的压力损失远大于后者，为了不影响蒸发式冷凝器的排液，其排液口应高于立式或卧式冷凝器的排液口至少 1.5m，见图 6-11。

2. 高压贮液器

高压贮液器（桶）（简称贮液器/桶）一般布置在设备间，若设置在室外应有遮阳设施，并保持通风。贮液器一般靠近冷凝器、油分离器、高压集油器、总调节站等设备布置，其管道连接以简短为宜，其安装高度应与冷凝器适应。可考虑在高压贮液器上方，布置高位喷淋系统。贮液器布置一般遵循以下原则。

①冷凝器出液口距贮液器进液阀中心应大于 500 mm。布置时也要考虑方便放油操作。

②多台同型号的高压贮液器布置，桶体间距纵向应大于 400mm，横向应大于 800mm；桶与墙之间的操作面间距不少于 500mm，非操作面间距不少于 300mm。每个贮液器上部应设置气体均压管，底部设置液体均压管，并在均压管上设置截止阀。

多台同型号的高压贮液器最好直径相同，若直径不等，则应抬高小直径桶的基础，使各桶

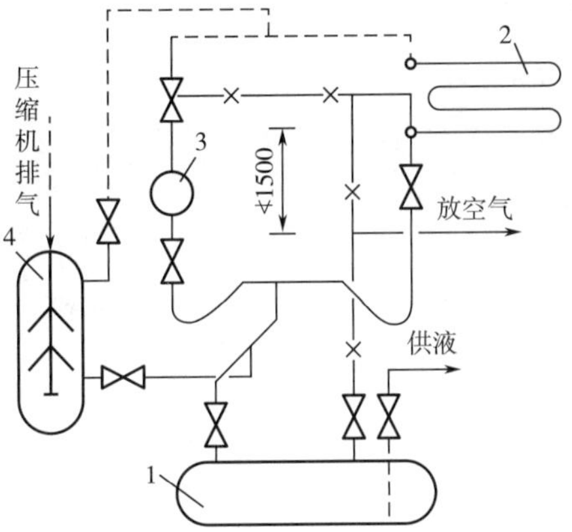

图6-11　蒸发式冷凝器与卧式冷凝器并联

1—贮液器　2—蒸发式冷凝器　3—卧式冷凝器　4—洗涤式油分离器

的顶部标高相同。

③高压贮液器专用液位指示器布置在同一端，方便观察。专用液位指示器应设点状照明，高亮度防爆白色节能灯，建议照明度大于100lx。

④高压贮液器的桶底最低应高出地面300mm，主要目的除满足液体平衡管的连接，放油管接出（放油阀要求离地面100mm以上）外，还应考虑桶底的通风与干燥，并方便观察。

⑤一般高压贮液器布置的地面应设小倾度并坡向下水道，方便清洁。

⑥贮液器上应设置压力表和安全阀，并在显著位置设置液面指示器。

⑦高压贮液器布置不考虑在机房的主通道或主要景观侧，宜布置在背阴角等处。

3. 中间冷却器

中间冷却器是两级制冷机的专属辅助设备，其布置应靠近制冷机、总调节站、高压集油器等设备，进、出气体连接管道以简短顺畅为宜。一般宜靠墙布置，但应注意不要影响窗户的开启和采光。中间冷却器布置遵循以下原则。

①中间冷却器是属中压偏高的设备，但容器内工作温度较低，因此，中间冷却器需要外包隔热保温层。

②中间冷却器安装在符合供应商要求的基础上时，应注意在连接底脚下，设大于50mm厚的经过防腐处理垫木块；其基础应高出地面不小于300mm。

③中间冷却器离墙间距（考虑隔热保温层施工等因素）应不小于300mm。

④中间冷却器应设置液位指示器和控制器。

⑤中间冷却器应设置压力表和安全阀。

4. 油分离器

油分离器（简称油分）是制冷机高压排气至冷凝器之间的一个将混合在制冷剂中的分离大部冷冻油的辅助设备。油分一般布置在室外，遵循以下原则。

①油分离器属高压设备，其设置工作目的和构造导致了油分离器必须有一个可靠的基础并固定。基础高度应不小于500mm；基础平面尺寸应大于油分离器的直径。

②油分离器的周边应考虑通风、背阳布置。

③油分离器上空是制冷系统高压管道布置的主要空间，其辅助管道也在左右；因此油分离

器的上空高度应留有不小于6m的技术空间。

④考虑到夏季油分离器有效工作，可设置水喷淋装置。

⑤油分离器的周边可设置活动围栏（或其他技术措施），防止操作工等人员无意识靠近灼伤。

⑥油分离器的标高要求与其形式有关。洗涤式油分（氨用）需要从冷凝器的下液管引进氨液，冷凝器出液管与油分离器进液管的相对高度差约为250~300mm，如图6-12所示。其他类型油分的标高无具体要求。

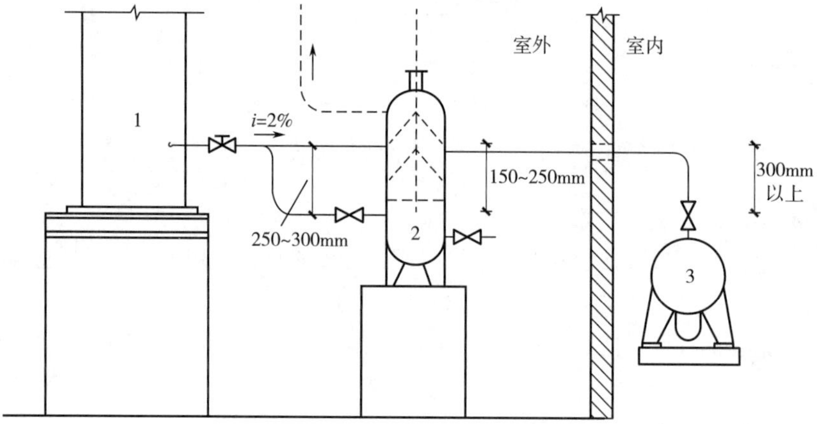

图6-12 冷凝器、洗涤式油分离器、贮液器的标高示意图

1—立式冷凝器 2—洗涤式油分离器 3—高压贮液器

5. 集油器

集油器可设在室内，也可设在室外，靠近油多、放油频繁的设备，即就近油分离器布置。高、低压系统合用一台集油器时，应靠近低压设备设置。集油器的基础标高在300~400mm，以便于放油操作。设在室内时，可将放油管引至室外；集油器四周应设排水明沟。

6. 系统放油

制冷系统的放油方法，管路连接是根据每个不同的设计思路来确定的。放油的目的是制冷系统更好地（有效率地）运行。

制冷系统放油的原则是分别根据高压、低压设备内积聚的冷冻油所处不同的状态，采用针对的技术措施将冷冻油引导出来；并集中处理待用或（经处理过的冷冻油使用条件符合制冷系统要求的）直接导入制冷机曲轴箱内。

这里介绍上海市某水产冷冻厂氨制冷机房配置制冷系统放油设备点整体连接、冷冻油简易处理设备与制冷机供油管路连接，如图6-13所示。氨制冷系统设备有油分离器、高压贮液桶、中间冷却器、低压循环桶，共5个放油点，经集油器分别将各设备内定时引出后，到油箱待处理。

当油箱内冷冻油经过一段时间的自然沉积和“走氨气”并有一定液位后，通过冷冻油再生机组内的油泵，吸入冷冻油并进行冷冻油的再生处理，目的是将从系统放出冷冻油内含有的杂质、水分、氨气等不利系统运行的杂项进行集中处理，产生符合制冷系统要求的冷冻油，再送入密封油箱待用。

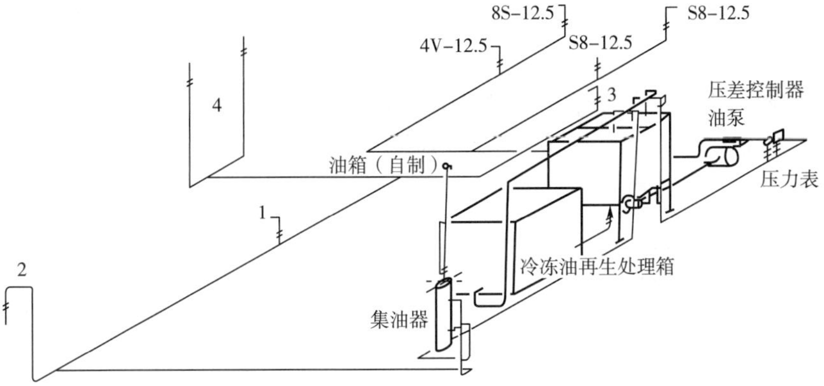

图 6-13　上海市某水产冷冻厂氨制冷机房油系统轴测截选

1—油分离器　2—高压贮液器　3—中间冷却器　4—低压循环桶

当系统内各制冷机曲轴箱内油位下降或需要加入冷冻油时，就可以启动专用油泵，经油过滤器，并在油压力表、压差控制器等仪表仪器等技术参数的指导下，进行对各制冷机的分别加油工作。

制冷系统的放油方法，管路连接在每个系统中都有不同的设计，一般系统可分高、低压集油器来分别收集各设备内待处理的冷冻油；氨、卤代烃系统的放油方法有本质不同。

7. 排液桶

排液桶一般布置在设备间靠近库房的一侧。如果设备间分为两层，排液桶则设在底层。

排液桶的进液口不得靠近桶上降压用的抽气管，以免液体进入降压管易造成压缩机的湿行程。排液桶要包隔热层，并设加压管。若排液桶兼作机房氨液分离器的低压贮液器时，其标高应满足氨液分离器分离液体能顺畅流入排液桶的需求。

8. 氨液分离器

机房氨液分离器布置在设备间内，其高度应使分离下来的氨液能自流到下方的低压贮液器或排液桶。氨液分离器与低压贮液器之间应设气体均压管，以便于分离下来的氨液下流。应由进、出气管决定其安置朝向。

库房氨液分离器应设在靠近蒸发器的地方。对于单层冷库，一般设在设备间阁楼上；对于多层冷库，则是分层设置，将本层库房的氨液分离器设在上面一层，顶层库房的氨液分离器设在加建的阁楼上。库房氨液分离器标高由供液高差确定，库房氨液分离器正常液面与蒸发器最高蒸发管的高差为 1.5m 左右。氨液分离器的作用半径以不大于 30m 为宜。

9. 低压循环桶和氨泵

低压循环桶是氨泵供液系统专用设备，应按不同蒸发温度分别设置，多设在设备间。其安装高度要适应氨泵正常运转的要求，低压循环桶的最低液位与氨系中心轴线之间的高差应满足氨泵防止气蚀所要求的高度。低压循环桶多利用金属或钢筋混凝土操作平台固定，平台上面可布置分调节站，下面则可布置氨泵、排液桶、集油器等设备。

氨泵一般布置在低压循环桶的下面近处，基础稍高于地坪。安装场所要求风、明亮，有足够的操作管理和维护保养的空间。多台氨泵布置时，两泵应留有约 0.5m 的间距，以便操作和检修。氨泵四周应有排水明沟，以便氮泵在停止运行后泵体霜层的融化水排出。

确定低压循环桶布置朝向时需要考虑综合以下因素，确定其朝向。

①进气管、出气管因素：因为低压循环桶的进出气管管径很大，需尽量满足进出气管的连接顺畅。

②氨泵因素：氨泵布置位置与低压循环桶出液管口位置有关联。

③液面计因素：液面计应位于便于观察的地方。

低压循环桶、氨泵固定点均应有防“冷桥”的措施。

10. 空气分离器

空气分离器应近冷凝器和贮液器布置。卧式空气分离器通常设于设备间的墙上，安装高度距地坪 1.2m 左右，进液端稍高。立式空气分离器必须包隔热层，可固定于墙上或支承在贮液器上。

11. 调节站

设置各种调节站是考虑到大中型制冷系统内制冷剂走向与分配，也是冷库工程工业化的表现形式之一。各类调节站在每个制冷系统中，存在不同的蒸发温度系统和使用冷库小间（或蒸发器）数量差异，每个调节站（非标）设计是各异的。

（1）总调节站　总调节站的作用是将高压贮液桶内的制冷剂液体分配给各不同蒸发温度系统；除此之外还肩负其他功能。

传统总调节站设计是手动的，总调节站设置常常在制冷机间或方便操作的设备间；而现代设计往往考虑计算机全自动操作制冷系统，总调节站设计也必须考虑自动化程度更高的方面，与传统总调节站设计是多有不同。

①总调节站的正面操作（维修）空间必须保证。

②总调节站必须在主操作通道附近。

③应设点状照明，高亮度防爆白色节能灯。

④总调节站上方应考虑有针对性的应急喷淋装置。

⑤总调节站的每根管路都明确标明连接方向或制冷剂将去（来）的设备名称。

⑥总调节站设计、安装、操作、维修等都需考虑其是压力装置（或容器），在空间满足各方面的要求下，应尽量节省尺寸。

⑦总调节站内的制冷剂与高压贮液器状态相同，总调节站色标与高压贮液器一致：明黄色。

⑧自动总调节站应注意自动仪表、仪器本身的各方面要求。例如，电磁阀的水平安装，电磁阀上电磁铁（易损件）更换空间，与电磁阀配套使用的过滤器其滤芯清洗（或更换）空间等。

（2）分调节站　分调节站包括液体分调节站和气体分调节站，其布置与供液方式有关。

①重力供液分调节站的布置：单层冷库氨液分离器多布置在设备间高处或阁楼上，分调节站布置在设备间氨液分离器下面或近旁。多层冷库氨液分离器呈分散布置时，此时分调节站也随氨液分离器分散布置在各个楼层。

②液泵供液分调节站的布置：液泵供液分调节站多集中布置在设备间近墙处与库房连接方便的地方。可布置于低压循环桶操作平台上面，也可布置在操作平台下面。布置时尽量避免回气管出现液囊，或尽量减小液囊的高差。对于库房冷间间数较多的多层冷库，也可将分调节站分散布置在各层穿堂内，以减少库房与机房之间连接管道的用量。

某液泵供液集中布置的分调节站设计实例如图 6-14 所示。

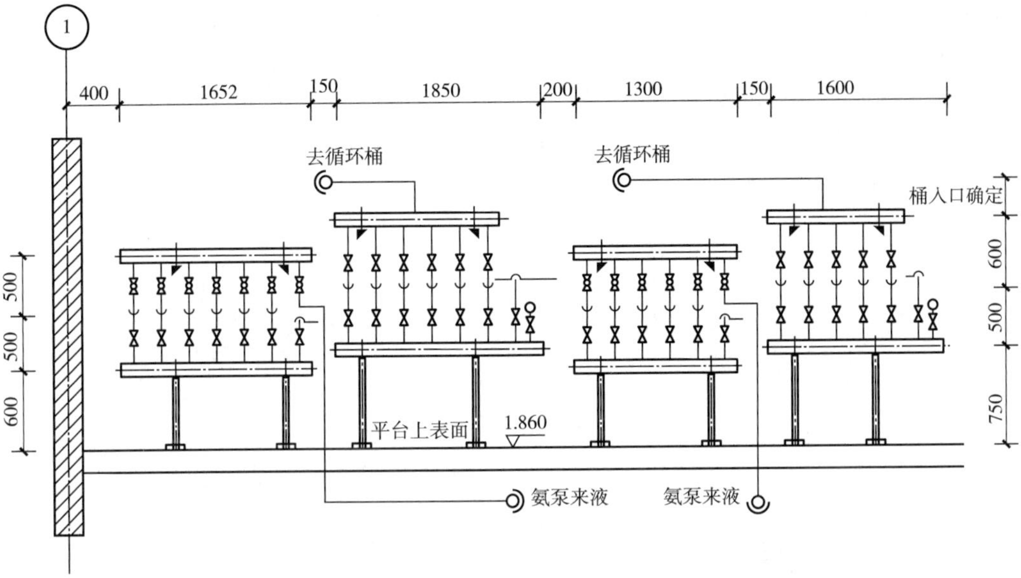

图 6-14 集中布置的分调节站

(3) 手动液体调节站 手动液体调节站一般在制冷系统中经常出现：有强制供液向各不同温度系统分液；有楼层分调节站等。

手动液体调节站设计、布置要根据每个制冷系统内分温度（蒸发）系统、每组蒸发通路的数量，以及调节站本身功能设置等具体细节而确定。

①手动液体调节站的正面操作、维修空间必须保证。

②手动液体调节站的操作频繁，调节站内所有阀门质量一定符合国家规范、标准制定的要求；并在有条件的前提下，每年进行大修级的检查；每隔 5 年进行停产检修，并更换备品备件等工作。调节站用压力表每年必须在相关机构进行验表、校表工作。

③手动液体调节站属于低压调节站，与总调节站不同的地方是有全套的保温层；而频繁的操作，要求阀杆与阀轮连接、外露阀杆与阀体之间不能保温。

④调节站的系统整体进、出应有一个常开的阀门，作为维修阀设置，方便停产或局部维修使用。

⑤其他要求请参照总调节站内容。

12. 加氨（氟）站

对制冷系统而言，向系统内加氨有各种途径，实际设计一般有在高压、低压加氨之分。根据加氨的原理和各种实际的操作工艺，在设计加氨站时需要考虑的方面很多，举例如下。

①加氨站一般设置在制冷机间、设备间无太阳直射的室外一侧，且靠近制冷系统的加入点。

②加氨站应布置在室外与道路连接方便的墙上（机器间、设备间），以便运氨车靠近。加氨站高度在 1.2m 左右，以便操作。加氨站上加氨阀的流向宜反装，平时可将加氨阀手轮拆掉，以免误操作发生事故。

③加氨站设有周边一般无人员、移动设备的大空间（如有遮阳设施，高度考虑 6m 以上）；同时可有大型加氨车辆操作的次通道。

④加氨站必须有各种警令标志（如危险标志、禁止无关人员靠近等）；地面应划出禁止入内的区域。

⑤加氨站的色标建议考虑使用消防红。

⑥加氨站上方可考虑有针对性的应急喷淋装置。

加氨站制作见图 6-15。

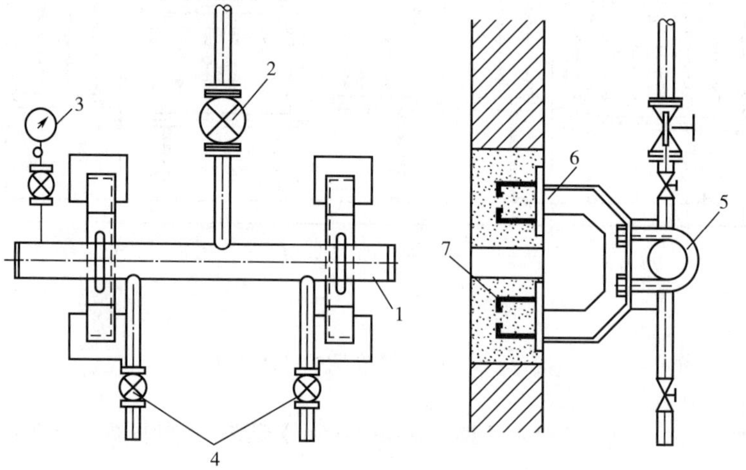

图 6-15　加氨调节站

1—集管　2—进液总管阀门　3—压力表　4—进液支管阀门　5—管卡　6—支架　7—预埋件

思考题

1. 机房设计在土建、给排水、采暖通风、电气、照明和安全方面有哪些具体的要求？

2. 机房内机器与设备应依照什么原则进行布置？试列举制冷压缩机、蒸发式冷凝器、油分离器等布置的注意事项。

CHAPTER 7

第七章 冷间设备布置及气流组织

学习目标

1. 掌握冷却间和冻结间的设计；
2. 掌握冷却物冷藏间、冻结物冷藏间的设计；
3. 了解冷库流场的数值模拟及优化的方法。

冷间是制冷装置服务食品冷加工的场所，按食品冷加工生产工艺流程的需求，冷库中冷间按用途可分为：冷却间、冻结间、冷却物冷藏间（高温库）、冻结物冷藏间（低温库）、制冰间（见第八章）、贮冰间（冰库，见第八章）和低温包装间。这些冷间的设计是整个冷库设计的重要组成部分，它们质量的好坏关系到产品的冷加工质量、产品干耗和能耗，从而直接关系到冷库经营的经济效益。因此，冷间设计合理与否，也是整个制冷装置设计质量好坏的重要标志之一。设计内容主要包括冷却设备的选型、布置及冷间内的气流组织。以下按不同冷间分别进行阐述。

第一节　冷却间和冻结间

一、冷却间

冷却间是将常温农产品或食品迅速降温至接近冰点但不冻结的冷间。一般按照不同食品冷却的要求，分为肉类、果蔬和蛋品冷却间，水产品的冷却一般在渔船上按照层冰层鱼的方式冷却，或直接用冷盐水进行冻结。

（一）肉类冷却间

1. 肉类冷却间设计参数

猪、牛、羊等牲畜被屠宰后的胴体温度一般为35~37℃，在这样的温度下微生物极易繁殖，再加上肉品自身酶的作用，肉品会迅速腐败变质。为了抑制微生物的活动，降低酶的活性，以保持新鲜肉的质量，按冷冻工艺要求，肉温应尽快降至 2~4℃。肉的冻结点一般为-1.2~-0.6℃，冷却间室内设计温度为-2~0℃。进货前可先将室温降至-3~-2℃，以便加速冷却过程。同时，为了降低肉品的干耗并保证肉品与空气间的传热效率，一般库内相对湿度为90%、空气流速为1~2m/s，空气循环次数为50~60 次/h。冷却时间随肉胴体的大小、厚薄而有所不同，一般为20~24h，冷却后的重量损失为1.1%~1.5%。

目前，有的国家对肉类采用低温快速冷却法，将冷却过程分为两段进行，前后两段所用的风速和风温不同，第一阶段风温为-15~-10℃，风速为1.5~3m/s，冷却时间为2~4h，胴体表面温度降至-2~0℃，在表面形成一层冰壳，可大大降低冷却过程的干耗；第二段风温为-2~0℃，风速为0.1m/s，冷却时间为10~16h。两段冷却的优点是，冷却时间短（缩短5~8h），微生物及生化反应控制得好，肉品具有较好的肉色和嫩度，干耗小，但单位耗冷量较大。

2. 肉类冷却间的设计

肉类冷却间的尺寸一般长12~18m、宽6m、高4.5~5m。室内设置65mm×12mm扁钢制作的吊轨，轨道不宜超过5条，有关尺寸要求见表7-1。手动传送每米吊轨的平均荷载为230kg，即每米吊轨可挂猪3.5~4头，羊10~15头，牛3~4片半白条。水盘架空在地坪上，不可直接放置在地面上，利于排水和检修。

肉类冷却间采用落地式冷风机，为干式翅片管离心式冷风机，采用无风道短风管、大口径圆形喷口集中送风，利用空气射流强制空气循环。目前，国内主要采用纵向配风的送风方式。冷风机设在库房的一端，四周距墙、柱≥400mm，风在长方向循环，射程不宜大于20m。

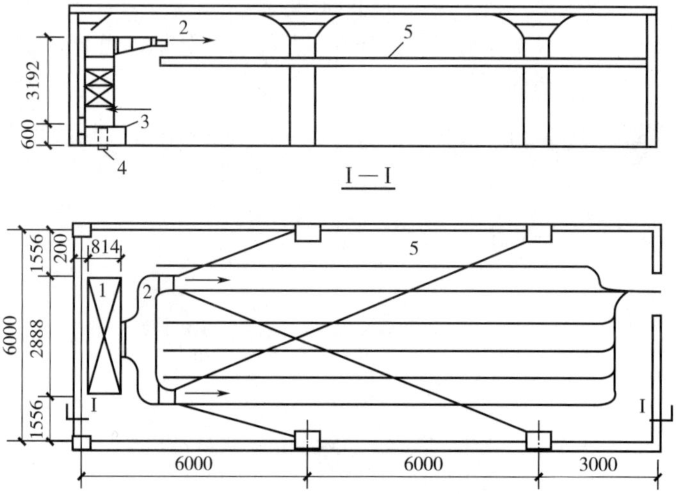

图7-1 纵向吹风冷却间布置平面图和剖面图

1—冷风机 2—喷风口 3—水盘 4—排水管 5—吊轨

表7-1 冷却间、冻结间吊轨尺寸 单位：mm

吊柜相关尺寸	猪半白条	牛半白条	羊胴体	鱼虾
轨面高度	2300~2500	2800、3400 （60kg以上）	≥2200	2100~2300

续表

吊柜相关尺寸		猪半白条	牛半白条	羊胴体	鱼虾
间距	人力推运	750~850	800~900	≥800	1000~1100
	机械推运	900~1000	950~1100	900~1000	
距墙面或柱边		400~500	400~500	400~500	
距冷风机突出部分		400~500	≥400	400~500	≥1000

冷风机的喷风口分为单喷口和多喷口，当有两个或两个以上喷风口时，应设风量调节装置。喷口一般为圆形。

喷风口设计时可参照以下经验数据：喷口直径为200~300mm，渐缩角≤30°；喷口长径比（L/D）取决于冷间的长度，冷间长度≤12m时，长径比$L/D=3:2$；长12~15m时，$L/D=4:3$；长15~20m时，$L/D=1:1$。喷口处气流速度采用20~25m/s，喷嘴射程为风口直径的60~100倍，射程以不超过20m为宜，喷口阻力系数0.93~0.97。上述送风方式的射流在喷射过程中速度递减很快，但因简单易行而被广泛采用。

（二）果蔬冷却间

采摘的果蔬如能立即冷却，尽快移走其田间热，就可以降低果蔬的呼吸作用、减缓失水率、有效地抑制微生物生长，对果蔬采后的保鲜与贮运十分有益。

在果蔬运输途中，目前除个别冷藏车、船外，大部分还是一般的车、船，果蔬温度会持续升高，再加上运输途中的振动、冲击、产生机械损伤，都会使果蔬的呼吸强度增加，形成恶性循环，影响果蔬的品质。因此，果蔬的运输前冷却对保持果蔬的新鲜品质、延长货架期十分有用。果蔬的冷却最好在专用的冷却间进行。

1. 果蔬冷却间设计参数

果蔬冷却间的温度视果蔬的品种、产地、生长情况而定，应根据果蔬的具体情况确定。一般设计温度为0℃，相对湿度85%~90%。空气流速一般为0.5~1.5m/s。冷却终温为4℃，叶菜类冷却时间约为5h，果实类冷却时间约为10h，瓜类冷却时间16~24h。

在冷却时一般采用交叉堆码方法，以保证冷空气流畅、加速果蔬的冷却。有些果蔬（如竹笋、玉米穗、毛豆）需要拆包后倒在席子上摊开冷却，待冷却后再进行包装。对于直接入库冷藏的果蔬，可采取逐步降温的方法使果蔬由常温逐渐冷却冷藏，且需要根据冷库制冷量的配置情况控制进库量。

2. 果蔬冷却间的设计

果蔬常见的冷却方法有碎冰冷却、冰水冷却、空气冷却和真空冷却等方法。

（1）碎冰冷却　是将压碎的冰块撒在果蔬上，装在耐水的容器中的冷却方法。它适用于能忍受冰水直接接触且运输途中也耐水的果蔬，例如青葱、部分花菜类、根菜类、茎菜类。

（2）冰水冷却　将果蔬浸在冰水中或以冰水喷洒、冲淋至果蔬表面达到降温效果的冷却方法。它适用于番茄、马铃薯等果菜类、根菜类和水果等真空冷却无效的产品。

（3）空气冷却

①室内风冷：果蔬置于冷库中，以库内冷空气将田间热置换出来。若是带包装箱的果蔬，包装箱需要开孔，且堆垛时，需要注意孔的方向与冷风流动方向一致、无阻挡。若改善室内空气流动的速率，可缩短冷却时间，风速每提高1~1.5m/s，冷却时间大约缩短5%~10%，但需

要注意其干耗会增加0.1%~0.2%。室内风冷适用于所有果蔬。

②差压风冷：将食品放在吸、排风口两侧，铺上盖布，使高、低压端形成2~4kPa的压差，利用这个压差让低温空气以0.3~0.5 m/s的速度通过包装箱上的开设的通风孔，对果蔬进行快速冷却，可以实现冷却均匀、减少冷却时间，降低干耗。图7-2为差压式冷却装置。但该设备初次投资大，运行费用高，冷却品种有限，一般只适用于白菜、甘蓝、菠菜、韭菜、菜花、生菜等叶菜类食品。

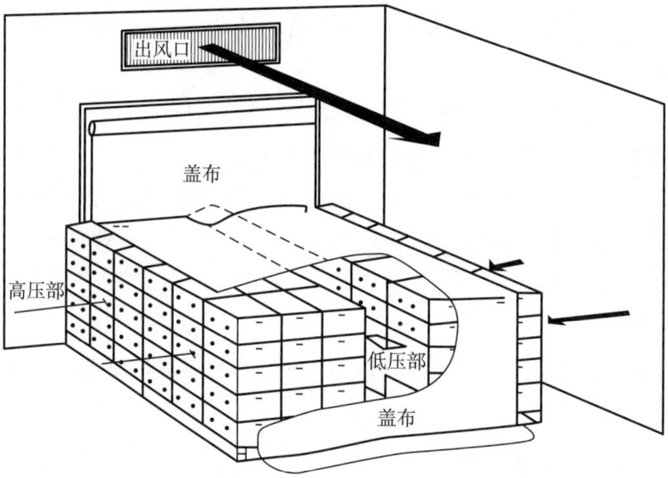

图7-2 差压式冷却装置

(4) 真空冷却　真空冷却又名减压冷却。它的原理是根据水在不同压力下有不同的沸点。如在正常的101.3kPa压力下，水在100℃沸腾，当压力为0.66kPa时，水在1℃就沸腾。在沸腾过程中，要吸收气化潜热，这个相变热正好用于果蔬的冷却。为了利用这个原理组装设备，必须设置冷却食品的真空槽和可以抽掉真空槽内空气的装置。

真空冷却主要用于青菜、生菜、芹菜等叶菜类的冷却。收获后的蔬菜经挑选、整理，装入打孔的塑料箱内，然后推入真空槽，关闭槽门，开动真空泵和制冷机。当真空槽内压力下降至0.66kPa时，水在1℃下沸腾，需吸收约2496kJ/kg的热量，这么大量的气化热，使蔬菜本身的温度迅速下降到1℃。因冷却速度快，水分气化量仅2%~4%，不会影响到蔬菜新鲜饱满的外观。真空冷却是蔬菜的各种冷却方式中冷却速度最快的一种。冷却时间虽然因蔬菜的种类不同稍有差异，但一般用真空冷却设备需20~30min；差压风冷装置约需4~6h；通风冷却装置约需12h；冷藏库冷却约需15~24h。

真空冷却设备具有冷却速度快、冷却均匀、品质高、保鲜期长、损耗小、干净卫生、操作方便等优点，但设备初次投资大，运行费用高，以及冷却品种有限，一般只适用于叶菜类，例如白菜、菠菜、韭菜、菜花、米苋、春菊、生菜等。

(5) 冷藏间冷却　将需冷却食品放在冷却物冷藏间内冷却的冷却方法。这种冷却以冷藏为目的，库内制冷能力小、冷却速度慢，但操作简单、冷却与冷藏同时进行。此法对鲜蛋、苹果、梨等产品适用，对易腐和成分变化快的果蔬不适用。

(三) 鲜蛋冷却间

鲜蛋入库前要经过冷却。若把温度较高的鲜蛋直接送入冷藏间，会使库温上升，导致水蒸气在蛋壳上凝成水珠，给霉菌生长创造了条件；另一方面，蛋的内容物是半流动的液体，若遇骤冷，内容物很快收缩，易使外界微生物随空气一同进入蛋内。

鲜蛋的散热较慢，一般采用缓慢冷却。鲜蛋冷却间的设计温度一般为0℃，相对湿度为75%～85%，货物间空气流速为0.5～1.5m/s，冷却终温为4℃，冷却时间为24h。

鲜蛋的冷却的方法有两种：一种是在冷库的穿堂、过道进行冷却，每隔1～2h降温1℃，待蛋温降到4℃时放入冷藏间；另一种是在冷藏间附近设冷却间，冷却间温度为0℃，冷却20～40h，蛋温降至4℃时转入冷藏间。

（四）鱼类的冷却

1. 碎冰冷却法

碎冰冷却法是目前应用最广泛的冷却方法。从保鲜角度来看，冷却用的冰最好是机制冰，冰块大小要均匀，以便增大鱼体与冰块的接触表面积、加快冷却速度，同时也可避免鱼体变形和机械损伤。

用海水冰冷却鱼类比用淡水冰好，因海水冰的融点比淡水冰低，并有较强的抑制酶活性的作用。用海水冰保藏的鱼类可不失去天然的色泽和硬度，还能保持鱼的颜色和透明度。海水冰可在渔船出海过程中在船上自行生产，有片状、柱状、雪花状等多种。目前最佳的冰是流化冰，具有对鱼体无损伤、冷却效果好的优点。

用冰冷却的鱼不能长期保藏，一般为8～10d，最多不超过13～14d。

2. 液体介质冷却法

在渔船上常采用冷海水冷却鱼类，其优点是：适用于吸鱼泵等机械化装卸，减轻了繁重的冰鱼操作，省时省力；冷却迅速，鱼在海水中不会被压坏；设备比较简单，投资不多，安装使用方便。

冷却一般用盐质量浓度30g/L（冰点为-2℃）的清洁海水。鱼类被打捞后立即装入加入了-1～0℃冷海水的专用舱内，鱼遇冷迅速死亡，当专用舱内装满鱼后，即密闭舱门，开动制冷装置，在5～6h内将舱内海水温度降到-1～0℃。在整个航次中，每天分几次间歇降温，保持恒温冷却，这样可减少破肚鱼。用此法冷却鱼类，保鲜期限为10～12d。

二、冻结间

为了长期贮存或长途运输易腐食品，就应将易腐食品进行冻结。冻结间是对食品进行冻结加工的冷间。冻结间应该具有的功能是：使食品迅速降温至冰点以下，将食品所含水分部分或全部转换成冰。

为满足功能要求，冻结间的设定温度要足够低，并配有合适的风速使空气循环流动，以加快冻结速度、缩短冻结时间。冻结间内的温度场、速度场应尽可能均匀，使不同货位的食品在相近的时间内完成冻结过程，以提高冻品质量。根据食品冻结工艺的要求，并考虑到经济合理，冻结间设计温度为-30～-23℃，相应的制冷剂蒸发温度为-40～-33℃。国际上对冻结间工艺的要求向低温快速方向发展，冻结间空气温度采用-40～-35℃，空气的速度采用2～4m/s，有的甚至采用更大的气流速度。但流速过大，会加大冻品的干耗和系统电耗。

冻结间设计应符合下列要求：

①应能生产高品质的食品，在食品整个表面上温度分布力求均匀，而且冻结过程应以高速度来实现。

②冻结间装置应力求简单，使用方便，便于维修，以及最好能用于多品种的生产。

③在有条件的时候，应采用机械传送和操作自动化，减轻劳动强度和改善劳动条件。

冻结间或冻结装置有很多种不同的形式。按食品与制冷剂或载冷剂接触与否分为直接冻结和间接冻结。直接冻结装置是用氯化钠盐水、乙二醇、丙三醇等不冻液和液氮、卤代烃等液化气体作为冻结食品的介质的冻结装置，又可分为沉浸式和喷淋式两种冻结装置。按食品与冻结设备接触与否分为接触式冻结（如平板冻结装置）、半接触式冻结（如搁架式排管）、非接触式冻结（如强烈吹风吊轨式冻结）。近年来，更涌现出很多快速食品冻结装置，如隧道式、螺旋式、流态床式等。这些冻结装置冻结温度低，速度快，质量好；可以连续生产；工人在常温下操作，减低劳动强度。间接冻结装置即为食品与制冷剂或载冷剂不直接接触，例如强烈吹风型吊轨冻结间和半接触型搁架排管冻结间。

冻结装置一般根据冻品形态、产能、冻结成本等因素选择并整体购买、安装，因而本章节只讨论冻结间的设计。

（一）冻结间的形式

1. 强制空气循环冻结间

在冻结间的一端或一侧安装冷风机，也有在顶部安装冷风机，使用广泛。

2. 半接触式冻结间

在冻结间内安装搁架式排管和顶排管，肉类装在铁盘内，直接放在搁架式排管上冻结。此种方法由于搬运劳动强度大，一般在冻结能力小于4t/d 的冻结间内使用。

（二）冻结间的设计

下面根据冻结间所设冷却设备的形式，分别介绍强制空气循环冻结间、搁架排管冻结间。

1. 强制空气循环冻结间

强制空气循环冻结间具有冻结速度快、冻结时间短等优点。适用于肉类、家禽及分割肉、水产品、速冻蔬菜，也适用于调理食品如饺子、包子、春卷、油炸食品的冻结加工。

按照气流方向、吹风部位和冷风机形式可分为纵向吹风冻结间、横向吹风冻结间、吊顶式冷风机冻结间，以及水产冷库冻结间等。强制空气循环冻结间的风量根据经验数据确定，一般每平方米冷风机冷却面积约配 100~120m^3 风量。吊顶式风机无论是横向还是纵向布置，空气出口处应设置导风板。冷风机一般采用温度为 15~20℃ 的水进行融霜，水量按照每平方米翅片管面积 35~40kg/h 计算。上水管的管阀应设置在正温区，上水管管内的水在停止使用时要排净。

（1）纵向吹风冻结间　在冻结间一端装置冷风机，吊轨上面铺设吊顶，吊顶与平顶间形成风道供空气流通。吊顶有两种不同的开孔形式：一种是在端头留孔，空气沿吊顶吹到房间的另一端，如图 7-3（1）所示，这种形式空气流通距离长，前后食品冻结时间不均匀，所以房间长度不能太长，一般为 12~15m，多设于冻结量较小的分配性冷库内；另一种是在吊顶上沿吊轨方向开长孔，如图 7-3（2）所示，这种形式被冻食品都能吹到冷风，出风孔的宽度一般为 30~50mm，靠近冷风机的孔要大一些，为 60~70mm。

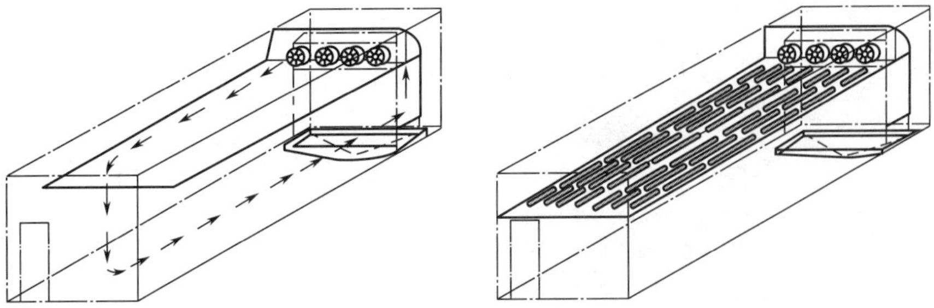

（1） （2）

图 7-3 纵向吹风冻结间

（1）端头出风 （2）沿吊轨方向出风

吊顶和平顶之间的高度不小于 800mm，以便维修鼓风机和电动机，吊顶上应留 1m×1m 的人孔。这种冻结间的房间高度一般为 6m，长度为 12~18m，冷风机距墙面或柱边不小于 400mm，库房面积与冷却面积之比约为 1∶10，冻结能力为 15~20t/d，室温为-23℃，冻结时间为 20h。

这种冻结间的优点是能沿吊挂冻品的方向吹风，气流阻力小，冷风机台数少，耗电少，系统简单，投资少。缺点是空气流通距离长，风速和温度不均匀，不宜用于冻结盘装食品。

（2）横向吹风冻结间 在冻结间一侧装置冷风机，使冷风在冻结间横断面内循环吹送，这种冻结间大多用于冻结量较大的生产性冷库。冷风直接吹到吊挂白条肉的后腿，低温空气先接触最难冻的部位，均匀下吹，肉品间平均风速为 1.5~2m/s，气流方向与胴体长度方向平行，阻力小；冷空气与冻品有最大的热交换面积，换热充分。所需风量一般每平方米冷风机冷却面积约配 100~120m^2/h。

这种冻结间房间宽度为 5~7m，长度不受限制，长度越长，冷风机台数越多。冷风机距墙面或柱边约 400mm，两台冷风机之间应考虑留有安装供液管和回气管余地。吊轨的布置可以参照冷却间（表 7-1），一般设 5~6 条吊轨。当冻结量较大时，应尽量采用机械传送式吊轨，并设置卸肉和回钩装置。室温为-30~-23℃，冻结时间为 10~20h。房间宽度 3m 适合冻鱼及家禽，房间宽度 6~7m 适合冻猪、羊、牛白条肉。

横向吹风冻结间冷风机的布置如图 7-4 所示。

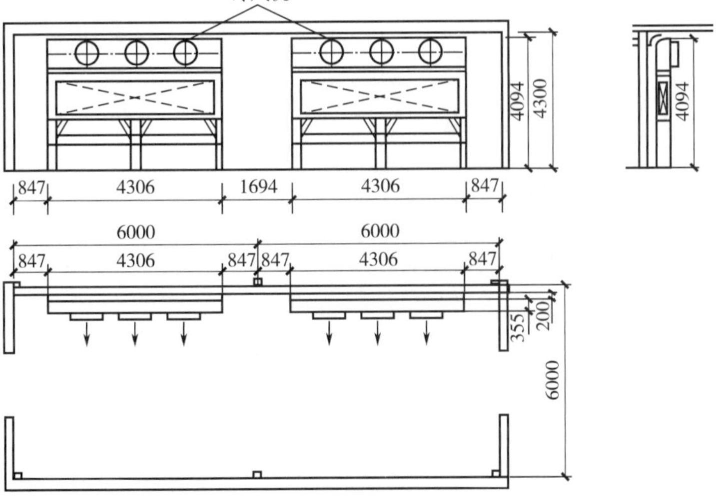

图 7-4 横向吹风冻结间冷风机的布置

气流组织形式：冻结间吊轨上面铺设吊顶，吊顶上沿吊轨方向开有长缝或长孔，见图 7-5。冷风可由条缝往下吹，对准白条肉后腿，布风比较均匀。

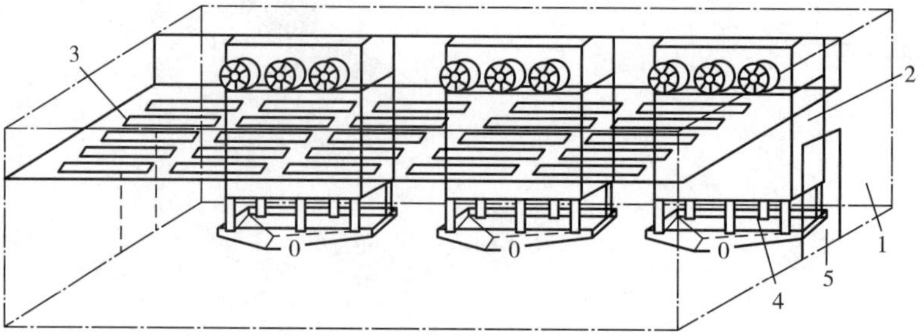

图 7-5　横向吹风冻结间出风形式示意图

1—冻结间　2—冷风机　3—挡风板　4—水盘　5—门

这种冻结间的优点是空气流通距离短，均匀，冻结速度快。缺点是风速低，且冻结间内易形成一些死区，为了提高风速需设多台冷风机，库房利用率低且一次投资也大。

（3）不设吊顶的横向吹风冻结间　为了节省建材和施工安装费用、降低造价，横向吹风冻结间可不做吊顶，冻结间的宽度一般采用 6m，冷风机沿冻结间的长度方向布置，设 5 条吊轨，如图 7-6 所示。布置吊轨时，应从冷风机对面靠墙一侧开始，不留走道，而在风机与最近一根吊轨之间留出 1.2~1.5m 的距离，尽量使吊轨及肉胴体不处于冷空气的回流区内。冷风机吹出的冷风沿冻结间上部吹至对面墙而下，再由下部经过各排肉胴体回至冷风机。

这种冻结间的冻结时间约在 20h 左右。在冻结间内也可设临时货架，以冻结分层搁置的盘装食品。

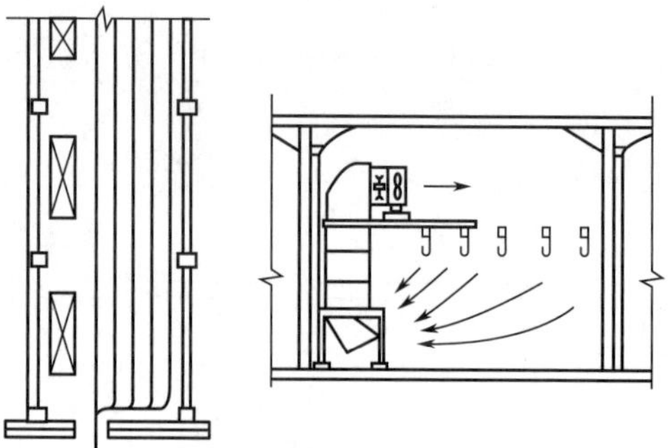

图 7-6　不设吊顶的横向吹风冻结间

（4）吊顶式冷风机冻结间　这种冻结间用吊顶式冷风机作为冷却设备，一般将它吊装在冻结间平顶下，也可以加固在吊轨的钢梁上，可以充分利用建筑空间，不占建筑面积。每吨货物的冷却设备面积增大到 120m²/t，迎风面积增大到 1.80m²/t。这种送风方式使空气流动阻力损失小，风速均匀，消除了“死角”。同时，温度均匀，冻结时间短，耗电减少。

安装时吊顶式冷风机距平顶应有一定的间隙，吸风侧距墙应大于 500mm，出风侧大于 720mm，以改善循环冷风的气流组织。这种冻结间宽度一般为 3m 或 6m，长度不受限制，可以构成隧道式的冻结装置。由于吊顶式冷风机设置在冻结间的顶部，应妥善处理融霜水的排放问题，注意防止融霜水外溢和四溅。吊顶式冷风机冻结间布置示意图如图 7-7 所示。

气流组织形式：吊顶式冷风机根据送风形式可分为压入式和吸入式。对于压入式，空气经过风机穿过蒸发器吹出，冷风经过蒸发器易造成配风不均匀，其局部阻力要比吸入式大 5 倍左右，故出口处的风压损失很大。但是压入式出风均匀，食品所处温度场稳定，冻结均匀。这种冻结间适于冻结水产品、家禽等块状食品，也可用于冻白条肉，冻结时间为 10~20h。

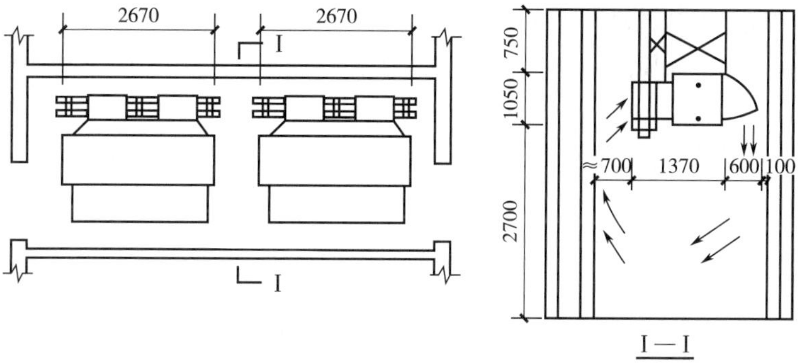

图 7-7　吊顶式冷风机冻结间风机布置示意图

这种冻结间的优点是冷风机不占建筑面积，库温均匀。缺点是使用冷风机的台数较多，维修不如落地式冷风机方便，水冲霜时溅水现象还未能很好解决。

（5）水产冷库的冻结间　水产冷库的冻结间主要是冻鱼、虾和贝类等水产品，一般采用鱼盘和轨道吊笼（鱼车）冻结装置。为了提高采用鱼盘和轨道吊笼的水产品的冻结质量和效率，应力求各冻结部位空气流速均匀。水产冷库的冻结间与前述的冻结白条肉的冻结间的气流要求完全不同，白条肉冻结间中间吹过肉体的气流方向要求垂直于胴体，以实现气流与胴体有最大程度的接触；而对于盘装的冻品来说，冷空气与冻品最大接触面是鱼盘的上、下平面，因此平行于鱼盘作水平流动的气流比较理想。冻结间的冷却设备可采用整体式或组合式冷风机，循环冷风的气流组织多为横向气流。而且，由于吊笼上、下层鱼盘之间间隔小，气流阻力大，因而不能用纵向吹风，而是采用横向吹风，并且冻结间只设 2 组吊笼。

房间内按纵向排列冷风机和吊笼，一间冻结间放置两列吊笼（两排鱼车），吊笼外形尺寸为 880mm×720mm×1780mm，共分 10 格，鱼盘放在鱼笼上冻结。吊笼悬挂在轨道上，采用双扁钢轨道和双滑轮悬挂吊相配合的形式。

冻结间的宽度应满足冷风机、吊笼、导风板的布置和布置间距的要求，又需考虑土建结构及建筑模数的要求；因为横向吹风，冻结间长度方向没有限制，可根据吊轨长度及冷风机的尺寸及安装需要确定。

设计时，为了减少两列吊笼在冻结过程中的不均匀性，可设机械调向装置进行换位，但因初投资大，且在低温高湿的条件下，难以长期、稳定运行，应用的实例不多。

气流组织形式：按风机和吊笼的位置可分为上吹风式和下吹风式两种。设计时，应正确选择风机的风量、风压以及组织好气流，使气流沿各层托盘的上、下两面作水平流动。一般要求水平流速为 1~3m/s。

①上吹风式：图 7-8 是上吹风式冻结间的示意图。在冻结间放置两列吊笼，采用组合式冷风机，把蒸发器的回风口高度提高到与吊笼高度一致。这种冻结间的温度为-30~-23℃或更低

一些，设计冻结时间为 8~10h。

该冻结间的优点是空气的流动是吸入式，利用出风导向板能组织好水平气流，库温均匀，冻结速度较快，流动阻力损失较小。缺点是较其他方式多一层挡板且冻结间空间较高。

②下吹风式：图 7-9 是下吹风式冻结间的示意图。由于下吹风式风机直接向吊笼吹风，布置时要使风机的中心高度与吊笼中心高度相近，使吊笼上下布风均匀。为使风机吹出的气流能有一个扩散过程并减少涡流损失，应使吊笼距风机的距离大些，一般可取 1.2~1.3m，以 1.5m 为佳。为防止融霜水溅到风机上造成风机叶片冻住、电动机进水等事故，可在风机和蒸发器之间设一个进风斜管。下吹风冻结间的温度为-23℃或更低，设计冻结时间为 10~18h。

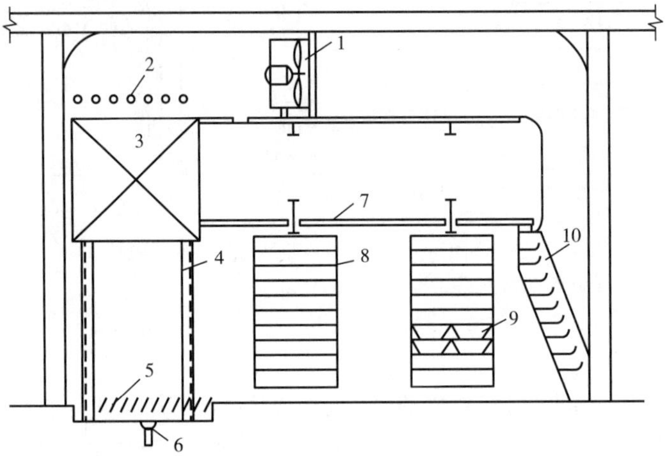

图 7-8 上吹风式冻结间

1—风机 2—冲霜水管 3—蒸发器 4—支架 5—反溅板 6—排水管 7—吊顶 8—吊笼 9—鱼盘 10—导向板

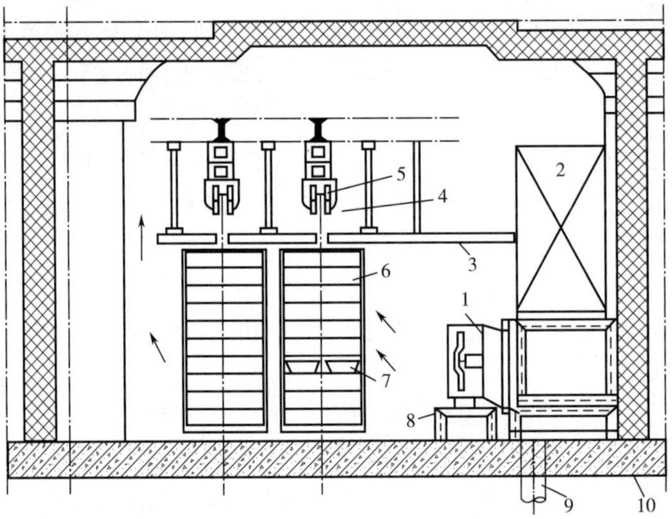

图 7-9 下吹风式冻结间

1—风机 2—蒸发器 3—吊顶 4—100mm×14mm 双扁钢导轨 5—滑轮 6—吊笼 7—鱼盘 8—支架 9—冲霜排水管 10—挡风木条

这种冻结间的优点是可降低空间高度，风机维修方便和少一层挡板。缺点是风机靠前排吊笼较近，在风机与前排吊笼之间会产生涡流损失，前、后排吊笼之间风速明显不均匀。为了进一步改善配风，加大冻结间宽度是可选方案之一。

用鱼车代替吊笼时，不需布置吊轨，两排鱼车在冻结间的布置方式同上。需要注意的是，对于盘中加水的水产品冻结间，不宜采用鱼车式方案。

2. 搁架排管冻结间

搁架排管冻结间以搁架排管作为冷却设备兼货架，它适用于分割肉、禽类、猪副产品、水产品等块状食品的冻结。因需要的制冷剂充注量大，一般用于氨制冷系统。冻品一般是装在盘内直接放在搁架排管上冻结。由于冻品与排管接触，传热效果好。排管采用 ϕ57mm×3. 5mm 或 ϕ38×2. 2mm 的无缝钢管制作，也有用矩形无缝钢管的。冻结效果上差别不大。为了减少排管的磨损，可以在管架上铺 0. 6mm 厚的镀锌钢板。搁架覆板不仅可起到保护管道的作用，同时还起到增加传热面积的作用。排管的立柱采用 C80mm×4mm 的槽钢，横梁用 L50mm×50mm 的角钢制作。立柱间距既要保证排管的扰度要求，又要考虑冻盘或箱子的外形尺寸，一般间距为 1300~1400mm，地坪应埋设 150mm×150mm 或 120mm×120mm 的钢板来固定立柱。

（1）搁架式排管的供液方式　搁架式排管的供液，最简单的是采用一通路供液。对重力供液系统，每通路管长不超过 120m；对氨泵供液系统，每通路管长不超过 300m。当管长超过允许长度时，可采用分层供液，如图 7-10 所示。这种连接方法可以减少底部排管中由于静液柱作用对蒸发温度的影响；同时便于排管的排列、安装制作，满足蒸发面积的需要。为了确保所需冷却面积，除搁架式排管外，还可增设顶排管。

（2）搁架排管的布置　排管管子的水平间距为 100~120mm，每层的层高视冻结食品的高度或容器的高度而定，一般为 220~400mm，最低一层排管离地坪宜不小于 250mm。管架的层数应考虑装卸操作方便，最上层的载货排管高度不宜大于 1800~2000mm。管架的宽度根据冻盘数量和操作方式而定，单面操作时，其宽度常为 800~1000mm，如为两面操作，则以 1200~1500mm 为宜。每平方米搁架的载重量为 60~80kg（以冻盘规格 600mm×400mm×1200mm，装货 20kg 计）这种冻结间的操作走道应能单向通行手推车，其净宽不小于 1000mm。对于冻结量大于 5t/次的冻结间，应考虑手推车空车、重车行走的路线，以提高装卸效率（见图 7-11）。搁架排管冻结间的布置如图 7-12 所示。搁架排管的弯头距离墙面的间距不宜小于 300mm，立柱离墙面的间距为 100mm，在搁架排管的另一头，还应留有 500mm 的空间布置供液、回气管道。

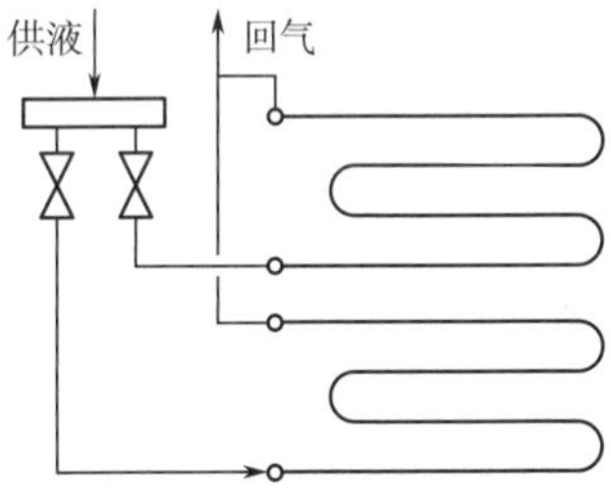

图 7-10　分段供液示意图

图 7-11　搁架排管冻结间平面布置方案

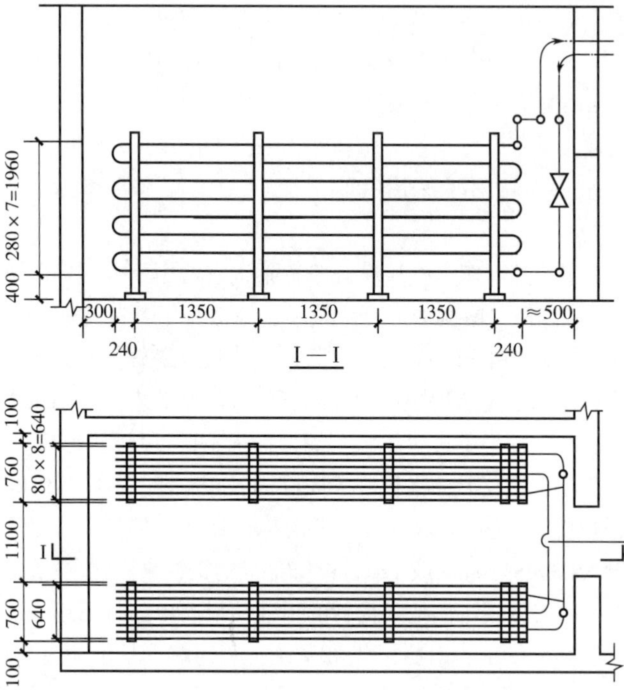

图7-12 搁架排管冻结间的布置

(3) 优缺点 搁架排管冻结间的主要优点是冻结均匀、省电，排管可以现场制作。不足之处有冻结间内空气与冻结食品之间换热不良、冻品的质量较差、冻结速度较慢、进出库劳动强度大、工作条件差。因此，仅适合小型冻结冷库使用。搁架排管的除霜宜采用人工扫霜结合热氨融霜。

3. 吹风式搁架排管冻结间

采用自然对流的搁架式冻结间的热交换差，冻结速度较慢，因此可以在搁架排管冻结间内增设通风机吹风，其风量可按每冷冻1t食品配风10000m/h计算，此时搁架排管的换热效率增大，冻结速度加快。盘装食品冻结间的气流应均匀横吹，盘间平均风速宜为1.0~3.0m/s。搁架式排管冻结间的温度一般为-23~-18℃，冻结时间视冻品的厚度和包装形式决定，一般为36~72h，同样情况下吹风式搁架排管冻结间的冻结时间为20~48h。

吹风式搁架排管根据气流组织形式分为混流式、顺流式和直角式。

(1) 混流式 混流式搁架排管冻结间如图7-13所示，轴流式风机设置在两组搁架排管之间过道的上方，使风向上吹送到静压区后沿挡风板向下吹经侧面导风板，气流垂直均匀流过每层排管，食品处于冷风回流区。该方式较直角式风速小。这种形式的设计安装比较简便，适合于冷间改造。

(2) 顺流式 吹风式搁架排管冻结间搁架排管端头处装一台或两台轴流式风机，中部处水平方向有挡风板将搁架排管隔开，分成上下两路顺流吹风道。通风机与排管用风道连接，搁架排管两侧端部槽钢支架设有导风板数片，搁架顶部用塑料顶罩罩住，如图7-14所示。该方式风速一般为3m/s，传热系数为23.3W/(m^2·K)。因风速大，风阻也大，搁架侧面入货口有风短路回流。这种吹风方式适用于小型搁架式排管冻结间。

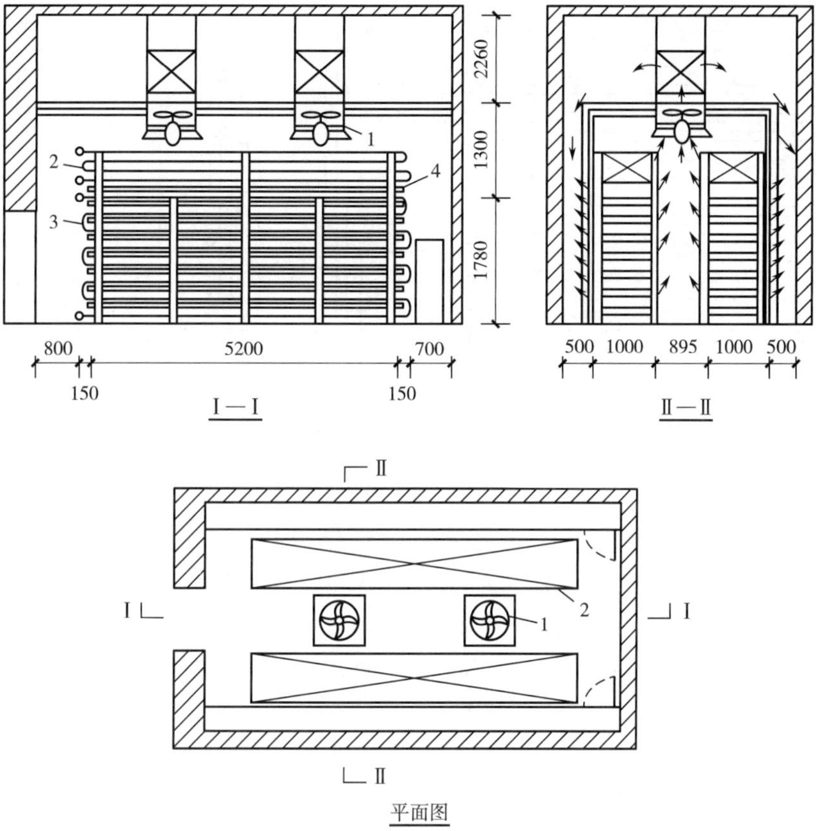

图 7-13　混流式吹风式搁架排管冻结间

1—轴流式风机　2—顶排管　3—搁架式排管　4—出风口

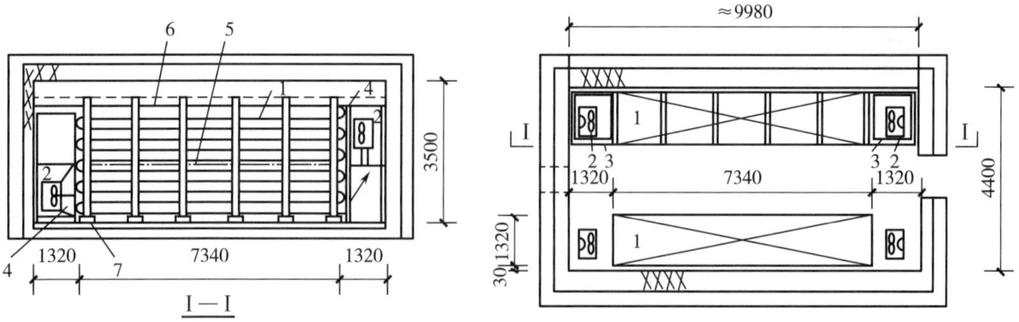

图 7-14　顺流式吹风式搁架排管冻结间

1—搁架排管　2—轴流式风机　3—风机挡风板支架　4—送风口

5—挡风隔板　6—塑料顶罩　7—导风板

（3）直角吹风式　轴流风机设于中间操作走道上方，冷风沿挡风板下吹，侧面导风板上开孔，气流垂直吹过排管，回风沿对面墙回到风机，见图 7-15。机气流组织合理，冷风分布均匀，风速一般为 1.5～2m/s，冻结速度快，冻结时间一致，保证冻品质量。这种吹风方式适用于冻结能力较大的搁架式排管冻结间。

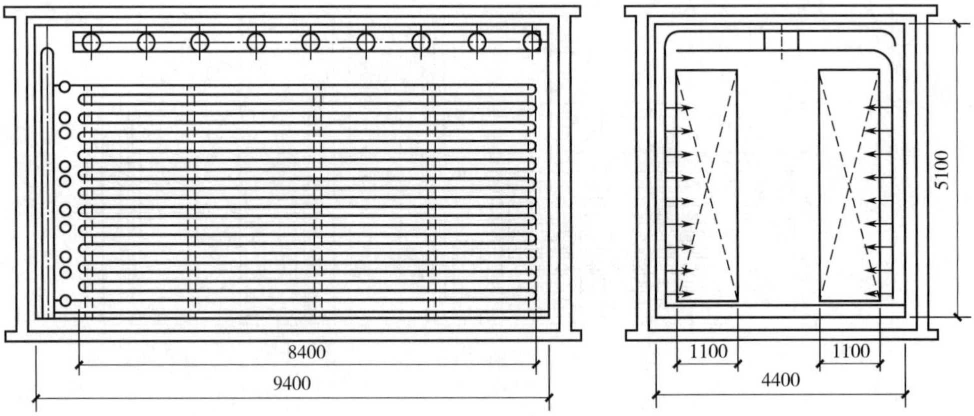

图 7-15　直角式吹风式搁架排管冻结间

吹风式搁架排管冻结间的优点是设备容易制作，结构和操作比较简单，又不必经常维修，用电较省，管架的货物装载量大，且不受食品的形状和尺寸的限制，大型或形状不规则的食品可直接放在薄钢板上冻结。它的缺点是管架的液柱作用较大，不能连续生产，进出货手工搬运劳动强度大、工作条件差。此外，搁架式排管冻结间难于使用快速的水冲霜方式除霜，只能人工扫霜辅以定期热氨融霜，要特别注意接水。

第二节　冷却物冷藏间

冷却物冷藏间（又称高温库）主要是用来贮藏果蔬、鲜蛋等具有生理代谢的食品或已冷却的肉类。由于冷却物冷藏间贮藏的食品品种繁多，要求库内温度条件也各不相同，应根据不同食品所要求的贮藏条件来确定。例如鲜蛋要求在-2~0℃、相对湿度 80%~85% 的条件下贮存；一般蔬菜要求在 0~2℃、相对湿度 85%~90% 的条件下贮存。如果使用单位对冷却物冷藏间的温湿度条件没有提出明确要求时，冷却物冷藏间条件可按温度 0℃、相对湿度 90% 设计。

冷却物冷藏间温度的高低会直接影响贮藏食品的贮藏期。温度过高，果蔬、蛋品等呼吸强度高，容易腐败，同时也利于微生物生长繁殖，易使果蔬发生病害；若温度过低又会使果蔬冻伤。不同的果蔬要求不同的冷藏温度，所以要尽量做到分库冷藏。例如，香蕉和苹果适宜的贮藏温度完全不同，不能在同一库房内冷藏。

冷藏间的湿度对冷藏果蔬也有影响。湿度过小，果蔬的干耗增大；但湿度过大，又容易引起果蔬的腐烂。

因此，贮藏果蔬的冷却物冷藏间既要保持适宜的温度和湿度，且其温度和湿度又要保持稳定。对于无冷却间的冷藏库，较高温度的果蔬不经冷却直接入库会引起库温的升高和大幅度的波动，影响果蔬的贮藏质量，因此要求一次的进货量不得超过一定的限定。冷却物冷藏间设计时若要考虑经挑选过的鲜货直接进库，进库量一般按库容量的 5% 考虑，这样可以防止影响库温波动过大。

一、设计要点

冷却物冷藏间主要用作新鲜果蔬、鲜蛋等鲜活食品的贮藏。其设计要点是：

1. 库内空气分布力求均匀

各个货位上的温度、相对湿度、空气成分和气流速度基本一致。库内各区域的温度差应小于 0.5℃，以免食品冻伤。

2. 库内空气循环要通畅

由于鲜活食品在贮藏期间仍将继续进行呼吸作用，同时放出呼吸热量，为不使局部冷藏环境条件恶化，要求库内空气呈循环流动状态。因此必须采用强制空气循环才能使冷空气比较均匀地分布于食品货堆之间。同时要求货堆间的气流速度不宜过大，过大的风速将增加食品的干耗。对大多数货物，货间风速宜采用 0.25m/s。

3. 设通风换气设施

冷却物冷藏间贮藏水果或蔬菜时，需提供果蔬呼吸所需的新鲜空气，设计时考虑新鲜空气换气装置，以排除库内的二氧化碳等有害气体。每昼夜的换气量按空库容积的 3 倍计算。

4. 采用冷风机做冷却设备

冷风机做冷却设备的优点是既可实现库内空气的循环流动，又可避免使用排管时会有霜层融化滴水而不利于货物的贮存。一般采用干式翅片管冷风机，在库房中央走道的顶部设置一根带许多喷口的均匀送风道。

二、均匀送风道的设计计算

在冷却物冷藏间内，一般采用干式翅片管冷风机，在库房中央走道的顶部设置一根带许多喷口的均匀送风道。喷口向上仰角为 17°冷空气从喷口喷出以后，首先射向库房平顶，再与室内空气均匀混合后，沿货物堆上部空间吹至墙面，然后流过货堆，经热交换后的空气，从中央走道回至冷风机回风口。利用这一种空气循环方式，既可以防止喷口附近的食品冻坏，又可以使冷空气均匀地分布在货堆间，同时只要设一根均匀送风道，不需再设回风道，因此，构造比较简单，造价比较低。

均匀送风道由水平送风主管和喷风口组成，有圆锥形、条缝形和百叶窗形三种形式。无论采用哪种，为使其送风均匀，必须做到通过每个风口的风量相等、风速相同、送风方向垂直于送风道的轴线。为此，要求送风道多截面的静压相等，且静压大，动压小。计算时，均匀送风道内空气流速首段采用 8~12m/s，末段采用 1~2m/s，这样，用逐段降低流速的方法来降低动压，以弥补沿程摩擦阻力消耗的静压，使得整个风道的静压一致。在设计时，可把风道看成是一个各个断面上静压分布基本相等的“静压箱”，使所有出风口截面积之和小于风道进口截面积。下面以带圆锥形喷风口的均匀送风道的设计为例进行说明。

1. 风道形式

风道采用矩形截面，使其沿长度方向的高度相等，而宽度渐缩，圆锥形喷风口分布于风道两侧或一侧。

2. 风道尺寸

风道高度可采用450~500mm；宽度由风量、流速求出。

3. 喷风口风速

每个喷风口的风速采用12~19m/s，风量为400m²/h。

4. 喷风口形式

对无梁楼板，喷风口的轴心与楼板水平面成17°角，形成贴附射流；有梁时，喷风口水平布置，如图7-16所示。

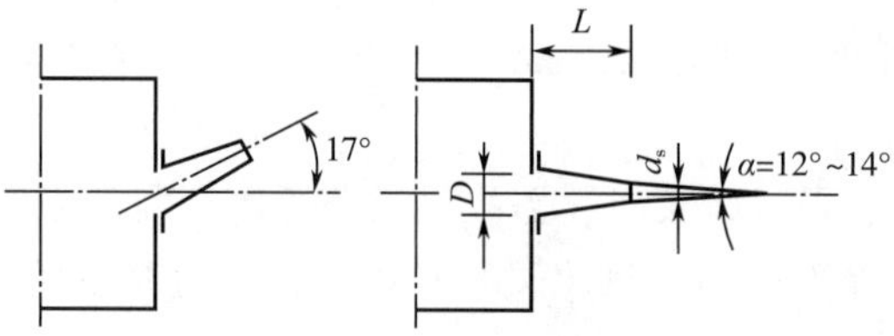

图7-16　圆锥形喷风口布置示意图

5. 经过喷风口的空气阻力损失

空气阻力损失按式（7-1）计算：

$$\Delta P_e = \frac{w^2\rho}{2\xi} \quad (7\text{-}1)$$

式中　ΔP_e——喷风口空气阻力损失，Pa；

w——喷风口空气流速，m/s；

ρ——空气密度，kg/m³；

ξ——喷风口有效系数，0.95。

6. 水平射程计算

水平射程按式（7-2）计算：

$$Y = \frac{d}{A}\left(0.266\frac{w}{w_p} - 0.145\right) \quad (7\text{-}2)$$

式中　Y——喷风口至射流终端水平距离，m；

d——喷风口直径，m；

A——喷风口湍流系数，圆柱形为0.076；

w——喷风口空气流速，m/s；

w_p——回流平均风速，m/s。

圆锥形均匀送风道的布置如图7-17所示。这种喷嘴出口风速、有效射程及阻力损失的关系可以参考表7-2。

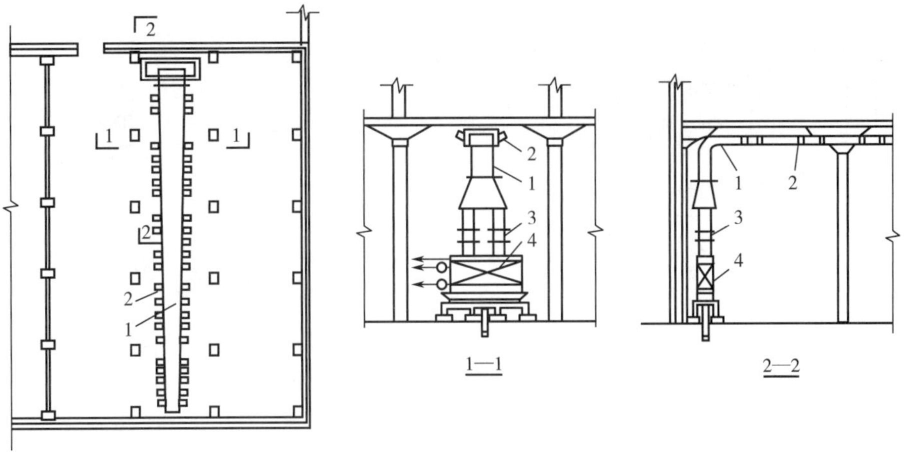

图 7-17　圆锥形均匀送风道的布置

1—风道　2—喷嘴　3—轴流式通风机　4—冷风机

表 7-2　喷嘴射程和阻力损失的关系

出口风速 w/(m^2/s)	有效射程/m	压力损失/Pa		
		静压	动压	全压
5.63	11.3	26.5	30.4	56.9
7.13	11.9	30.4	35.3	65.7
7.65	12.8	35.3	40.2	75.5
8.15	13.7	40.2	45.1	85.6

三、冷却设备的布置

冷却物冷藏间冷却设备主要指冷风机和送风道。

冷藏间应设专用冷风机。冷风机宜布置在靠近门的一侧，便于操作管理与维修，冷风机距墙一般需留有 300~400mm 的距离。

均匀送风道应布置在中央走道的上方，风道离顶不小于 50mm。其优点如下。

（1）风道两侧射程相等，便于简化喷风口设计；走道上不会堆放货物，所以，即使风道表面有冷凝滴水现象，也不会滴到货物上。

（2）可利用中央走道作回风通道，增大库房利用率。当库房宽度小于 12m 时，风道设在冷间一侧。喷风口应均匀地布置在面向置货区风道的一侧，喷风口间距一般为 1m 左右，但应注意避开柱帽。这样，从均匀送风道喷风口出来的多股平行贴附射流在离喷口约 1.8m 处汇合，形成一股厚度渐次增大的扁形射流，贴着楼板，沿货堆上部空间吹至墙面，然后折向货堆，换热后从主通道回流至冷风机。射流在流动中不断引射库内空气，与之混合并迅速进行换热，同时其流速不断下降，在库房中形成流速较小的回流区，这对食品的贮藏是适宜的。图 7-18 是多喷风口矩形均匀送风道冷却物冷藏间内温、湿度随射流衰变过程图。

为使气流顺畅，货堆与地坪之间应顺空气流向垫木。货堆距墙、顶均要有 300~400mm 的间距，货堆也应错缝堆码。

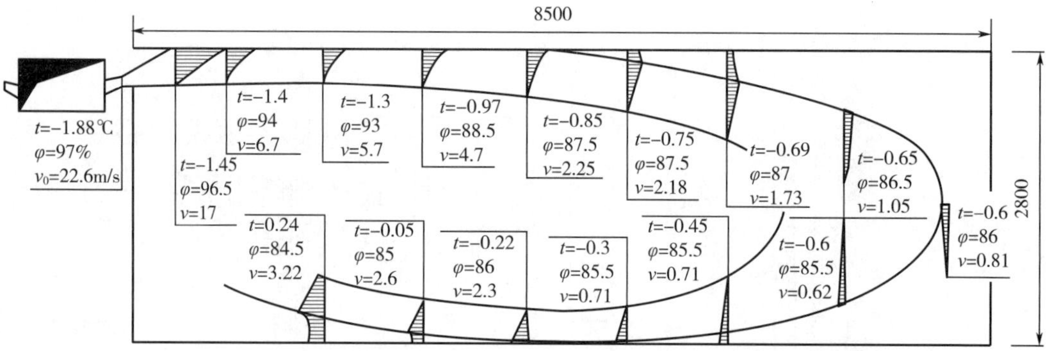

图 7-18　多喷风口矩形均匀送风道冷却物冷藏间内温湿度随射流衰变过程

四、 通风换气与加湿

1. 冷却物冷藏间通风换气相关要求

①冷却物冷藏间宜按所贮货物的品种设置通风换气装置，换气次数每日不宜少于 1 次。

②面积大于 150m^{2}或虽小于 150m^{2}但不经常开门及设于地下室、半地下室的冷却物冷藏间，宜采用机械通风换气装置。进入冷间的新鲜空气应先经冷却或加热处理。

③冷间内废气应直接排至库外，出风口应设于距冷间内地坪 0.5m 处，并应设置便于操作的保温启闭装置。

④新鲜空气的进风口与废气出口不应设置在同一侧，若处在同一侧，进气口应在排气口上方，两者垂直距离应大于 2m，水平距离大于 4m。

⑤通风换气管穿越围护结构处及其外侧 1.5~2m 长的管段和穿堂内排气管均要保温。

⑥设于冷库常温穿堂内的冷间新风换气管道，在其紧靠冷间壁面的管段的外表面，应用隔热材料进行保温，其保温长度不小于 2m；对于设于冷库穿堂内的库房排气管道应将其外表面全部用隔热材料进行保温。

⑦冷间通风换气的排气管道应坡向库外，进气管道在冷间内的管段应坡向冷风机。风管最低处应有排水设施。

2. 通风换气设施

（1）进气设施　向库内送入新鲜空气，可通过冷风机的通风机作为吸进新鲜空气的设备，也可设专用的送新风系统。

①利用冷风机的通风机进行通风换气：新风管与冷风机的连接有两种方式，如图 7-19（1）、图 7-19（2）所示。

图 7-19（1）将新风管接在冷风机蒸发器的进风端，新风经冷却和去湿后再送入库内，这样，可避免库内温度发生较大的波动和产生雾气。但应注意，由于风管、阀件的阻力，新风需要克服风管及配件的阻力才能进入冷风机，若这部分阻力大则新风不容易吸入，而库内循环的空气可以直接进入冷风机。且蒸发器上新风进入部位结霜较多，除霜时应予以注意。因此，采用该方案时，应合理减少新风管的长度及阀件等，以减少新风阻力，同时注意控制换气操作的时间，务必使吸入的新鲜空气满足规定的换气量的要求。

图 7-19（2）将新风管接在蒸发器之后的轴流式风机的吸入管段上。该方案可以解决由于新风管阻力大而难吸入新鲜空气的问题，但是，新风不经处理直接进入，易使库温产生较大波

动，甚至产生雾气或凝结水等。

②设专用的送新风系统：此方法可以满足不开冷风机时随时进行换新风。换新风时，应选择适宜的时间，不应因换新风而造成库温过高或过低。不可避免时，应采取措施加以解决。如冬季气温很低的地区，应先将室外空气加热后再送入库内等。

(2) 排气设施　排气设施较简单，可在送新风后稍开库门，以借助库内、外形成的压差排放污浊空气。也可在库内墙上近地面处设带隔热的排气小门开门放气。

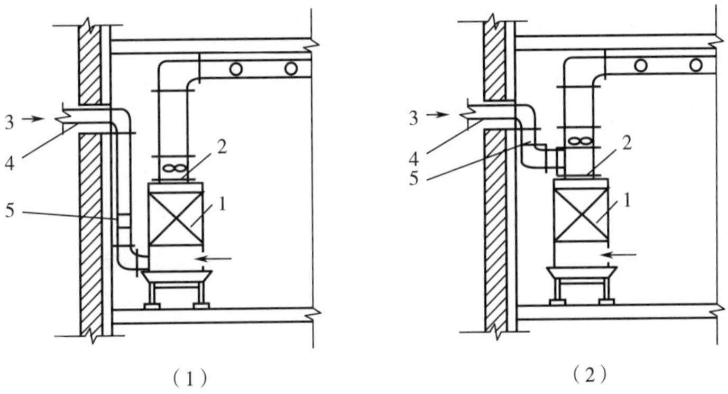

图 7-19　新风管接法

1—冷风机　2—轴流式风机　3—新风入口　4—新风管　5—插板阀

设于冷库常温穿堂内的冷间新风换气管道，在其紧靠冷间壁面的管段的外表面，应用隔热材料进行保温，其保温长度不小于 2m；对于设于冷库穿堂内的库房排气管道应将其外表面全部用隔热材料进行保温。冷间通风换气的排气管道应坡向冷间外，进气管道在冷间内的管段应坡向冷风机。

3. 加湿设施

为减少食品的干耗，保证库内一定的相对湿度，可采用加湿装置对库房加湿，加湿装置有高压水喷雾加湿器、蒸汽加湿系统、超声波加湿器等。

五、 其他形式的冷却物冷藏间

冷却物冷藏间内设置冷风机配均匀送风道是目前国内外应用最多的形式。随着冷却设备性能的改进、不同食品冷加工工艺需要的不同、用户对冷却物冷藏间设计要求等因素，国内冷库建设中也出现了其他形式的冷却物冷藏间。

例如有冷风机、无送风道式冷却物冷藏间。在冷间内设置吊顶式冷风机或落地式冷风机，不设送风道，冷风机应保证有足够的气流射程，并应在冷间货堆的上部留有足够的气流扩展空间，同时应采取技术措施使冷空气较均匀地布满整个冷间。采用吊顶式冷风机、无送风道式冷却物冷藏间的配置方案已在许多冷库中使用。

六、 气调库及设计

果蔬气调贮藏就是调整果蔬贮藏环境中气体成分的冷藏方法。它是由冷藏、降低贮藏环境中氧气的含量、增加二氧化碳浓度的综合贮藏方法。而气调库是在传统的高温冷藏库基础上发展起来的，它既有冷藏库所具有的“冷藏”功能，又有冷藏库所没有的“调气”功能，但是气调库并非普通高温库与气调设备的简单叠加。与一般高温库相比，气调库在方案设计、热负荷计算、土建气密性设计等方面都有自己的特点和注意事项，若不注意这些差别，就无法设计并最终建造合格、低能耗的气调库。

1. 气调冷库建筑特点

气密性是气调冷库在建筑要求上有别于冷藏库的一个最主要的特点。如果库体密封不好，库内就不能保持所要求的低氧、高二氧化碳的气体组分，也就达不到气调保鲜的目的。也就是说，气调库不仅要求围护结构隔热，减少与外界的热量交换，而且要求围护结构密闭，减少与外界的气体交换。在满足气调贮藏条件的前提下，气密程度并非越高越好。由于气调库围护结构的表面积很大，还要安装气密门，通过各种制冷、气调、水电管线，建筑物日久会沉降，另外温度波动会引起库内外压力差发生变化，使得气密层不可避免地存在薄弱环节，很难达到绝对的气密。另一方面，也没有必要达到绝对的气密。以果蔬气调贮藏为例，由于果蔬的呼吸作用会消耗库内的氧气，使氧气浓度持续降低。如果库房绝对气密，就必须及时通入新鲜空气来维持贮藏所需要的氧气浓度，防止果蔬进行无氧呼吸。在实际操作中，只要果蔬的耗氧量大于或等于围护结构的渗入氧量，即可认为气密程度符合要求。

由于冷库建筑方式的不同，其库体的密封处理方法也不同，但对气密性要求是相同的。

2. 气调库设备

气调库主要由气调库体、制冷系统、气体发生系统（制氮机）、气体净化系统（二氧化碳脱除机和乙烯脱除机）、温湿度调节系统、气体循环系统、气体成分测量系统（二氧化碳、氧气及乙烯检测）及压力平衡系统等组成，如图 7-20 所示。

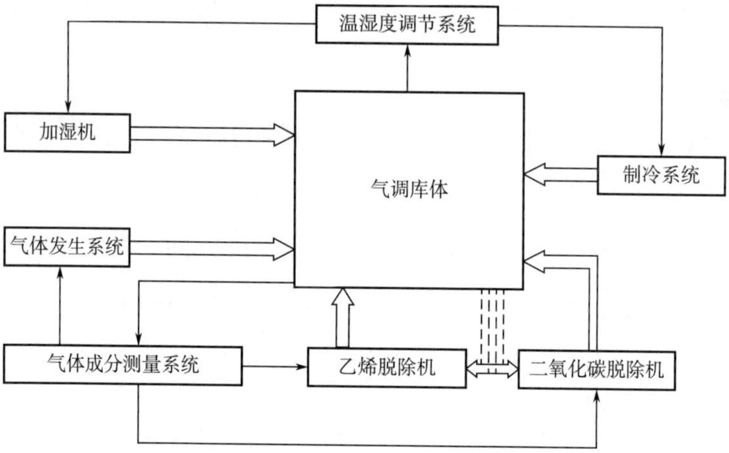

图 7-20　气调库系统组成

3. 制冷系统热负荷

气调库的日进货量较大，一般为库容量的 10%～20%，且降温时间不超过 24h，因此，制冷压缩机的冷量选择比普通高温库要大，一般按 116～175W/t（标准工况下）选择。对于 2000t 以上的气调库一般应设预冷间，以减轻气调库的负荷。为了防止库内贮藏果蔬在贮藏期的干耗，气调库内传热温差要小（一般为6～8℃，或2～4℃），才能减少在蒸发器上的凝霜、凝露，从而保证较高的稳定湿度。冷风机的热交换面积都比通常的冷库大，一般按库房面积与冷风机热交换面积之比为（1∶3）~（1∶3.5）选配冷风机，库内空气循环次数控制在 20~60 次/h。冷风机安装的高度距库顶留有 200~300mm 的空间，宜采用上进下出的供液方式。

4. 气调库的方案设计

当计划兴建一个气调库时，确定其建筑规模，即确定库容量是至关重要的。除了根据货源、市场需要、投资效益和今后发展确定库容量外，在决策时还必须考虑到果蔬生产的特点和气调贮藏的要求。果蔬生产的季节性强，收获期集中。气调贮藏对果蔬质量的要求高，入库的速度要求快。如果总贮藏量确定得过小，就会影响经营的规模和效益，而且使气调设备的利用率低，但若总贮藏量确定得过大，也会带来一些问题，如建成以后库房的利用率、总投资增加等。根据经验一般将总贮藏量控制在 500~3000t 的范围内。

总贮藏量确定后，下一步就是在总贮藏量和实际情况的基础上，确定气调间的大小和间数。一个气调库为满足不同品种和不同产地果蔬的贮藏要求，至少应划分为 2~3 间，但不宜超过 10 间。气调间的大小也要适中，过小虽对提高进货速度有利，但会使库房的利用率降低，而且不利于机械化堆装；容量过大，使果蔬进货时间拉长而影响贮藏效果。在确定气调间的容量时，可以从以下方面考虑：入库期间果蔬的日进货量、库的堆装、运输方式和建筑材料规格等。根据国内外常规做法，一般单间气调库的容量定在 100~300t。对特种果蔬，如荔枝、龙眼、冬枣、樱桃等，宜布置几间 20~30t 小型气调间，便于果蔬批进批出。当计划兴建一个气调库时，确定其建筑规模，即确定库容量是至关重要重要的。除了根据货源、市场需要、投资效益和今后发展确定库容量外，在决策时还必须考虑到果蔬生产的特点和气调贮藏的要求。果蔬生产的季节性强，收获期集中。气调贮藏对果蔬质量的要求高，入库的速度要求快。

5. 气调库的管理及使用

由于气调冷库与常规冷库的不同，它的管理和使用也有一定的要求。

（1）合理有效地利用空间　气调库的容积利用系数要比普通冷库高，即“高装满堆”，这是气调库建筑设计和运行管理上的一个特点。所谓“高装满堆”是指装入气调库的果蔬应具有较大的装货密度，除留出必要的通风和检查通道外，尽量减少气调库的自由空间。因为，气调库内的自由空间越小，意味着库内的气体存量越少，这样一方面可以适当减小气调设备；另一方面可以加快气调速度，缩短气调时间，减少能耗，并使果蔬尽早进入气调贮藏状态。

（2）快进整出　气调贮藏要求果蔬入库速度快，尽快装满、封库并及时调气，让果蔬在尽可能短的时间内进入气调状态。平时管理中也不能像普通冷库那样随便进出货物，否则库内的气体成分就会经常变动，从而减弱或失去气调贮藏的作用。果蔬出库时，最好一次出完或在短期内分批出完。

（3）良好的空气循环　气调库在降温过程中，推荐的循环速率范围为：在果蔬入库初期，每小时空气交换量为 30~50 倍空库容积，所以常选用双速风机或多个轴流风机可以独立控制的方案。在冷却阶段，风量大一些，冷却速度快。当温度下降到初值的一半或更小后，空气交换次数可控制在 15~20 次/h。

第三节 冻结物冷藏间

冻结物冷藏间是用来较长期地贮藏冻结食品的库房。对于冻结食品而言说，冻藏温度越低，冻品高质量贮藏期也越长，但要考虑到日常运转费用的经济性。根据时间-温度-容许期（T. T. T）理论研究成果，认为-18℃的冻藏温度对大多数冻品来说是最经济的。为了减少冻品在贮藏期间的干耗和冰晶的长大，要求库内相对湿度维持在 95% 左右，库温波动不应大于±1℃。

我国目前冻结物冷藏间的设计温度为-20～-18℃，水产品冻藏间的设计温度为-25～-23℃。国外已逐渐趋向低温化，达-30～-25℃，贮藏金枪鱼的冷藏间温度甚至达到-60～-55℃。

冻结物冷藏间具有强制对流风冷式、空气自然循环对流式和夹套式三种形式。

一、 冷风机冻藏间

冻藏间采用冷风机作冷却设备，其优点是：钢材耗量少、投资少，比采用排管可节省 60% 以上；安装方便，施工周期短；易于除霜，减轻了劳动强度，简化了操作管理；容易实现制冷系统自动控制。

冷风机冻藏间应根据库房建筑尺寸和用途，贮存食品的种类和温度、湿度条件，冷风机的性能，采用不带风道和带风道（均匀送风道）的空气分配系统，见图 7-21。

冷风机无风道的空气分配系统应用于装有分区作用的吊顶式或落地式冷风机的冻藏间，保证有足够的气流射程，并在货物上方留有 0.6～1m 的气流扩散空间。无风道冻藏间中，其吊顶式冷风机应设导流板，落地式冷风机应设喷嘴，以利于库房分区间空气分配。

冻藏间内的气流组织，要求库内各处空气流速要均匀，货间平均风速不宜大于 0.25m/s。库房的墙面、顶要平整。在冷风机出口可设置均匀送风道或送风管，冷风机送出的冷空气沿冻藏间平顶贴附射流到对墙，引射混合后形成了一个很大的回流漩涡，货物应处于循环冷空气的回流区，如图 7-21 所示。

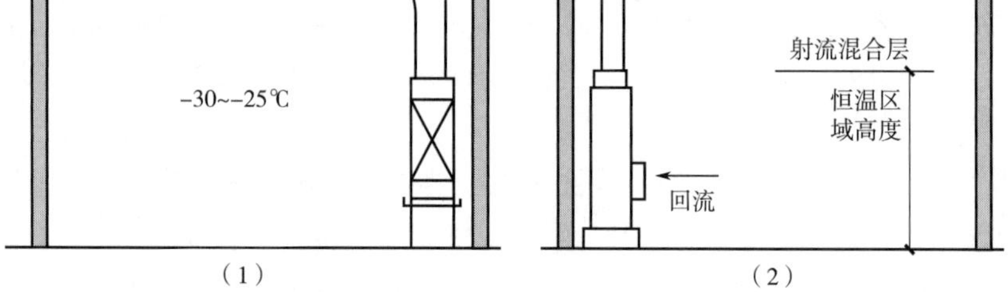

图 7-21 冻结物冷藏间气流组织形式

（1）采用均匀送风道 （2）采用送风管

冷风机冻藏间适于贮藏包装完好的冻品。为了减少无包装冻品的干耗，可以采用镀冰衣、盖冰帘等措施。对无包装冻品的冻藏间，应将制冷剂蒸发温度与冷风机进出空气平均温度的温差控制在6~8℃以内，冷风机进出风温差控制在2~4℃以内，以尽量减少冻品在冷藏过程中的干耗。

二、空气自然循环式冻结物冷藏间

1. 光滑排管冻藏间

空气自然循环式冻结物冷藏间采用U形或蛇形顶排管作为冷却设备，根据所需的排管冷却面积及冷间的大小形状，确定排管的长度、组数，将排管布置在热湿空气进入的主要方位，以便有效地阻止外界热负荷的传入。

采用光滑排管作为冷却设备的冻藏间，优点是排管制作简便、耗电少，冻品在贮藏期间的干耗小。缺点是金属耗量大，制冷剂充注量大，排管制作期长，在高位单层库内安装有一定难度，且库温不易均匀。

(1) 排管形式的选择　通常采用的排管按照其安装位置有顶排管、墙排管，按其结构有U形或蛇形顶排管，按其冷却表面情况有光滑管和翅片管。在确定排管形式时，除了要考虑其传热性能外，还要考虑便于安装制作和除霜操作。

(2) 排管的设计　排管设计顺序为：确定排管的形式，根据该冷间冷却设备负荷计算所需排管的冷却面积，将计算所得冷却面积折算为管子的长度（氨系统以ϕ38mm无缝钢管为多），再依据冷间尺寸、位置等将管长分组，最后确定各组排管的根数、管间距、组宽、组长，得到具体的排管。

为便于排管制作、安装，并保证排管的阻力相同，应尽量使排管的形式、组长、组宽、根数、弯头尺寸、管子间距等一致。

(3) 排管的布置　排管的设置应有利于提高库房容积利用率，便于管道的连接、维护检修、安全生产和扫霜。排管的形式、规格要尽量一致，以简化设计施工，便于安装及加工制作。管架的形式也要一致，使吊、支点位置规律，便于预埋施工。具体包括：

①根据热流进入库房的方位和热量的多少来布置排管。开门的侵入热流冲向正对库门的上方，此处应布置顶排管；单层库及多层库的顶层，顶排管宜均匀布置，以便均匀吸收屋顶传入的热量；多层库的其他各层库房，为了能将融霜水集中于走道上，宜将排管布置于走道上方。

②墙排管应布置在靠外墙，特别是西晒外墙一边，外墙布置不下时也可布置于内墙上。墙排管位置要高些，最好在墙面2/3高度以上，这样既可避免倒垛对排管的冲击及运输机械的碰撞而发生事故，又可强化库内空气的自然对流。

③排管的安装尺寸：冷间内顶排管与顶板或梁底的净距离不宜大于250mm，墙排管的管中心线与墙壁的间距不小于150mm。

(4) 排管的连接　对多组并联使用的排管应合理连接、合理供液，保证各组排管供液均匀。

①多组顶（或墙）排管采用并联连接时，应采用同程连接方式，即先进后出，以免出现液体走短路使部分排管供液不足的现象。同程连接示意图如图7-22所示，保证各组排管的通路当量长度相等，制冷剂流动阻力相同，从而保证均匀供液，为减少制冷剂流动阻力，可以加大供液管径。

②多组蛇形墙排管连接时，液泵供液可采用串联连接，又称“一条龙”供液，如图7-23所示。也可采用同程连接。重力供液宜采用并联连接，采用串联连接时，应注意通路长度问题。

③同一冷间设有顶排管和墙排管时，为了保证均匀供液，顶、墙排管应分别供液；当库房较小时（库房面积为200~450m^2），可分别供液、合用回气管；对于较小的冷库，也可用一根管供液、一根管回气，但必须注意满足供液均匀的要求。

④除了以上原则外，要控制每组墙排管的通路长度不大于50m。如果冷间兼有顶、墙排管，最好由液体分配站单独接出供液管。只有面积小于200m^{2}的冷间才可以用一根管供液，也要先供顶管再供墙管。

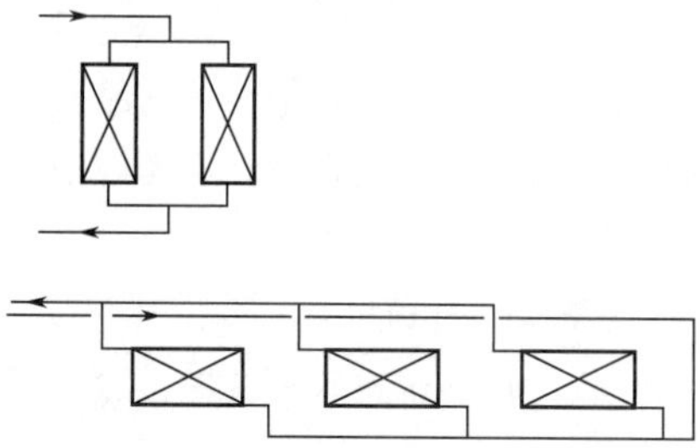

图7-22 排管的羊角弯和同程连接

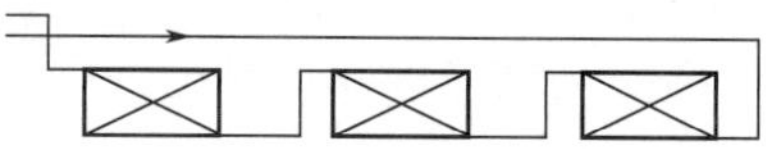

图7-23 排管的串联

（5）排管安装固定　排管制作时，一般用ϕ8mm的圆钢管卡把管子固定在L50mm×5mm的角钢上，然后依靠预埋在吊顶及墙面的预埋件加以连接，如图7-24所示。库内不宜采用预埋钢板然后焊接支架的做法，以免焊接时产生的高温对接触部位的混凝土产生影响，导致其强度降低甚至酥脆，在后续低温高湿环境的长期作用下，成为工程质量的隐患。一般采用预埋螺栓，吊点的预埋螺栓直径不小于16mm。吊点的间距要适当，光滑顶排管、翅片顶排管吊点间距见表7-3、表7-4。

预埋件及预埋点应尽量设计得简单而有规律，以便检查校正和便于施工。预埋件的定位尺寸由制冷工艺专业提出二次条件，然后由土建专业设计预埋件布置施工图。

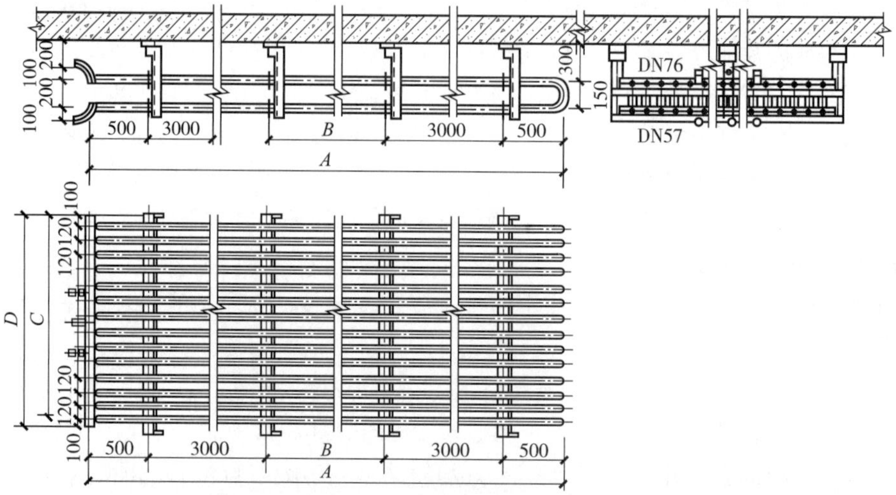

图7-24 U形光滑顶排管的固定

表 7-3　　光滑顶排管吊点间距

规格/（mm×mm）	最大允许吊距/m	正常吊距/m	q/（kg/m）
ϕ32×2.2	3.85	3.10	2.4
ϕ38×2.2	4.35	3.50	3.1
ϕ57×3.5	5.80	4.60	6.7

注：正常吊距为最大允许吊距的 0.8 倍；q 包括 1cm 厚霜层及 100% 充氨量。

表 7-4　　翅片顶排管吊点间距

翅片管规格/mm			最大允许吊距/m	正常吊距/m	q/（kg/m）
钢管	钢带	片距			
ϕ32×2.2	40×（1~1.2）	35.8	2.60	2.00	8
ϕ38×2.2	40×（1~1.2）	35.8	2.97	2.50	10
ϕ57×3.5	50×（1~1.2）	35.8	4.40	3.50	16

注：正常吊距为最大允许吊距的 0.8 倍；q 包括 1cm 厚霜层及 100% 充氨量。

2. 铝排管冻藏间

冻藏间采用铝排管作为冷却设备。与光滑排管冻藏间相比可大大减少金属耗量和制冷剂充注量，铝排管还可在工厂加工成组且运输方便、吊装简单，缩短了安装周期。

铝排管目前在卤代烃冷库、氨冷库中都有应用。铝排管作为冷却设备在冻藏间的作用与光滑排管是一样的，下面以氟系统为例，仅就铝排管形式、安装使用注意事项进行简要介绍。

（1）铝排管形式

①蛇形排管：蛇形排管是铝排管最常见的形式，在卤代烃直接膨胀供液系统中几乎全部采用蛇形排管。铝排管可以在厂家将多根翼片管焊接成组（定型产品），再集中运往工地现场直接吊装；也可以单管出厂，用户在现场自行将单管、弯头组装焊接成组。蛇形铝排管如图 7-25 所示。

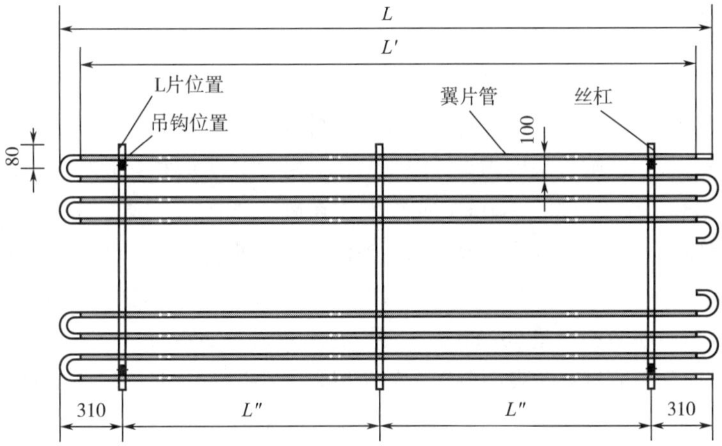

L /m	L′ /m	L″ /m	丝杠数量 /根	L片数量 /套	吊钩数量 /套
4.2	4	1.79	6	4	4

图 7-25　蛇形铝排管

②集管式排管：集管式排管可用于氟泵供液系统。集管式排管没有定型产品，一般需根据施工图现场制作。

（2）铝排管的连接

①通路长度：由于常用铝排管的管径较小，所以其通路长度不宜过大。例如，管径为 21mm 的铝排管每个回路制冷量约为 1.5~2.0kW，即通路长度限定为 45~60m。管径 25mm 的铝排管每个回路制冷量约为 2.0~3.0kW，相当于通路长度为 60~90m。

②铝排管的连接：铝排管在冻藏间都布置成顶排管，几组顶排管之间主要采用并联连接。为了供液均匀，设计中可采用分液器和集液器，分液器安装时莲蓬头垂直向上，保持制冷剂液面水平，以使分液均匀。

（3）铝排管的吊装：铝排管的重量是无缝钢管的 1/6 左右，所以比光滑顶排管吊装简单，多采用吊钩吊于库顶，铝排管与库顶板间留 100mm 的间距。吊装件包括吊钩、L 片、吊卡。吊钩有 150mm、250mm、350mm 三种长度，吊装时穿钢梁或穿库板使用；L 片用于吊在丝杠的两端，紧固牢固；吊卡用于库内部有槽钢或钢梁的时候，可免去在钢梁上打孔。

对于冻藏间冷却设备的选择冷风机还是排管的问题，在实际设计中应结合具体情况综合分析决定。例如，排管冻藏间，尤其是铝排管冻藏间采用小温差、大冷却面积的措施可以大大降低贮藏食品的干耗，在当下冷风机冻藏间日益增多的情况下，仍受到很多用户的青睐。

三、 夹套式冷库

夹套式冷库是在冷库的外围护结构内加设一个内衬套，使外围护结构与内衬套之间形成一个夹套，冷风在夹套内循环，吸收外围护结构传入的热量，防止热量侵入库内，使库内温度均匀、稳定，减少食品干耗。夹套式冷库适用于-18℃以下贮藏非包装肉、禽、水产品类食品，也适用于库温 0℃、相对湿度 95%~100%条件下贮藏果蔬等。

夹套式冷库的类型，按夹套的结构形式分为全夹套式和半夹套式。半夹套式冷库采用部分夹套结构，只在墙四周设 250mm 宽的夹套，顶、地坪不设夹套；或者两端墙、顶、地坪设夹套，而两侧墙不设夹套；或者顶、地坪设夹套，而四周墙不设夹套等。半夹套式冷库多用于贮藏果蔬食品。空气循环方式分为空气强制循环式和空气自然对流循环式。小型夹套式冷间，夹套窄，采用空气强制循环式，借助通风机使冷风循环，夹套内温度均匀，库温稳定；大型夹套冷库，夹套宽，可采用空气自然对流循环式，夹套内只设冷却排管，维持夹套与库房内 0.5℃左右的温差。

夹套冷库设计：对新鲜果蔬库内设计温度 0℃，相对湿度 95%~100%；对冻结食品，库内设计温度-18℃，相对湿度 95%~100%。如果库内存放发热食品，或者热负荷分布不均匀，应在库内增设空气冷却器设备，以使库温均匀。为保证库内的高湿度，换气次数采用 5~10 次/h，食品的干耗可降低至 0.50%~0.75%。夹套内冷空气的流速要足够大，可采用 50~200m/min。夹套的宽度相应为四周墙夹套宽 50~80mm；顶、地板夹套宽 200mm。为保证气流分布均匀和工作性能良好，宜使顶、地板夹套表面对气流的摩擦阻力小于墙面部位的摩擦阻力。夹套内冷空气的风量要足够大，风压为 295Pa，冷风进出冷风机的温差为 1~2℃。夹套壁应具有一定的热阻、热惰性和隔气防潮性能。夹套壁宜使用沥青黏合的胶合板或软木。

夹套式冷库内温度均匀稳定，湿度高，食品干耗小；库内不设或少设冷却设备，可充分利用库容积；冷却设备置于夹套内，便于融霜排水，简化除霜系统，避免水分在隔热层中凝结，保证隔热性能。由于夹套结构技术要求较高，因此夹套式冷库造价比普通冷库高 10%，适用于贮藏质量要求较高的食品。

第四节　冷库流场的数值模拟及优化

一、数值模拟技术在冷库流场优化中的应用

冷藏的环境温度和流场的控制与食品保藏的品质和冷库设施的能耗密切相关。但研究者很难通过试验测定的方法来获得整个冷库的流场，若使用计算流体力学（Computational Fluid Dynamic，CFD）数值模拟技术则可以很好地模拟出食品冻结过程中冷库房内流场的变化。谢晶等以一个 4.5m×3.3m×2.5m（长×宽×高）的试验冷库为研究对象，建立了二维紊流数值计算模型并采用了压力耦合方程组的半隐式方法（SIMPLE 算法）与交错网格技术进行了求解并揭示了整个冷库的流场存在一个中心大回旋流区，试验验证表明模型与实际吻合较好，在此基础上研究了冷风机出口风速、拐角挡板、货物等因素对冷库内温度场与流场的影响。为了更进一步研究讨论风机的回风方式以及风机的安装位置等因素对冷库流场的影响，又利用 CFD 模拟技术预测了风机不同出回风方式、风机不同安装位置对冷库气流的影响，以及大型冷库内货物摆设间距及风机风速对货物贮存的影响。此外，还以 24.3m×21.6m×7.2m 的中型冷库为研究对象，采用多孔介质模型与欧根（Ergun）方程，分别建立风机下吹型与对吹型冷库模型，使用 Fluent 软件进行稳态模拟。对比分析两种风机摆放方式对该库及堆垛货物内部气流组织分布的影响。结果显示，与对吹方式相比下吹风方式更有利于冷库内流场的均匀分布。上述研究结果为冷库内冷风机的布置优化提供了参考依据。

二、CFD 预测风机不同出回风方式对冷库气流的影响

1. 数学物理模型

研究对象为 4.5m×3.3m×2.5m（长×宽×高）的小型冷库。第一种方案使用的吊顶式冷风机的尺寸为：1.75m×0.46m×0.5m（长×宽×高），回风口设置在风机的背部，回风面积为 1.75m×0.5m=0.875m^2；而第二种方案把回风口设置在风机的两侧，吊顶式风机安装位置不变，而为了保持相同的回风面积，风机的宽度需设置为 0.875m，这样设置的回风面积同样为 2×0.5m×0.875m=0.875m^2。两种方案的出风口都是两个直径为 40cm 的圆形风口，冷库建设材料为聚乙烯泡沫塑料。两种方案风机的形式如图 7-26 所示。

此处模拟的风机风速采用 3.5m/s 以保证冷库货物区的风速可以维持在较低速度，因此在湍流标准 $k-\varepsilon$ 方程的设置过程中，湍流动能 k 和湍流动能耗散率 ε 也需按模拟的风速在湍流动能计算程序中重新得出后输入 Fluent 软件。

2. 数值计算与结果分析

CFD 预测的目标冷库稳态条件下按方案一和方案二布置的风机回风形成的温度场如图 7-27 所示，其中，按方案一布置的风机在 3.5m/s 的吹风速度条件下冷库整体温度不能达到 273K 的恒定温度，这可能是由于射程不足所引起的，在图 7-28（1）中可以初步看出气流由于风机吹风速度过小而随着吹风方向弱化；而方案二采用了侧回风却可以使冷库的温度降

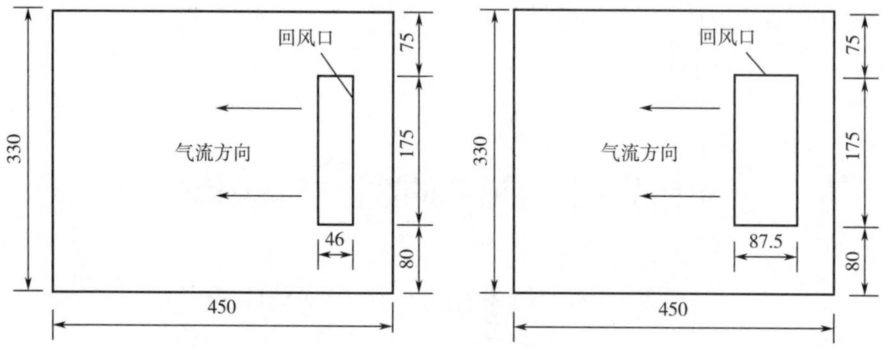

图 7-26　两种方案的风机回风形式（尺寸单位：cm）

到恒定的蒸发温度，且同样为 3.5m/s 的吹风速度下，流场在风机吹风方向上没有弱化。同样吹风条件下，两种回风方式引起的温度场分布不一致，故有必要研究两种方案的风机吹风平面的流场。

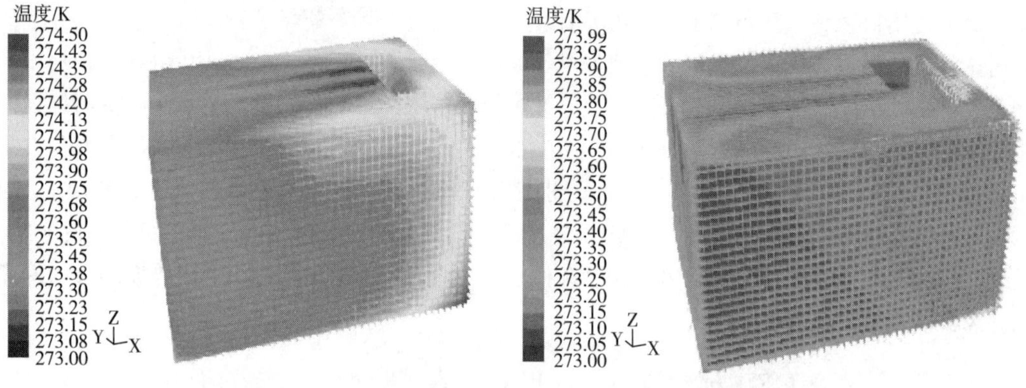

（1）方案一　　（2）方案二

图 7-27　不同风机回风形式的稳态温度场分布

彩图 7-27

从 CFD 显示的流场分布图（图 7-28）中可以看出，两种方案的流场在水平方向上较为对称。方案一中的流场主流有上扬的趋势，而主流一旦碰到了冷库顶部壁面就会出现拐角，气流速度会变小，而风机吹风平面气流场的变小会影响冷库的整体温度场，所以导致了图 7-29（1）中冷库温度不能维持恒定。方案二采用侧回风，由于风机吹风平面中的气流没有在竖直平面内扩散，保证了水平面内气流能充分流向左侧壁面，流动中的沿程损失较小，空库中的流速都比较稳定，使库温能达到恒定的蒸发温度，但是方案二在风机吹风水平面上远离风机的两侧墙角处存在两个回流区，这是由于壁面的阻碍扰流引起的，在这个位置可能会影响冷库非稳态运行中的温降。

稳态温度场的计算结果符合冷库的实际运行工况，证明了 CFD 技术在风机不同回风设置对气流及温度分布预测中的可靠性。

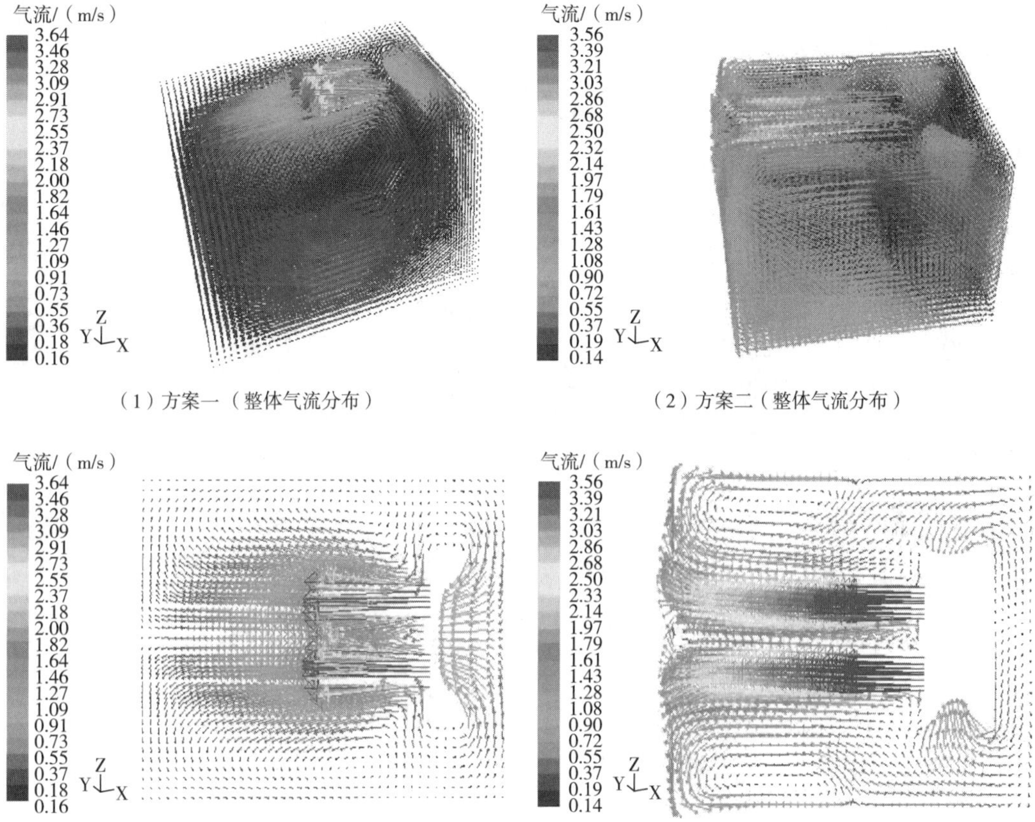

（1）方案一（整体气流分布）　（2）方案二（整体气流分布）

（3）方案一（风机中心吹风平面）　（4）方案二（风机中心吹风平面）

图 7-28　不同风机回风形式的风机气流场分布

彩图 7-28

由于方案一中主流扩散严重导致射程不足，因而在非稳态状态下冷库的库温也很难降至恒定的蒸发温度（273K），图 7-29 显示方案一在非稳态状态下的冷库运行 30min 后回风区域的温度高达 282K，即使在风机直吹的区域（货物区）温度也高达 278K，在数值计算至 60min 后冷库的温度场没有改变，故风机如果按照方案一布置则需要加大出风速度以确保冷库能降温至货物的贮存温度。

采用方案二布置（图 7-30）的风机由于侧回风的作用，较方案一后回风式改变了气流在冷库中的流动轨迹，稳态数值模拟已经证明了方案二的回风方式流场在水平平面内能稳定流动，而吹出的冷空气由于密度差的作用往下沉，在竖直面内缓慢地扩散，使冷库在4min内形成恒定的温度场。经过Fluent软件的计算，在同样吹风速度（3.5m/s）和回风面积设置条件下，方案一回风量仅为0.003kg/s，而方案二的回风量达到了1.04kg/s，这是由于方案一中的回流贴壁流动路径较长导致流动损失较大，而且由于主流在竖直面的扩散而导致气流经过和壁面碰撞变向后的相互抵消；而方案二中的气流在风机平面内扩散相对较小且流动损失小，故回风量大大增加，也导致温度场能够快速恒定。

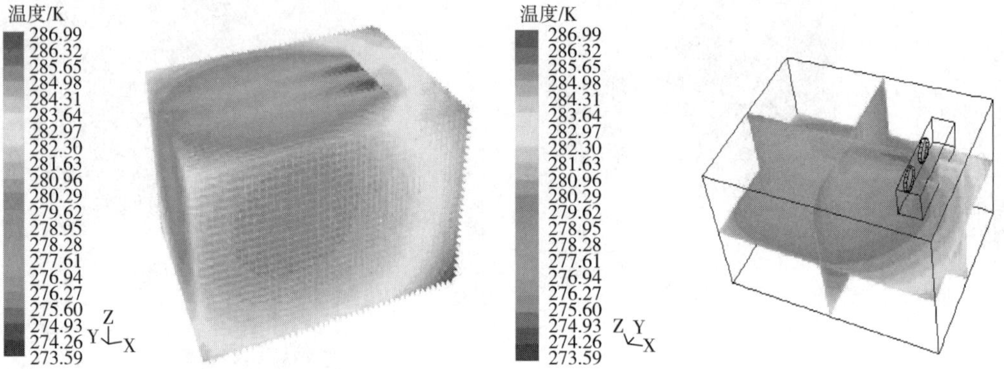

（1）整体温度分布　　　　（2）各中心层温度分布

图7-29　方案一布置的回风形式非稳态条件下的温度分布（30min）

彩图7-29　　　　彩图7-30

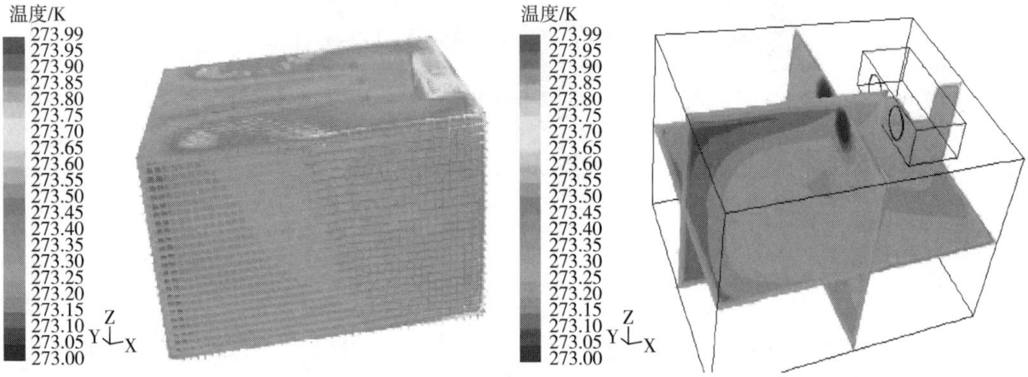

（1）整体温度分布　　　　（2）各中心层温度分布

图7-30　方案二布置的回风形式非稳态条件下的温度分布（4min）

对于方案一的形式，还采用了加大风速进行数值模拟计算，把风机的吹风速度从3.5m/s增加至7m/s，希望非稳态条件下冷库能在增强气流强度后得到恒定的温度场。而对于方案二的形式，由于先前模拟的冷库能在4min内降至恒温，故此处把吹风速度从3.5m/s减小至1m/s，希望在较小吹风速度下冷库也能达到恒温。

CFD 模拟的结果如图 7-31 所示，在加大风速后，方案一在风机吹风 5min 后温度场能基本达到恒定，只有在墙角区域出现温度为 274K 的温度，这是因为冷库在高风速吹风下墙角位置一般会有回流区的存在，而这些回流区导致墙角区域温度无法降至冷库的蒸发温度，可以通过设置导流板或者把墙角设计成弧形来消除墙角的回流区。方案二风速在降至 1m/s 后冷库运行 20min 后温度场也可以基本维持恒定，温度较高的区域出现在之前分析的回流区的位置。随着时间的变化，这两种吹风速度下冷库的温度场和流场均没有改变。

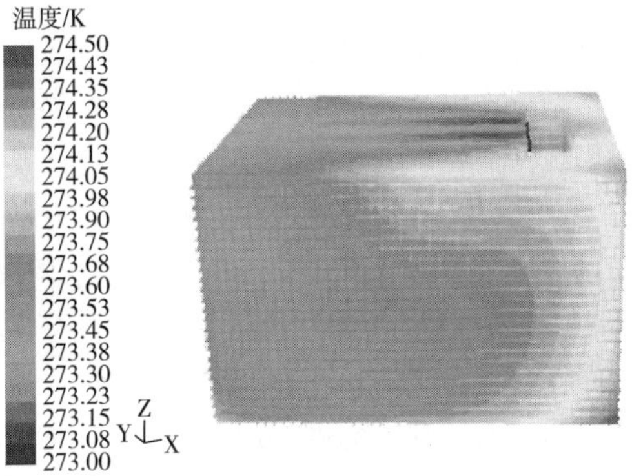

（1）方案一（5min）

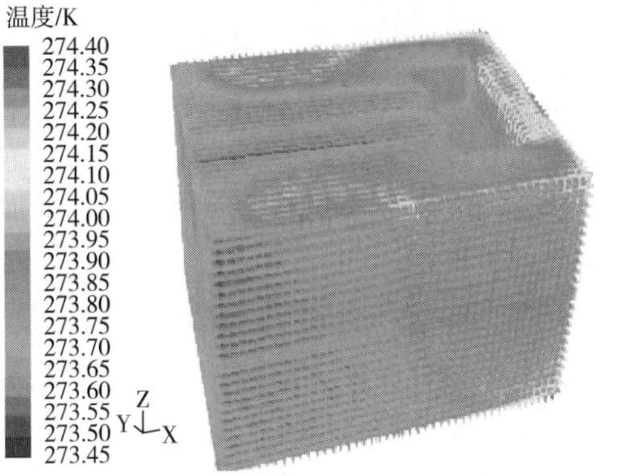

（2）方案二（20min）

图 7-31　不同方案改变风速后的温度分布

彩图 7-31

3. 小结

以一个小型冷库为例进行数值模拟计算，对冷库中运行中由于不同风机的回风形式引起的温度场和气流场变化作了分析，得出结论如下。

①冷库中风机的能耗是冷库运行能耗的一项重要指标，在相同的吹风速度下，不同的回风方式会影响冷库的温降，上述模拟的两种风机的回风方式运行下，方案二能在 3. 5m/s 的吹风速度下使冷库在 4min 内达到恒定的蒸发温度，而采用方案一的吹风方式在相同的吹风速度条件下由于气流扩散程度较大而呈现射程不足导致冷库无法降至恒温。

②不同的出风速度是影响风机能耗的关键，经过数值模拟，得出了风机采取方案二的回风方式能在较小的出风速度下（1m/s）使冷库到达恒温，而采用方案一则需要加大风速（7m/s）才能得到相同的效果，故建议小型冷库内使用侧回风的风机以达到冷库运行的节能。

③合理的气流分布是影响冷库中冻藏品品质安全的重要因素，本小节模拟计算了目标冷库中两种不同回风方式的气流分布，模拟结果显示冷库的回流区一般会出现在靠墙的位置，特别容易出现在墙角，今后的模拟计算可以围绕如何消除这一区域的回流区进行。

三、 CFD 预测风机不同安装位置对大型冷库气流的影响

近年来随着我国冷库的数量和库容量不断扩大，大型化正成为冷库建设的一个方向。实际场合下大型冷库内采用试验进行温度和流场的测试过程中，由于相比小型冷库进行试验布置的测点更多且方法更复杂，因此试验方案更难以得到实现，只能凭借计算机数值仿真和模拟计算等措施进行分析研究。本案例采用三维模型，模拟研究了风机摆设的不同摆设形式对运行时冷库流场的影响，希望能对大型冷库中风机的布置方案提出建设性意见以优化其中的气流分布。

1. 模型各项参数设置

（1）数值模型的建立　研究对象为某低温物流公司拟建设的大型冷库中的一单间库，尺寸为 48m×46m×6m（长×宽×高）。在大型冷库中，由于贴近冷库壁的雷诺数偏小，所以必须采用壁面函数修正，使仿真结果更好地贴近实际工况，而在壁面函数选择中，由于在标准壁面函数的基础上，一般非平衡壁面函数会引入压力梯度，所以相比标准的壁面函数，使用非平衡壁面函数能有效提高大型冷库中高雷诺数流场的仿真精确度，故本小节中的数值模拟中使用非平衡壁面函数进行冷库近壁面气流参数的修正。

（2）热物性参数设定　风机出风温度按照冷库的蒸发温度 $T=248\text{K}$（$-25℃$）设定。

（3）冷库内风机的选型　冷库中的总热负荷分为 5 部分：围护结构产生的热量 Q_1，货物产生的热量 Q_2，冷库通风换气产生的热流量 Q_3，冷库内电动机热流量 Q_4 和操作热流量 Q_5，而主要对冷库制冷量造成影响的是 Q_1、Q_2 和 Q_4，因此本小节主要计算这 3 个热流量。

目标冷库中，假设货物为块状鱼。冷库总容量按照计算吨位计算，为 $G=3735.94\text{t}$。

围护结构产生的热流量 $Q_1=58.38\text{kW}$，货物产生的热流量 $Q_2=85.45\text{kW}$，电机产生的热流量 $Q_4=8.40\text{kW}$，总热负荷 $Q_{总}=144.33\text{kW}$。

因该冷库长度为 48m，参照冷风机样本，为保证充分的气流末端速度，在长度上应该至少设置 2 台风机，宽度方向为保证均匀的流场一般至少采用 4 台风机，故拟采用 8 台风机进行模拟，同时根据所计算的热负荷，数值仿真计算所使用的风机参考某风机生产厂提供的 8 台冷风机（0.50.2H/27-ANS），每台风机额定风量为 $12840\text{m}^3/\text{h}$，额定的制冷量为 20.1kW，风机的 2 个送风口直径为 500mm，尺寸为 2470mm×825mm×755mm（长×宽×高）。

2. 模型的建立与计算结果

所有的数值建模在 GAMBIT 2.2.30 软件中完成。风机的 3 种不同吹风方式如图 7-32 所示。3 种模型的网格尺寸均设定为 50，都产生 108208 个网格。

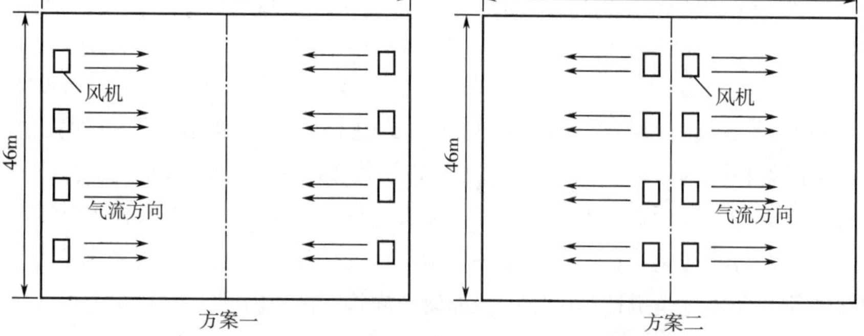

图 7-32　3 种不同风机的摆设方式和吹风形式

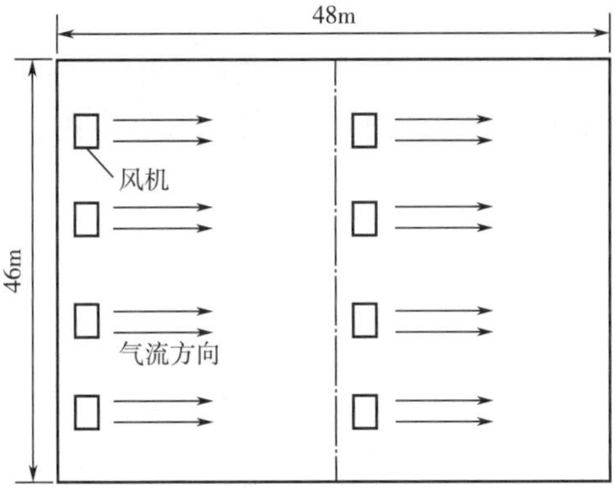

方案三

图 7-32　3 种不同风机的摆设方式和吹风形式（续）

CFD 在数值仿真过程中一般都需要先进行稳态工况下的计算，一般认为只有在稳态计算能够验证数值模拟的可行性后才能进一步分析计算。稳态的 CFD 仿真模拟显示 3 种不同的风机摆设方式所导致的吹风形式都能使冷库内的温度场达到恒定（图 7-33），仿真计算都达到了很好的收敛，3 种吹风方式都可以将冷库温度维持在 251K 左右，这与 248K 的冷库吹风温度相差

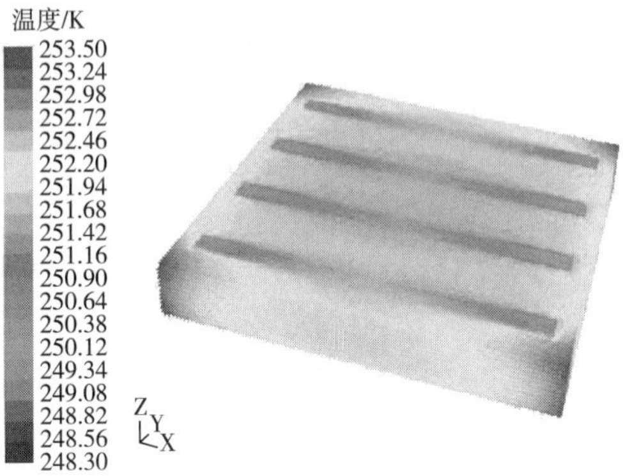

（1）方案一

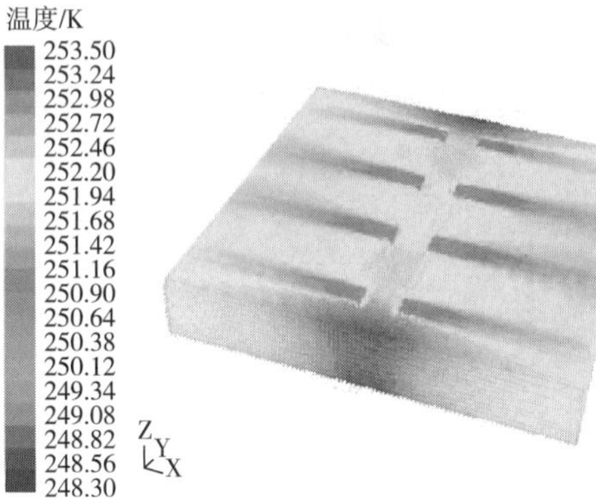

（2）方案二

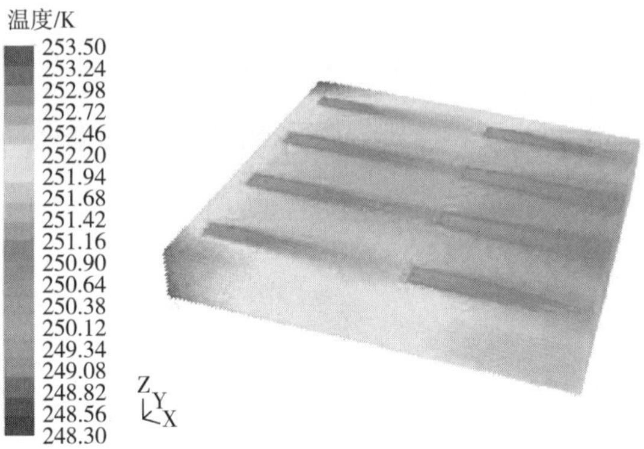

（3）方案三

彩图7-33

图 7-33　3 种不同风机摆设方式下的稳态温度场分布

3K 左右，原因是本节设置的冷库保温材料并不是绝热材料，为了仿真的严谨性，同时更接近现实，本节对冷库的建设材料设置了一定的热导率。数值计算的结果能够证实仿真方法准确，但是稳态工况的模拟研究只可以验证模拟方法的可行性，因此有必要对这不同的 3 种风机吹风方式进行非稳态工况下的模拟。

冷库的温降时间关系到冷库的节能。CFD 的仿真结果也揭示了非稳态条件下 3 种方案的温度场都能稳定在 253K 左右的温度（图 7-34），但是不同方案的吹风方式使冷库中除贮货区（回风口处以外的区域）达到稳定温度所花费的时间却不同，具体为方案一 50min，方案二 45min，方案三 60min。这是由于不同风机摆设方案气流的相互干涉程度不相同。方案一工况下风机吹出的较大速度的气流会在冷库中心相互抵消；方案二工况下由于采取背对的吹风方式，风机吹出的气流各自流向墙侧，因此相互的影响较小，而一般回风速度较小，气流即使在冷库的中心纵截面有相互干涉的情况发生，但是对整个流场的影响不会太大；方案三的工况下除了风机吹出的气流存在相互干涉外，前部风机的出流也会受到中间四个风机吹出的气流回流的影响。综上所述，由于方案二工况下风机间的出回流相互干涉最小，所以温降速度相对最快。

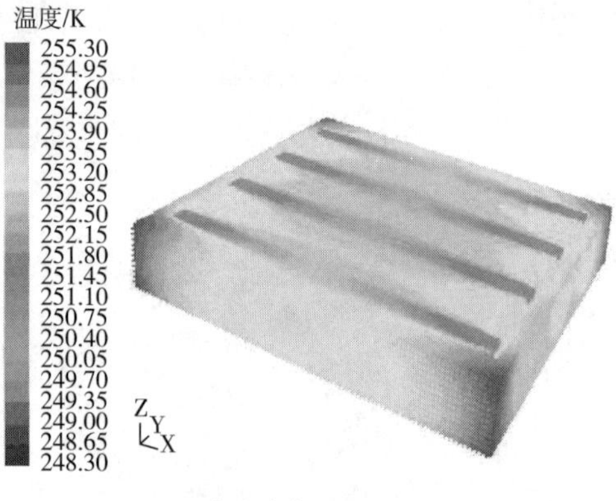

（1）方案一，50min

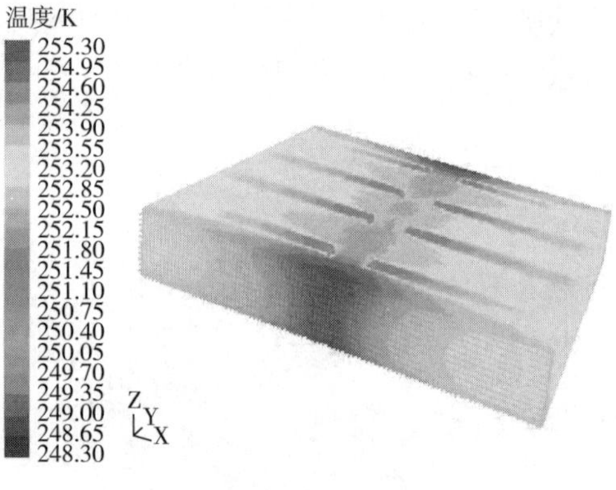

（2）方案二，45min

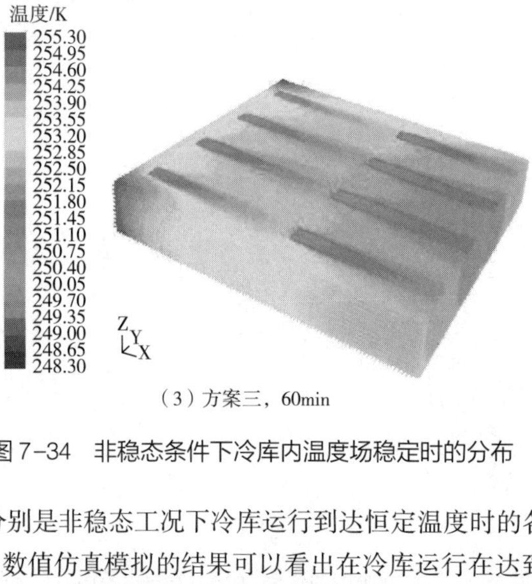

（3）方案三，60min

彩图7-34

图 7-34　非稳态条件下冷库内温度场稳定时的分布

图 7-35 和图 7-36 分别是非稳态工况下冷库运行到达恒定温度时的各中心层温度场分布与冷库中气流场总体分布，数值仿真模拟的结果可以看出在冷库运行在达到稳定后，由于流场在水平方向分布对称从而导致了冷库中心水平方向的温度场分布也较对称。在中心温度分布图中

由于方案二工况下的气流干涉最小，冷库中的温度较其他两者均匀。3 种工况的气流分布图都显示了冷库内使用 8 台风机进行吹风所形成的流场都较均匀。

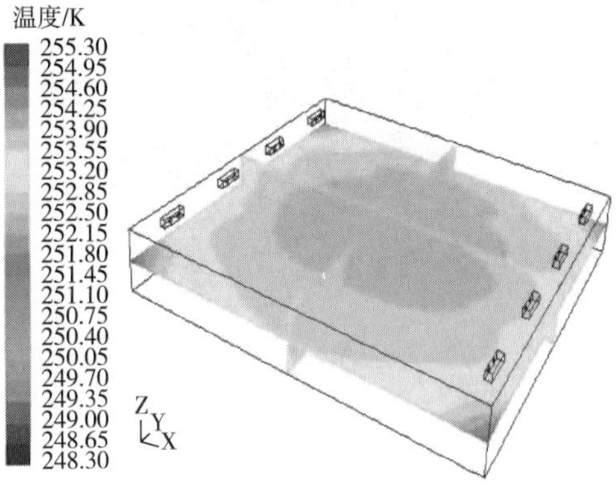

（1）方案一，50min

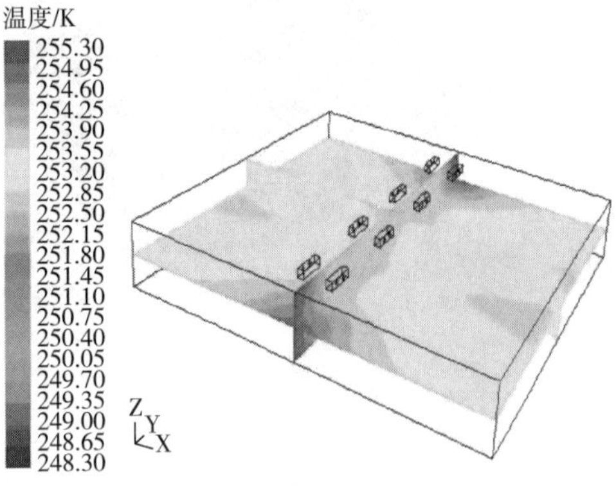

（2）方案二，45min

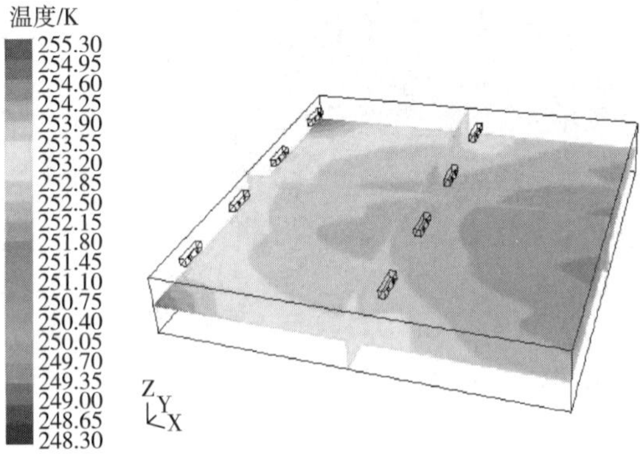

（3）方案三，60min

彩图7-35

图 7-35　非稳态条件下冷库内各中心层面温度场稳定时的分布

分析综合数值仿真的 3 种方案下非稳态温度场和流场的结果，方案二的工况中使用气流分向式、风机背对式吹风法由于使库内气流分布更均匀，而且到达稳定温度所使用的时间更少，故推荐大型冷库中针对吊顶式风机的摆设可参考方案二进行布置，对于这种方案下冷库中间由于回风引起的温度较高的区域建议设置为进出货物的通道，这样既不会影响货物的冻藏质量，同时可以提高气流流动的通畅性。

3. 小结

本案例利用 CFD 技术，仿真模拟了一个总容积为 13248m^3 的大型单间冷库中 3 种不同的风机布置方案所引起的温度及流场变化，并进行对比分析，计算和仿真结果得出了以下结论：

①数值仿真的结果可以为目前大型冷库中吊顶式风机的摆设方案提供参考依据，本案例仿真模拟的冷库中采用方案二的风机布置形式相比其他方案可以使冷库降至同一温度更节省时间，因此也更具有节能效果。

②冷库中货物的摆放区域应该为温度相对较低的区域，传统经验很难判定冷库中低温区的具体位置，模拟结果显示冷库中 3 种不同风机吹风方式导致的温度场都存在出风区域的温度较低，而温度较高的区域出现在回风处的墙侧。

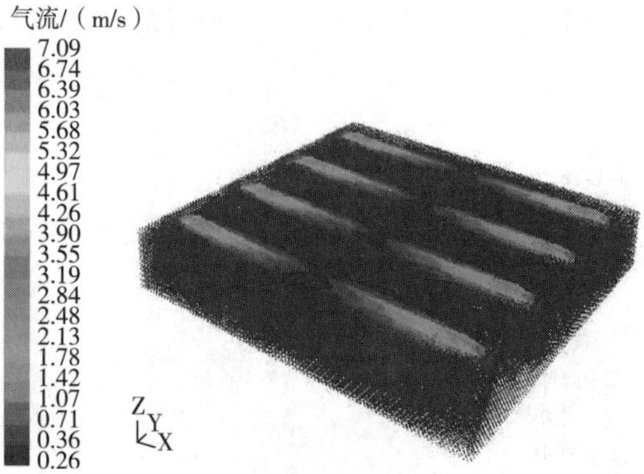

（1）方案一，50min

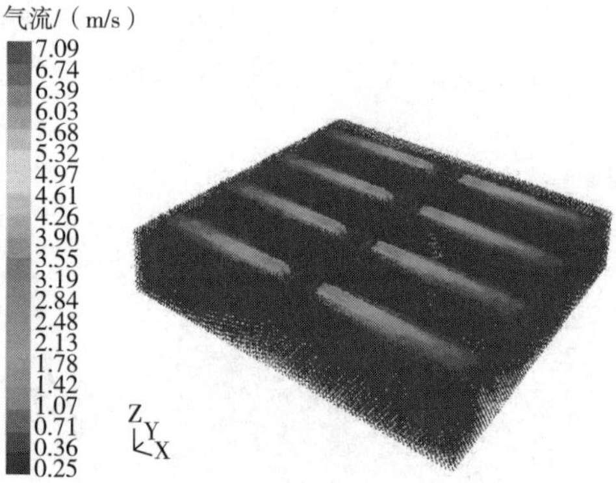

（2）方案二，45min

（3）方案三，60min

彩图7-36

图 7-36　非稳态条件下冷库内气流场稳定时的分布

③冷库中气流的合理分布不仅会影响冷库内冷藏品的贮存质量，而且关系到冷库的节能减排。本案例计算的冷库中 3 种不同风机摆设形式所引起的气流分布在水平面上有良好的对称性和均匀性，温度场由于气流的作用也有较好的对称性。

思考题

1. 如何进行肉类冷却间、果蔬冷却间等的设计？
2. 冻结间设计应符合哪些要求？有哪几类冻结间？设计时如何进行选择？
3. 冷却物冷藏间、冻结物冷藏间各有何设计要点？
4. 气调库的设计与常规高温库相比有何不同之处？

CHAPTER 8

第八章 工业制冰

学习目标

1. 了解人造冰的制取分类；
2. 掌握盐水间接冷却制冰的设计方法；
3. 了解直接冷却制冰设备的应用场景；
4. 了解冰的输送方法。

根据冰的来源有天然冰和人造冰，人造冰又称机制冰。机制冰根据制造方法分为盐水制冰和快速制冰。制冰用水量应按每吨冰用水 1.1~1.5m^3计算。

第一节 人造冰的制取

一、冰的分类

冰在食品保鲜中用途十分广泛，食品冷加工生产中需要用冰，渔轮出海捕鱼需要用冰，鲜货长途运输需要用冰，医疗、生活、科研等都需要用冰。

一般而言，自然界的水在0℃时，就会结成冰的称为天然冰；通常以人工制冷方法制成的冰，称为人造冰或机制冰。

冰在各行业的用途广泛，所以其种类、形状也多。冰的分类可见表 8-1、表 8-2。

表 8-1 冰的分类

分类方式	冰的名称	冰的制取特点或形式
按用途分类	工农业用冰	用普通自来水或纯净海水冻结成的冰
	食用冰	用经过消毒的食用水制成的冰

续表

分类方式	冰的名称	冰的制取特点或形式
按冰的形状分类	块冰	冻成的冰外形呈块（桶）状
	管冰	制成的冰外形呈管段形状，管段呈圆柱形中间透空
	片冰	制成的冰外形呈薄片状，厚度约为 3mm，小于 5mm 的冰为片冰
	板冰	厚度为 5~10mm 的平板形或圆弧形冰
	冰晶冰	在冷盐水中结晶形成的冰
	颗粒冰	有圆形、方形、异形、雪花和鳞形等各种花色形状的冰
	冰霜（泥冰）	霜和细小冰的混合物
按冰的颜色分类	白冰	水结成冰时，冰体中含有空气，使冰体不透明呈乳白色，例如桶式块冰
	透明冰	在白冰的生产过程中，增加吹气和抽芯水工艺所制得的冰
	彩色冰	在食用生产过程中，增加食用色素所制得的冰
按冰中有无添加剂分类	无味冰	以符合卫生条件的水，不加任何处理而制得的冰
	咸味冰	含有一定盐分的冰
	调味冰	在食用冰中含有适量调味品的冰，一般用于冷饮
	防腐冰	在水中加入消毒剂、防腐剂制成的冰，一般用于冰鲜鱼货

表 8-2 制冰方式的分类

分类方式	冰的名称	冰的制取特点或形式
按获取方式分类	天然冰	江、河、海水中的天然冰
	人造冰	各种人工制冷方式获得的冰
按制冷原理分类	直接蒸发制冷	各类快速制冰方式
	间接蒸发制冷	桶式盐水制冰装置
按制冰速度分类	快速制冰	片冰机、管冰机等
	慢速制冰	桶式盐水制冰装置
按使用对象分类	工农业制冰	工农业生产过程用冰，例如建筑施工、冶炼等用冰
	商业制冰	餐饮业和冷饮品商店使用
	家庭制冰	家庭小型制冰机
按出冰方式分类	连续制冰	片冰机、结晶冰机等
	间歇制冰	板冰机、管冰机等

二、冰的物理性质

冰是一种透明的六方晶系的晶体结构，根据冰形成的条件不同，其形状和透明度各有不同。水在静止状态结成的冰，其结晶呈针状，坐标轴垂直于水面。

纯净的水在正常的大气压下，冷却到0℃就会结冰。

温度如果继续下降，冰晶周围的水会由液体全部转化成冰，从而形成冰块；如果温度再下降，则冰块的温度就会下降。但是水中含有杂质，水的结冰点就会下降；压力增加，水的结冰点同样会下降。冰的融点即为水的冰点。如果在 615 大气压（60MPa）下，冰的融点为-5℃；当压力高达 20000 大气压（1961.33MPa）时，冰的融点就会高于 0℃。

冰的融解热为 331.6~335.7kJ/kg，通常取 335kJ/kg。冰从固体变成液体的水所需的热量称为融解潜热，即 1kg 重的冰需要吸收 334.94kJ 的热量，才能完全变成水。同样 0℃时质量为 1kg 的水，要全部结成 0℃的冰，也需要被吸收 334.94kJ 的热量，称为结冰潜热。表 8-3 是冰的热力学性质。

表 8-3　冰的热力学性质

温度/℃	热焓/（kJ/kg）	潜热/（kJ/kg）	比熵/［kJ/（kg·K）］
0（水）	0.00	2500.78	0.0000
0（冰）	-333.56	2834.34	-1.2209
-5	-343.99	2835.59	-1.2594
-10	-354.20	2836.59	-1.2983
-15	-369.29	2837.39	-1.3368
-20	-374.17	2838.06	-1.3754
-25	-383.85	2838.52	-1.4139
-30	-393.39	2838.82	-1.4528
-35	-402.69	2838.86	-1.4913
-40	-411.81	2838.73	-1.5303
-45	-420.77	2838.44	-1.5692
-50	-429.57	2838.02	-1.6081

冰的密度与其温度、冰形成时的环境压力、冰中有否空气泡和水的纯度有关。

水结成冰后，密度减少，体积增大。在常压下，一般取冰密度 $\rho=917kg/m^3$，因而结成的冰，体积将会增大 9%左右。表 8-4 是冰的物理性质。

表 8-4　冰的物理性质

温度/℃（℉）	密度/（kg/m^3）	比熵/［kJ/（kg·K）］	线膨胀系数
0（32）	916.79	333.46	—
-6.7（20）	916.79	—	—
-17.8（0）	919.35	—	—
-28.9（-20）	920.95	—	—
15.56（60）	—	—	28.2×10^{-6}

冰的比热容与冰的温度有关，其关系式如式 8-1 所示。

$$c = 2.165 - 0.0264T \tag{8-1}$$

式中　c——冰的比热容，kJ/（kg·K）；

T——冰的绝对温度，K。

一般在实际使用时，冰的温度从0~20℃时，其平均比热容取 $c=2.1$kJ/（kg·K），而水的比热容为4.2kJ/（kg·K），仅为水的一半。

冰的热导率与其温度有关，随着温度的降低而增加，见表8-5。通常温度在-20℃以上的冰，取其平均热导率 $\lambda=8.4$W/（m·K），为水的4倍。

表8-5 冰的热导率

温度 t/℃	0	-50	-100
热导率 λ/［W/（m·K）］	2.24	2.78	3.47

冰的抗压强度与温度有关，随着温度降低其强度增加，见表8-6。

表8-6 冰的抗压强度

温度 t/℃	0	-10	-20
抗压强度 σ/（kg/cm^2）	15	30	50

冰的导温系数在0℃时为 $\sigma=0.00419$m^2/h。

三、透明冰的制取方法

纯水冰是无色透明晶体，然而水在大气环境中常有空气溶于其中，一般水温在20℃时，水的饱和溶解空气量约为24mg/L，0℃时为36mg/L，水中溶解空气量随着水温升高而减少，沸水中很少溶有空气。若水在结冰过程中，其中溶解的空气不能及时排出，则无数微小的空气泡被包围在透明的冰晶体中，形成不同方向光的折射面，致使透明晶体变成不透明的乳白色，即白冰；若在冰的形成过程中将水中所溶的空气排除掉，则制取的冰中不含气泡，结的冰是透明的晶体，即透明冰。

在冰的形成过程中，若水被不断地搅动，或者在结冰表面流动，或者尽量放慢结冰的速度，或者使用冷开水，此时水中所溶的空气可被排除掉，即可制得透明冰。

用水生产透明冰，只要在现有生产标准条冰的基础上，往未冻结的冰桶中吹入干净的压缩空气，在结冰过程中，就会把水中所含的空气泡去掉，形成冰晶结实、均匀的透明冰。

1. 透明冰低压制取方法

压力约0.25MPa表气压的空气沿着直径为8cm的管子进入每一冰桶，管子插在冰桶中心3/4深度处。用橡皮管把这些管子和主空气管联接起来，而在冰块中心处的水冻结之前把管子拿出。也有用穿孔管形成的，这种管子是在水完全冻结之后拿出（预先用蒸汽把管子加热）。

2. 透明冰高压制取方法

压力为1.7~2.4MPa表气压的冷而干燥的空气沿着直径6cm的管子送入冰桶。

管子是焊接在冰桶加强筋或冰桶角上，管口伸入桶底中心，管子在水冻结后并不取出，这样就使制冰工人看管工作更为方便。

送入每只冰桶的空气，对于质量为100~200kg的大冰块约0.4m^3/h。

这两种方法要求伸入冰桶的管子清洁无污物，而且送入冰桶的空气必须去除水分。方法是外套一蛇管式二重减湿器。

蛇管进行预冷后，送入空气管子形成雪衣，当停止一个减湿器的工作时，就会融化，水往下流。

3. 消毒透明冰制取方法

在水中加入次氯酸盐的浓溶液，所结的冰就是消毒冰。在渔业生产中消毒冰对于增加鱼获物的保藏期有很大意义。水冻结后所留氯的平均浓度为 50~80mg/L。氯制剂的杀菌作用是最后能使细菌细胞中有机物质被氧化，水解所生的氧则是作用的根源。

现在用作消毒剂的还有硝酸盐、抗坏血酸和过氧化氢等。水中的次氯酸钙等所做成的消毒冰有一个缺点：无论在水本身的冻结过程中或是以后冰的保藏中，氯都会很快地散失。例如，氯在冰中的最初含量为 180mg/kg，等到 4 昼夜后，轧成碎冰时只有 11mg/kg。

第二节　盐水间接冷却制冰设备

盐水制冰虽然存在占地面积大，耗用金属材料多，辅助设备多，维修费用高等缺点；但是，制成的冰易于码垛贮存，便于滑运输送，而且制冰系统稳定可靠，操作方便，是一种实用、便宜的制冰方法。因此，在用冰量大的渔业生产、化工染料生产等场合中得到广泛运用。盐水间接冷却制冰装置见图 8-1。盐水制冰制冷、供水原理如图 8-2 所示。制冰厂平面布置图见图 8-3。

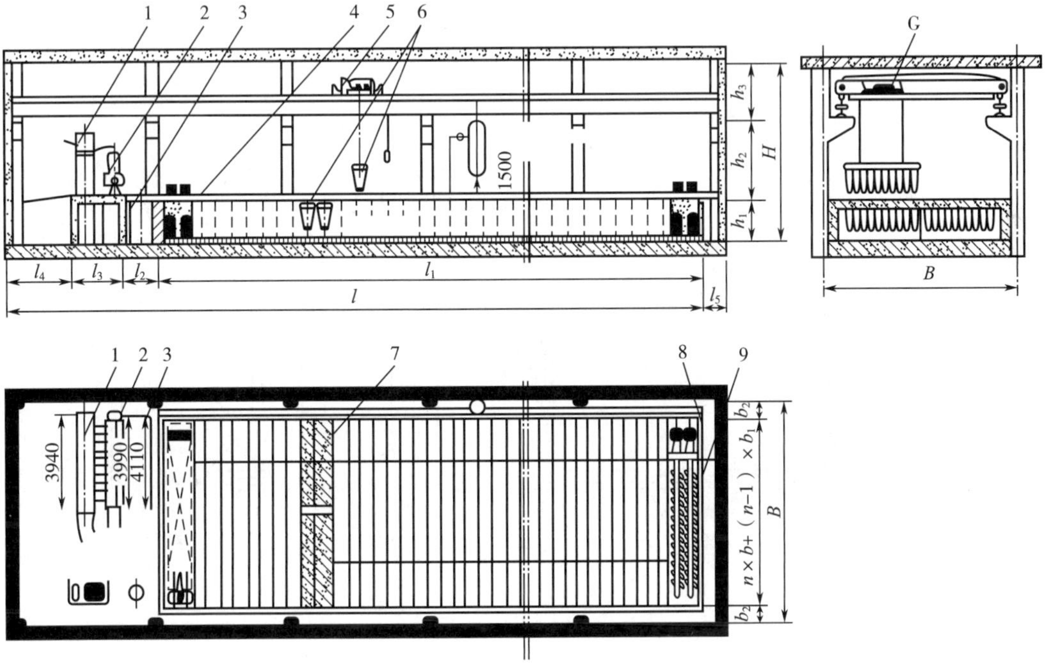

图 8-1　盐水间接冷却制冰装置

1—加冰器　2—倒冰架　3—融冰槽　4—制冰池　5—吊冰行车　6—冰桶

7—冰桶架　8—搅拌器　9—蒸发器

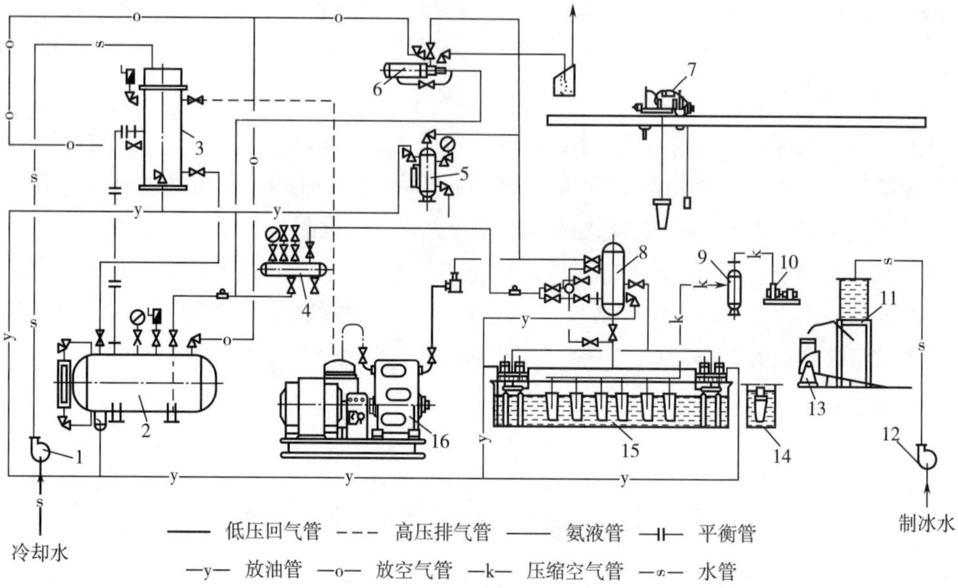

图 8-2　盐水制冰制冷、供水原理图

1—冷却水泵　2—贮氨器　3—冷凝器　4—调节站　5—集油器　6—空气分离器　7—吊冰设备　8—氨液分离器　9—空气罐　10—罗茨鼓风机　11—冰桶加水器　12—加水泵　13—倒冰架　14—融冰槽　15—制冰池　16—氨压缩机

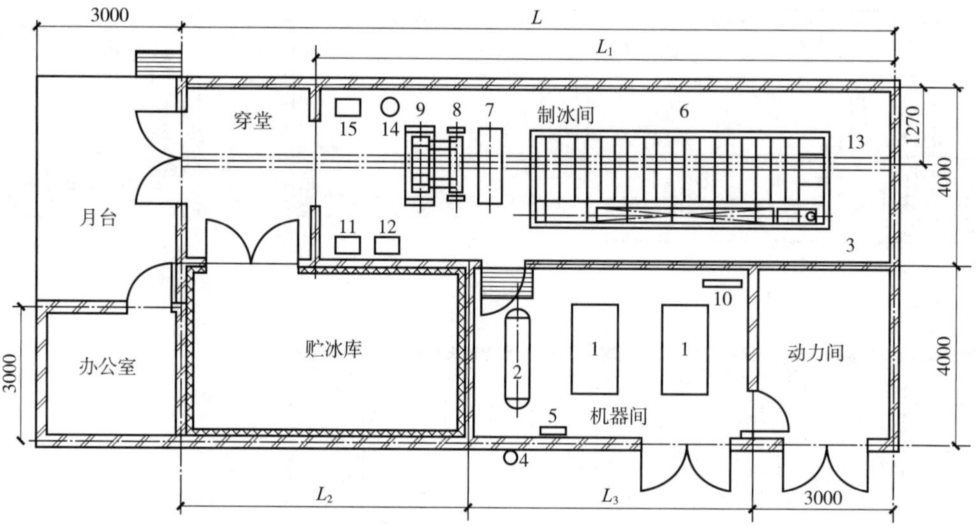

图 8-3　制冰厂平面布置图

1—压缩机　2—主页器　3—氨液分离器　4—集油器　5—空气分离器　6—制冰池　7—融冰槽　8—倒冰架　9—加水器　10—调节站　11，12—离心水泵　13—电动葫芦　14—气罐　15—鼓风机

一、 盐水制冰对盐水的要求

盐水制冰的优点是制冰方法简单，制冰量稳定，冰块不易脆裂，整体性较好（工艺上已日趋完善）；缺点为设备庞大，用钢量大，还需配备一定量的辅助设备。

盐水制冰设备所采用的盐水，一般为氯化钠（NaCl）溶液或氯化钙（$CaCl_2$）溶液。

1. 氯化钠与氯化钙溶液密度

氯化钠与氯化钙溶液密度，参见表 8-7。

表 8-7 氯化钠与氯化钙溶液的密度 单位：（$\times10^3$）kg/m^3

溶液中的盐的质量分数/%	盐水温度/℃						溶液中的盐的质量分数/%	盐水温度/℃					
	15	±0	-5	-10	-15	-20		15	±0	-5	-10	-15	-20
	氯化钠 NaCl							氯化钙 $CaCl_2$					
10	1.075	1.078	1.079	—	—	—	15	1.132	1.137	1.140	—	—	—
11	1.082	1.086	1.087	—	—	—	16	1.142	1.147	1.150	—	—	—
12	1.089	1.093	1.095	—	—	—	17	1.151	1.157	1.160	—	—	—
13	1.098	1.101	1.102	—	—	—	18	1.161	1.167	1.170	—	—	—
14	1.103	1.108	1.110	—	—	—	19	1.171	1.177	1.180	—	—	—
15	1.111	1.116	1.117	1.119	—	—	20	1.181	1.187	1.190	—	—	—
16	1.119	1.124	1.125	1.125	—	—	21	1.191	1.197	1.201	1.205	—	—
17	1.127	1.133	1.134	1.135	—	—	22	1.201	1.207	1.211	1.215	—	—
18	1.134	1.141	1.142	1.144	—	—	23	1.211	1.218	1.222	1.226	—	—
19	1.141	1.147	1.148	1.149	1.151	—	24	1.222	1.228	1.233	1.237	—	—
20	1.151	1.158	1.160	1.162	1.163	—	25	1.232	1.239	1.244	1.248	—	—
21	1.160	1.165	1.168	1.169	1.171	—	26	1.243	1.250	1.254	1.259	1.263	—
22	1.168	1.174	1.176	1.178	1.180	—	27	1.252	1.261	1.266	1.270	1.275	—
23	1.174	1.181	1.183	1.185	1.187	1.188	28	1.264	1.272	1.277	1.282	1.287	—
24	1.184	1.191	1.194	1.196	1.198	—	29	1.275	1.283	1.288	1.293	1.298	1.303
25	1.193	1.199	1.202	1.204	—	—	30	1.286	1.294	1.298	1.304	1.310	1.315

2. 盐水的密度与波美度换算

一般制冰盐水温度在-14~-10℃时，采用 18.9~22.1 波美度（°Bé）。

盐水的密度与波美度换算公式如式（8-2），换算也可参照表 8-8。

$$\rho_{20℃} = \frac{144.1}{144.3 - x} \tag{8-2}$$

式中 $\rho_{20℃}$——20℃时盐水的密度，g/cm^3；

x——盐水的波美度。

表 8-8　　盐水波美度与密度的换算

波美度/°Bé	密度/(g/cm³)	波美度/°Bé	密度/(g/cm³)	波美度/°Bé	密度/(g/cm³)	波美度/°Bé	密度/(g/cm³)
1	1.007	11	1.083	21	1.171	31	1.274
2	1.014	12	1.091	22	1.180	32	1.285
3	1.022	13	1.100	23	1.190	33	1.297
4	1.029	14	1.108	24	1.200	34	1.308
5	1.036	15	1.116	25	1.210	35	1.320
6	1.045	16	1.125	26	1.220	36	1.332
7	1.052	17	1.134	27	1.231	37	1.345
8	1.060	18	1.142	28	1.241	38	1.357
9	1.067	19	1.152	29	1.252	39	1.370
10	1.075	20	1.162	30	1.263	40	1.383

3. 盐水的温度

盐的浓度取决于要求的盐水工作温度，其凝固点一般应比制冷剂的蒸发温度低 6~8℃。氯化钠（NaCl）仅运用于-16℃以上的蒸发温度；氯化钙（$CaCl_2$）则可在-50℃以上的蒸发温度时采用。

4. 适用场合

氯化钠溶液多用于冰池、食品冻结装置，例如鱼类或肉类副产品的冻结装置；氯化钙溶液的共晶温度比氯化钠溶液低的多，但不能与食品接触。

二、 盐水中防腐蚀措施

0~5%氯化钙（$CaCl_2$）盐水对钢的腐蚀性达最高值；浓度增加，腐蚀性反而减少。盐水对冰池中的金属材料的腐蚀一般很强烈，必须采取措施，减少腐蚀。加缓蚀剂防腐是一种实用、简单的方法。冰池中加缓蚀剂是增加盐水浓度和 pH，控制盐水对金属腐蚀峰值，减少对金属的腐蚀。加了缓蚀剂的另一个作用是与金属直接发生反应，使金属表层发生一种保护膜，直接减少盐水对金属的腐蚀。

钢板在 18℃，20%的氯化钙溶液中，其腐蚀率为每年 0.11~0.55mm。如果冰池进水使池内浓度下降，又有其他原因（如漏氨等情况），则 1 块 8mm 厚的钢板将使用不到 70 年（最大值，还未考虑其他复杂情况）。

盐水对金属有不同程度的腐蚀性，为减少盐水对金属腐蚀，盐水的 pH 宜控制在 7~9，以略带碱性为好；其波美度为 18~24°Bé。

敞开式盐水池的盐水经常与空气相接触，吸收空气中的二氧化碳后，会变为酸性，加剧对金属的腐蚀作用；吸收空气中的水分后，盐水浓度会降低，这不仅会使盐水的凝固点升高、蓄冷量减少，而且还会加剧盐水对金属的腐蚀作用。为此，在生产管理中，应经常对盐水的浓度或密度、pH 进行检查，使之保持最佳数值，以有利于生产。

若盐水的 pH 大于 9，往往是由于氯化钙原来的碱性过大，或者是氨漏入盐水中所致。氨渗进盐水中，生成氯化铵（NH_3Cl_2），加速盐水对金属的腐蚀，也是不利的情况。

为了降低盐水对金属的腐蚀作用，一般可向盐水中渗入缓蚀剂。

目前盐水常用的缓蚀剂是重铬酸钠（$Na_2Cr_2O_7$）和氢氧化钠（NaOH）的混合物，质量比为 100∶27，缓蚀剂与盐水的比例见表 8-9。

表 8-9　缓蚀剂与氯化钙（$CaCl_2$）和氯化钠（NaCl）之比

氯化钙（$CaCl_2$）溶液		氯化钠（NaCl）溶液	
盐水密度/（$\times10^3kg/m^3$）	（73%纯度）每 100kg 氯化钙应用重铬酸钠质量（kg）	盐水密度/（$\times10^3kg/m^3$）	每 100kg 氯化钠应用重铬酸钠质量（kg）
1.160	0.695	1.118	1.79
1.169	0.655	1.126	1.67
1.179	0.621	1.134	1.57
1.188	0.587	1.142	1.47
1.198	0.556	1.150	1.39
1.208	0.528	1.158	1.32
1.218	0.502	1.166	1.24
1.229	0.478	1.175	1.18
1.239	0.455		
1.250	0.453		

1. 重铬酸钠（$Na_2Cr_2O_7$）添加法

（1）氯化钙盐水应经常保持其在 15℃时的密度为 $1.19\times10^3kg/m^3$，即 23°Bé。

每立方米应加 1.6kg 重铬酸钠，如盐水仍呈中性，则需按重铬酸质量的 27%加添氢氧化钠。

（2）氯化钠盐水应经常保持其密度为 $1.17\times10^3kg/m^3$左右，即 21°Bé。

每立方米应加 3.2kg 重铬酸钠和 5.4kg 氢氧化钠。盐水应保持弱碱性，以 pH 8.5 为最佳。酚酞试剂呈玫瑰色为宜。

2. 制冰池盐水检查及调整

（1）盐水浓度标准　规定盐水的浓度最高不高于 21.1°Bé；最低不低于 19°Bé。

（2）盐水温度标准　为防止冷气管表面盐水冻结及制冰池地坪过冷冻膨，盐水温度不能低于-14.2℃。

（3）盐水酸碱度标准　盐水应经常维持在弱碱性即 pH 7.5~8.5。

（4）盐水加防腐剂标准　为减轻冰池、冰桶等腐蚀程度，规定第一次每立方米盐水中须加重铬酸钠 3.2kg；以后每隔一年加重铬酸钠一次，加入量为第一次的 1/2。加重铬酸钠后，须测定盐水的酸碱度，使其维持在标准值内。

（5）检查及调整时间　盐水的浓度、酸碱度，每月至少检查调整一次，应将每次检查调整前后结果，记录在制冷机车间的日报表上，各制冰间本身应留底记录，以备有关部门检查及参考。

制冰池盐水检查调整方法如下。

①密度用比重计测定，加盐注意清洁，加入冰池中，必须过滤，以免杂物、泥砂混入盐水。加盐一次不能太少，逐步溶解加入。

②酸碱度用酸碱试纸测定，pH 低于 7.5 时（7 以下为酸性）应加氢氧化钠。加氢氧化钠时，应戴橡皮手套，禁止与皮肤直接接触，如氢氧化钠是块状固体，应先敲碎再加入。

③加重铬酸钠时应戴口罩、橡皮手套，禁止与皮肤接触，缓缓加入，以免中毒。

三、 制冰热负荷与设备设计计算

盐水制冰的冷负荷计算与设备选用，对制冰厂（车间）设计有指导作用。为此，在每一个初投入之前，设计工程师都必须认真、仔细地考虑到每一个细节，计算每一个数据、尺寸，使制冰厂（车间）能达到最少投入，最大产出的最佳效益。

（一）制冰池设计计算

1. 制冰厂（车间）生产率计算

$$m=P/(365-n) \tag{8-3}$$

式中 m——制冰厂（车间）的生产率，t/d；

P——制冰厂（车间）一年内冰的总生产量（或指定生产量），t；

n——一年内工厂停工修理天数，d。

实际生产中一年的用冰量是不均衡的，通常六月至九月是冷藏运输、渔业、工业用冰最多的季节，其余月份的用冰则相对较少，甚至不需加冰。

因此，按照式（8-3）确定的制冰厂生产率，必须配有相应大小的贮冰间，以便在用冰较少的季节，把冰给贮存起来，以弥补大量加冰季节之不足。否则，用冰较少的季节，生产的冰无处贮存，制冰厂势必停工，而热季大量用冰时，生产的冰量不够使用，不能保证易腐货物的保存。

贮冰间是生产、销售冰的时间缓冲设备、装置。

通常，制冰厂（车间）的生产率制约着贮冰间容量的大小，一般贮冰间应有 2~3 个月的产冰量，比较合理。

2. 贮冰间（冰库）容积和底面积计算

（1）贮冰间的容积　按式（8-4）计算：

$$V=\frac{P_{冰}}{r}\times\delta \tag{8-4}$$

式中 V——贮冰间的容积，m^3；

$P_{冰}$——设计的贮冰间容量，t；

r——冰块的单位容积质量，t/m^3；

δ——贮冰间的充满系数，计算时一般取 0.8 为宜。

（2）贮冰间的底面积　按式（8-5）计算：

$$S_{地}=\frac{V}{H} \tag{8-5}$$

式中 $S_{地}$——贮冰间地板面积，m^2；

V——贮冰间的容积，m^3；

H——贮冰间高度，为冰块堆放高度加上冰块之间的距离和蒸发器的安装高度等，m；

总高度根据库内搬运冰块的方式不同，一般为5~10m，但高的也有取层高16m的（单层）。

3. 冰的冻结时间计算

$$t = \frac{A \times \delta}{t_y}(\delta + B) \quad (8-6)$$

式中 t——冻结时间，h；

t_y——制冰池内盐水平均温度，℃，计算时一般取-14~-10℃；

δ——冰块上端断面尺寸较小的边长，m；

A、B——与冰块横断面边长比有关的系数，参见表8-10。

表8-10 冰块横断面边长比有关的系数

系数	边的比例					
	1	1.25	1.5	2.0	2.5	4.0
A	3120	3690	4060	4540	4830	5320
B	0.036	0.031	0.028	0.026	0.0245	0.023

4. 冰桶数计算

$$n = \frac{m(t_{冻} + t_0) \times 1000}{24 \times g} = 41.5\frac{m}{g}(t_{冻} + t_0) \quad (8-7)$$

式中 n——需要的冰桶数量，个；

m——制冰厂的生产率，t/d；

g——冰块质量，kg；

$t_{冻}$——水在冰桶内冻结的延续时间，h；

t_0——由冰池提出、脱冰、注水、冰桶放入冰池等作业所用的时间，h（计算可取0.1~0.15h）。

5. 冰块选型和周期作业生产率

冰块的质量必须预先选定，选定后可按表8-11确定适当尺寸的冰桶。

知道冰块的质量、冰桶的数量和制冰厂（车间）的生产率，并把制冰厂的昼夜生产率换算成周期作业生产率，从而进一步设计制冰池。周期作业生产率计算如式（8-8）。

$$P_{周} = \frac{t_{冻} + t_0}{24}m \quad (8-8)$$

式中 $P_{周}$——制冰厂的周期作业生产率。

表8-11 常用冰桶规格

冰块质量/kg	冰桶尺寸/mm			壁厚/mm	冰桶质量/kg
	上部	下部	高		
25	260×130	230×110	1100	1.5	12
35	342×115	313×123	1100	2.5	16.5
50	380×190	340×160	1100	1.5	17.2

续表

冰块质量/kg	冰桶尺寸/mm			壁厚/mm	冰桶质量/kg
	上部	下部	高		
100	500×250	466×216	1175	2.0	34
125	550×275	522×247	1175	2.0	38.6

（二）制冰热负荷计算

制冰热量包括制冰池围护结构传热，冰桶内原料水的冷却、结冰和冰在降温过程中放出的热量，冷却冰桶、冰桶架的热量，盐水搅拌器运转时的热当量，融冰损耗五个方面。具体计算方法如下。

1. 制冰池围护结构传热

$$Q_1 = \sum F \times K(t_n - t_y) \tag{8-9}$$

式中 Q_1——制冰池围护结构传热量，kW；

F——制冰池底、壁、顶面的面积，m^2；

K——制冰池的传热系数，W/（m^2·K），底、壁采用 K=0.5W/（m^2·K），顶面采用 K=2.0W/（m^2·K）；

t_n——制冰间的空气温度,℃，取 15~20℃；

t_y——制冰池内盐水温度,℃。

2. 冰桶内原料水的冷却、结冰和冰在降温过程中放出的热量

$$Q_2 = \frac{1000}{24} \times G[(t_s - 0) + 80 + 0.5(0 - t_b)] \tag{8-10}$$

式中 Q_2——冰桶内原料水的冷却、结冰和冰在降温过程中放出的热量，kW；

G——制冰能力，t/d；

t_s——原料水温度,℃；

t_b——冰的终温,℃，一般比盐水温度高出 2℃。

3. 冷却冰桶、冰桶架的热量

$$Q_3 = \frac{1000}{24} \times G \times W \times c(t_s - t_y) \times \frac{1}{g} + n_1 \times w_1 \times c(t_s - t_y) \tag{8-11}$$

式中 Q_3——冷却冰桶、冰桶架所需热量，kW；

G——制冰能力，t/d；

W——每只冰桶的质量，kg，可查表 8-11；

t_s——原料水温度,℃；

t_y——盐水温度,℃，设计取值-10℃；

g——冰块质量，kg；

n_1——冰桶架数，个；

w_1——每个冰桶架质量，kg；

c——金属比热容，取 0.42kJ/（kg·K）。

4. 盐水搅拌器运转时热当量

$$Q_4 = 860 \times N_z \tag{8-12}$$

式中　Q_4——盐水搅拌器运转时热量，kW；

N_z——搅拌器功率，kW。

5. 融冰损耗

$$Q_5 = \frac{900 \times F_b \times \delta \times Q_1}{g} \tag{8-13}$$

式中　Q_5——融冰损耗，kW；

900——冰的密度，kg/m^3；

F_b——冰块表面积，m^2；

δ——冰块融化层厚度，m，取 0.002m。

制冰总热负荷如式 8-14 所示。

$$Q = (Q_1 + Q_2 + Q_3 + Q_4 + Q_5) \times R \tag{8-14}$$

式中　Q——制冰总热负荷，kW；

R——管路损耗系数，取 1.12~1.15。

为了简化计算，在实际设计中，如果水温在 25~30℃范围内，制冰总热负荷可采用经验计算公式（8-15）：

$$Q = 7000 \times G \tag{8-15}$$

式中　7000——制取每吨冰每小时的热负荷，W/t；

G——制冰能力，t。

四、 盐水蒸发器冷却面积计算

1. 确定蒸发器的形式

蒸发器的选择计算主要是确定蒸发器的传热面积，选择合适的蒸发器及计算盐水（冷媒水、淡水）的循环量。

蒸发器形式选择的原则：冰池以盐水作载冷剂时，一般可采用直立管式、双头螺旋管或 V 形管式等几种蒸发器。

蒸发器一般装在盐水池内置于隔板的一侧或两侧，被盐水全部浸没，由于隔板的导流作用，在搅拌器的推动下，盐水在池内环流时，都经过蒸发器，盐水与蒸发器进行热交换。

贮冰间的蒸发器一般采用顶排管。

2. 蒸发器传热面积的计算

$$F = \frac{Q_0}{q_f} = \frac{Q_0}{K \times \Delta t_m} \tag{8-16}$$

式中　F——蒸发器传热面积，m^2；

Q_0——蒸发器换热量，即设计工况下的制冷量，kW；

K——蒸发器的传热系数，W/（m^2·℃）；

q_f——蒸发器的单位热负荷，W/m^2；

Δt_m——蒸发器中制冷剂与载冷剂之间的对数平均温差,℃。

$$\Delta t_m = \frac{t_1' - t_2'}{2.3 \times \lg \dfrac{t_1' - t_0}{t_2' - t_0}} \tag{8-17}$$

式中 t_1'——载冷剂进蒸发器的温度,℃;

t_2'——载冷剂出蒸发器的温度,℃;

t_0——蒸发温度,℃。

上述的传热系数和单位热负荷的数值与蒸发器的结构形式及制冷剂的种类有关。

五、 搅拌器流量

盐水搅拌器流量按式（8-18）计算：

$$L = w_y \times f \tag{8-18}$$

式中 L——盐水搅拌器流量，m^3/s；

w_y——盐水流速，m/s，蒸发器管间取小于0.7m/s，冰桶之间取0.5m/s；

f——蒸发器槽内管间盐水流经的截面积，m^2。

盐水搅拌器流量首先应满足蒸发器槽内管间流速不小于0.7m/s的要求，以提高蒸发器的制冷效率；同时注意合理组织盐水的流向和布置冰桶，尽可能提高盐水在冰桶之间的流速，并考虑力求每一个冰桶的冻结时间基本一致。

六、 配制盐水及调整措施

为了配置盐水，首先要决定蒸发管、其他管路、辅助设备和制冰池的容积。在开式系统中，盐水的浓度相当于比其规定工作温度还低5℃的冻结温度；在闭式系统中，为了防止蒸发器管子中的盐水可能发生的冻结，盐水浓度就应该相当于比氨蒸发的工作温度还低8℃的冻结温度。

目前，在制冰行业中，大多数采用盐水制冰。而盐水常用氯化钠来配制（氯化钙常用于冷饮槽），这里提供一个计算配制的方法和公式：

$$G_s = V_s \times \gamma_s \times \xi_s \times 1000 \tag{8-19}$$

式中 G_s——总的加盐量，kg；

V_s——盐水的体积，m^3；

γ_s——盐水的密度，kg/L；

ξ_s——盐水溶液中盐的质量分数,%，可参考表8-12。

$$V_s = V - (V_1 + V_2) \tag{8-20}$$

式中 V——冰池容积，m^3；

V_1——冰桶容积，m^3；

V_2——冰池内蒸发器的容积，m^3；

$$V_2 = \frac{F \times d}{4} \times 1.1 \tag{8-21}$$

式中 F——蒸发器蒸发面积，m^2，一般每天产1t冰需配2.5~4m^2的蒸发面积；

d——蒸发器管外径，m；

1.1——为考虑回气管、供液管、放油管的容积，一般为蒸发器管的10%。

表 8-12　　NaCl 溶液和 $CaCl_2$ 溶液的性质

条件		密度 γ_s/（kg/L）	波美度/Bé	质量分数 ξ_s/%
NaCl 溶液	盐水温度-10～-9℃	1.16～1.17	20.0～21.2	21.2～22.4
$CaCl_2$ 溶液	蒸发温度-15℃	1.18～1.20	22.1～24.1	19.9～21.9

七、制冰池尺寸设计计算

1. 制冰池平面尺寸的确定

制冰池的大小一般是根据蒸发器、所使用的冰桶数量、两端盐水必需流通断面所占用面积和搅拌器设置位置占用平面决定其平面，参见图 8-1。

由图 8-1 可知，要将盐水制冰池平面大小确定下来，首先必须设定冰块的大小（制冰桶尺寸）和冰桶的数量。经过合理的布置，列出长度方向有几个冰桶；宽度方向有几个冰桶。然后以冰桶架为主或作为一个单位划定小区域。最后结合冰池盖的长宽度组合成如图 8-1 所示的有若干个小区域的冰桶区。

冰池长度由两端的盐水流通宽度加上冰桶区的长度尺寸组成。

冰池的宽度由冰桶架长度、冰桶架放置余量、蒸发器安置宽度这主要三个部分组成。

2. 冰池高度的确定

由图 8-1 看出，冰池高度由四个方面：冰池盖板、冰桶架搁置高度、冰桶高度、盐水流动空间组成，但其中起决定作用的因素是冰桶。

八、制冰间尺寸计算

1. 制冰室的长度（L）

可按式（8-22）计算：

$$L = l_1 + l_2 + l_3 + l_4 + l_5 \tag{8-22}$$

式中　L——制冰间长度，m；

l_1——制冰池长度，m；

l_2——融冰槽宽度（参照冰桶架尺寸），m；

l_3——倒冰架宽度，m；

l_4——滑冰道水平投影长度（约取冰桶高度的 2 倍），m；

l_5——由墙壁到制冰池的距离（约为 1m），m。

2. 制冰间的宽度（B）

按式（8-23）计算：

$$B = n \times b + (n-1) \times b_1 + 2 \times b_2 \tag{8-23}$$

式中　B——制冰间宽度，m；

n——横向制冰池数；

b——一个制冰池的宽度，m；

b_1——相邻两个制冰池之间的距离，m，一般为 0.8～1m；

b_2——制冰池与制冰间墙壁之间的距离，m，一般为 0.6～1m。

3. 制冰间的高度（H）

按式（8-24）计算：

$$H = h_1 + h_2 + h_3 \tag{8-24}$$

式中 H——制冰间高度，m；

h_1——制冰池高度，m；

h_2——由制冰池内取出冰桶所需高度，m，可取冰桶高度的 1.5 倍；

h_3——安装起重机所需高度，m。

根据以往生产经验，对中型制冰室，平均日产每吨冰占地面积约为 4~5m^2。

九、 贮冰间设计要求

贮冰间（又称冰库）是用于贮存冰的空间。其设计与冻结物冷藏间相近。

1. 冰库容量的确定

冰库容量根据冰的生产和使用情况确定，短期贮存一般可取 3~7d 制冰量，长期贮藏则可取 15~30d 制冰量。板冰、片冰、管冰等是直接蒸发冷却制冰，可随时制冰随时使用，不宜长期贮藏。设计时，要根据具体情况进行确定。

2. 贮冰间的设计

（1）贮冰间的温度 根据冰的种类和制冰原料水的不同，设计的贮冰间的温度也不同。

盐水制冰：淡水冰块 t_n = -4℃；

快速制冰：淡水冰块 t_n = -8℃；

淡水片冰 t_n = -12℃；

海水片冰 t_n = -20℃。

（2）贮冰间冷却设备的设置要求 贮冰间一般采用光滑顶排管作冷却设备，不宜采用墙排管，以免冰垛倒塌以及装卸时冰块的碰撞损伤墙排管。贮冰间的建筑净高在 6m 以下的可不设墙排管，但顶排管必须分散满铺；贮冰间的建筑净高在 6m 或高于 6m 时，应设墙排管和顶排管，墙排管的安装高度宜在堆冰高度以上；墙排管和顶排管不得采用翅片管。

冰堆上表面距顶排管应有 1.2m 的空间，以便操作。

（3）建筑要求 冰库的墙壁要设护壁。由于冰块很滑且块重较大，在搬运和堆码时很容易碰到墙壁，因此要在内壁上设置护壁。常用 35mm×10mm 的竹片钉在 75mm×50mm 的木龙骨架上形成栅状护板，高度以堆冰高度为准。

参考拟堆冰高度确定贮冰间建筑净高，层高较高的冰库，可上下各设库门，当库内冰块堆至一定高度时，从上面门出入。

（4）堆冰高度 人工堆装，以不超过 2.0m 为宜；地面机械提升，不超过 4.4m；起重机提升，不超过 6.0m；碎冰，不宜超过 3.0m。

（5）贮冰间标高 贮冰间的地面标高冰库与制冰间同层相邻布置时，进冰洞应与制冰间的滑冰台直接相通，冰库面标高应低于滑冰台。进洞口下表面应是向内倾斜的斜面，高差不小于 20mm。进、出冰共用一个洞口时，冰库地面标高与进冰洞口最低点取平。采用机械设备进出冰时，标高不受限制。

十、滑冰道的设计

滑板、滑道是制冰生产厂内，将冰从生产场地运送到所需地方去的专用的生产辅助设施。滑冰道是滑板、滑道的总称。

滑冰道具有一定的坡度，冰块在其内靠自重滑行，实现冰块的输送。这种输送方式的特点是不需要消耗动力，利用冰块的位能来克服冰块与滑冰道之间的摩擦阻力；所以，滑冰道的起点和终点要求保持一定的高差，该高差的大小取决于滑冰道的长度和道面滑动摩擦阻力。

滑冰道的设计，主要考虑其坡度、构造尺寸和主要材料的选择。滑冰道设计建议尺寸见表8-13。

滑冰道的各段坡度是变化的，这主要是根据起始段要给冰块以加速度，中间段要使冰块匀速滑行，终了段要制动减速，避免碰撞，使冰块平稳地到达目的地。

表8-13 滑冰道尺寸

规格（桶冰质量）/kg	冰桶尺寸/mm			冰块高/mm	滑道情况							
					直行滑道				螺旋形滑道			
	上口内径	下口内径	外高		坡度/%			滑道内净宽/mm	坡度/%			建议外径内径/mm
					始	中	终		始	中	终	
50	400×200	375×175	900	800	15	5	0	250	15	7.4	7.4	3000~3500
100	500×250	475×225	1120	1000	12	4.5	0	300	12	7.0	7.0	3200~4000
125	560×280	535×255	1190	1080	10	4	0	340	10	6.5	6.5	4000~4500

注：(1) 滑道的起止指起步和接近轧冰机的一小段距离，但对螺旋形滑道来说，国内多用在冰池出冰和冰库进冰的垂直运输，根据现在使用情况，终点坡度同中间坡度；

(2) 螺旋形滑道、转弯滑道等，需注意滑道的滑轨外侧要比内侧高一些。

滑冰道的土建结构形式很多，有木结构、钢筋混凝土结构和钢结构等。

滑冰道的钢结构主要是由角钢、扁钢和钢管等材料作构架，辅以竹片、钢管作道面；并在道面两侧做防护结构，以免冰块滑落或撞墙等意外。

第三节 直接冷却制冰设备

一、桶式快速制冰机

桶式快速制冰法在1970年左右就有应用，如国产的设备AJB-15/24，具有快速、高效和自动操作的优点。

1. AJB-15/24桶式快速制冰机

国产AJB-15/24桶式快速制冰机，产冰能力15t/d，其产冰速度约每110min循环出冰1次，

24h 内出冰 13 次，共 15t。

冰块的尺寸为上部断面 172mm×268mm，下部断面 198mm×288mm，高 1180mm。内有 11 孔，冰块质量为 50kg/块。

生产条件：氨蒸发温度-16~-15℃，给水温度 25℃，预冷后水温 6~10℃，制冷量 8.7~10.5kW，冰块温度-11℃。

2. 制冰原理

原料水加进合上底盖的冰桶之后，制冷剂由氨泵送入冰桶夹层和冰桶中心指状套管蒸发器，蒸发制冷；冰即沿桶壁和指状蒸发器逐渐形成，最后全部结成一体；然后以热制冷剂脱冰。AJB-15/24 桶式快速制冰机原理图见图 8-4。

冰块近似于正方柱体（略有锥度，下大上小），中心有数个指状蒸发器残孔。

由于桶内水是静止的，且结冰速度快（每个生产周期约 2.5h）；冰温较低（约-11~-10℃）；所以冰块内许多细小气泡，冰块相对密度较小，质地较脆，容易融化。

这类冰在贮存、堆放、搬运时的损耗和使用效果，都不如盐水间接冷却制造的冰块；但它也有耗钢材少、占地面积省、生产周期短等优势。

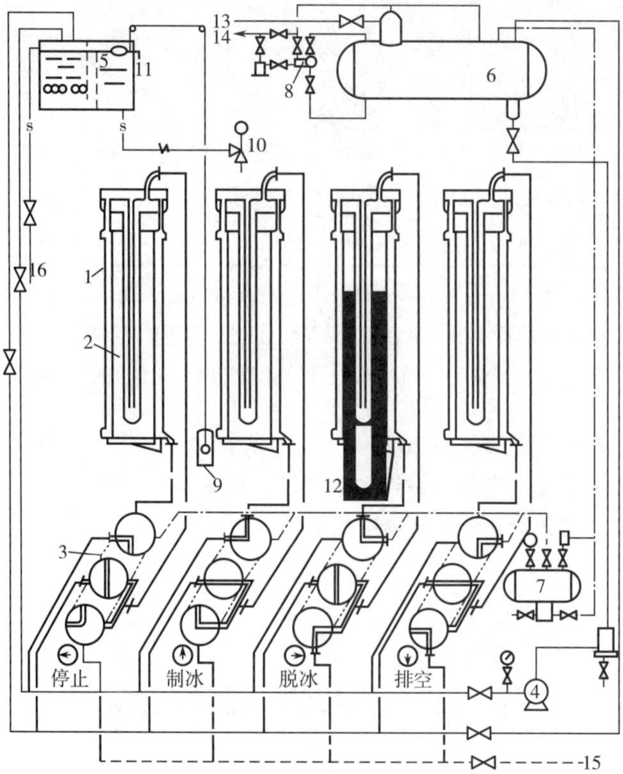

图 8-4　AJB-15/24 桶式快速制冰机原理图

1—冰桶　2—指状蒸发器　3—多路阀　4—氨泵　5—预冷器水箱　6—氨液分离器
7—排液桶　8—浮球阀　9—水位计　10—拉线给水阀　11—溢水管　12—冰块
13—吸入管　14—供液管　15—热氨管　16—上水管

3. 15t 桶式快速制冰机和 15t 盐水制冰的技术经济比较（表 8-14）

表 8-14 15t 桶式快速制冰机和 15t 盐水制冰的技术经济比较

比较项目	日产 15t 桶式快速制冰机设备	日产 15t 盐水制冰设备
设备质量	约 9t	约 15t
占地面积	$23m^2$	$70m^2$
土建费用	较便宜	投资较大
起重设备	不需要	3t 单梁式行车（吊冰机）
腐蚀性	无	严重
耗盐量	无	大
冻结周期	不大于 1.8h	16~24h
起动时间	不大于 2.5h	1.5d
冰块产量调节	20%~100%	调节困难
冰块质量	较脆、易碎、易断、易融化	冰块温度-1.5℃、坚固、融化较慢
操作	操作频繁	操作简单
设备维修	托冰车、翻板等经常维修	由于盐水腐蚀，冰池/冰桶经常维修

二、 管冰机和壳冰机

1. 管冰机

管冰机是一种间歇式制冰装置。所制的冰为空心管状冰。管冰机的主体是一个立式壳管式的蒸发器，制冷剂在管外气化吸热，水在管内放热结冰。图 8-5 为管冰机的系统原理图。

冰在直立壳管式蒸发器管子（直径为 50mm）内形成，水沿管子的内表面以薄层状流动，并逐渐冻结成冰管，高 3~4m 的空心冰柱在 15min 内形成。

由于被冻结的水在不断循环，其中空气被排除，因而保证了冰的透明度。

冰冻结完后，以热氨脱冰，冰因重力作用而下降，落入旋转刀部位，被切成具有一定长度的冰柱，最后排出机体。调节切冰器转速，可以得到不同长度的管冰。

管冰机结构紧凑、占地面积小、生产成本低、制冷效率高、节能效果好、安装周期短、操作方便。每一套管冰机可以由一个或多个制冰器组成，通过不同的制冰器组合，可以得到各种产冰能力。管冰机的制冰水温不能超过 40℃。

同样吨位生产量的情况下，管冰机比盐水冷却制冰池占地面积少 3/4，消耗电力少 1/2 左右。管冰冰块透明，质地透明，管冰大小适中，使用小型碎冰机，且冰粒不易黏结，安装迅速，所以使用范围也较广。

2. 壳冰机

壳冰机也是一种间歇式制冰装置，工作原理类似于管冰机，只是没有切冰机。所制的冰为弧形的壳状冰。壳冰机的主体是一个双层的不锈钢立式蒸发管，制冰器由多个双层圆锥管组成。图 8-6 为壳冰机的整机系统图。

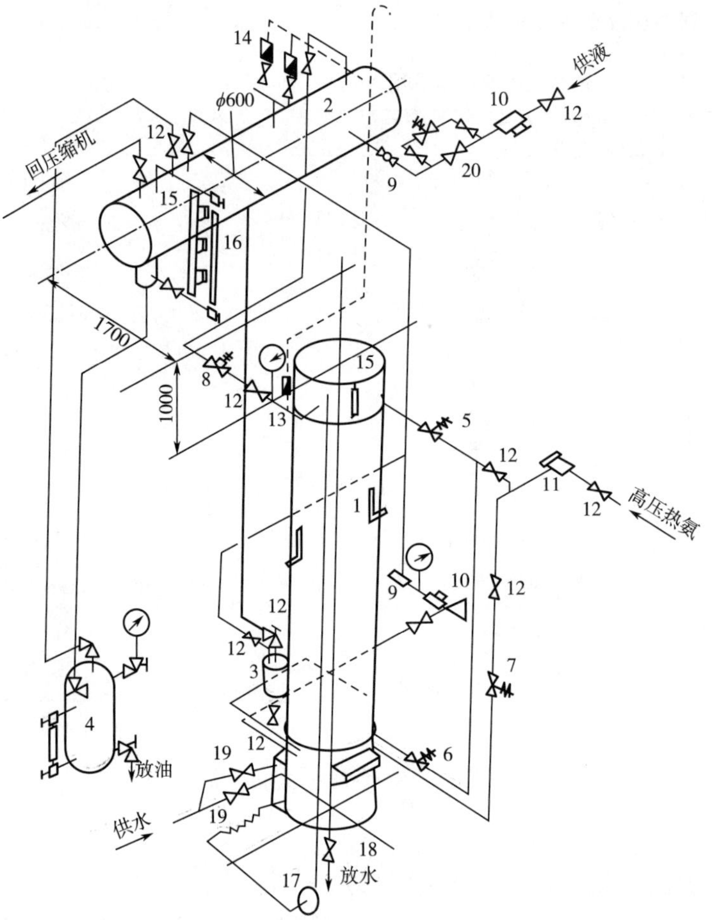

图 8-5　管冰机的系统原理图

1—制冰器　2—贮液桶　3—集气阀　4—集油器　5—上加热阀　6—下加热阀　7—底部加热阀　8—主阀　9—节流阀　10—氨液过滤器　11—氨气过滤器　12—截止阀　13—压力表　14—安全阀　15—浮球液位控制器　16—液位器　17—水泵　18—放水阀　19—供水阀　20—供液旁通阀

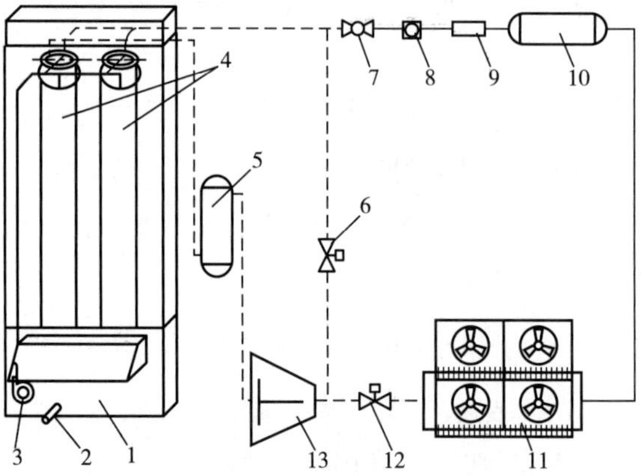

图 8-6　整体式壳冰机系统图

1—壳体　2—进水管　3—水泵　4—制冰器　5—气液分离器　6，12—电磁阀　7—节流阀　8—视液镜　9—干燥过滤器　10—贮液器　11—冷凝器　13—制冷压缩器

三、片冰机

片冰机是一种连续式快速制冰装置。这类制冰机形式繁多，但基本可分立式、卧式两种。其基本结构是一个夹层圆桶（或圆锥体），夹层内有直接蒸发的制冷剂，起冷却作用；向桶的内壁、外壁或板壁淋水，在10~15min内，可结成一层厚2~4mm的薄冰；借助刮冰刀把薄冰从板壁上刮下，即成不规则小块的冰片，称为片冰。

片冰的优点如下。

①过冷度大：片冰表面接近蒸发温度，一般脱冰后其平均温度在-10℃左右；

②干燥松散：过冷度大而干燥的片冰，输送、贮存和出冰方便；

③冰鲜冷却速度快：片冰呈扁小颗粒状，单位质量外表面比其他种类的冰大得多，所以冰鲜过程中，与被冷却物接触好，不发生机械损伤，易融化，冷却速度快。

片冰的缺点是密度小，装载体积大，在大气中和隔热性能差的舱室内融化速度快。

1. 卧式片冰机

片冰机是由含镍68%、铜28%、锰2%和铁2%，柔韧性特别强的金属莫涅耳合金薄板制造成卧式圆桶。参见图8-7。

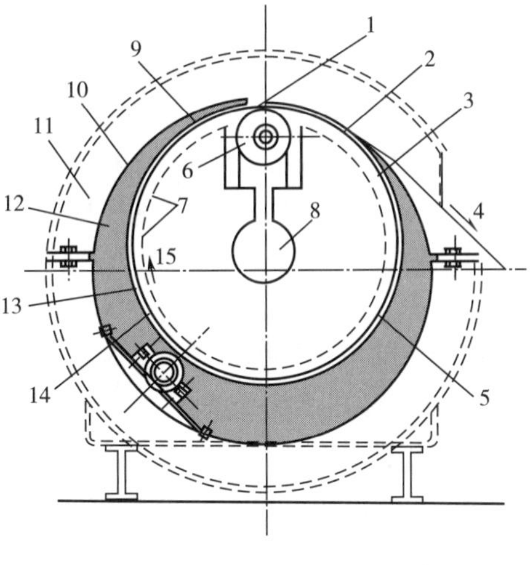

图8-7　卧式片冰机示意图

1—结冰桶壳在此处产生弯曲度变化而使片冰剥离　2—片冰滑出的板　3—薄的冰膜　4—片冰往贮冰间内去的出冰方向　5—结冰桶　6—滚轮　7—盐水喷射口　8—空心的中心管　9—水面　10—铁制的外壳　11—隔热材料　12—盐水桶　13—厚的冰层　14—齿轮圈条　15—结冰桶回转方向

现在片冰机的圆桶已采用不锈钢来制造，循环的冷盐水改用制冷剂直接冷却，使圆桶外的原料水结冰。

2. 立式片冰机

立式片冰机的工作原理见图8-8。适用于陆、海使用的立式制冰机示意图见图8-9。

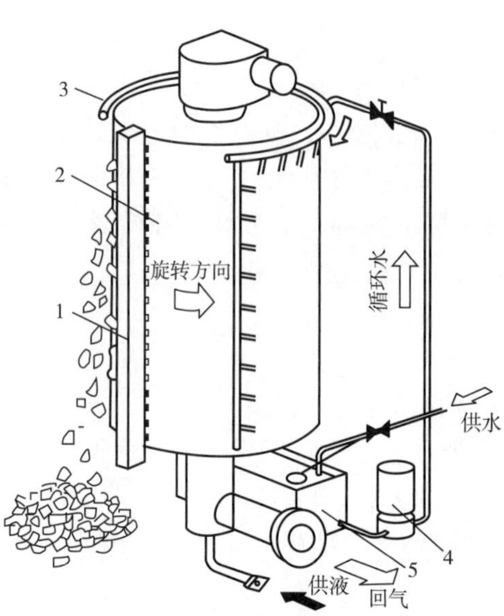

图 8-8 立式圆柱形桶外壁淋水转刀式片冰机

1—刮刀 2—制冰圆桶 3—喷淋水管 4—循环水泵 5—水箱

图 8-9 适用于陆、海使用的立式制冰机示意图

四、板冰机

板冰机是一种快速制冰装置，其优点类似片冰机。板冰是在设有制冷剂循环通路的冷却平板表面淋水冻结而成厚 15mm 左右的平板状冰层，板上冰层以热制冷剂或电加热的盐水融冰，并靠重力使冰下落时，被轧成碎冰（部分板冰机自带碎冰装置），形成不规则（大约 40mm×40mm）碎冰块，故称为板冰。

板冰机多为陆用，也可为船用。陆用原料水为淡水，制冷剂蒸发温度为-18℃；船用原料水为海水，蒸发温度为-23℃。立式板冰机结构如图 8-10 所示。板冰机工作周期为 30min，其中起动 1~2min，制冰 20~25min，脱冰 3~4min，准备 0.5min。板冰厚度可在 5~25mm 调整。每吨冰需耗冷量 31400kJ/h 左右。

板冰机的结构型式有平板两面淋水和倾斜平板单面淋水两种。

平板中制冷剂通路分为只有制冷剂通路和制冷剂通路与热盐水通路交替排列两种。前者是用热制冷剂脱冰；后者是用热盐水脱冰。

板冰机体积较大，除小型机外，一般板冰机的下部都装配套贮冰间，以便板冰碎块靠重力落入贮冰间。

由于板冰是在冷却平板表面淋水而形成的，所以板冰中不含空气，呈透明状态，冰坚硬密实；厚度大于片冰，过冷度更大。

五、冰晶冰制冰机

冰晶冰制冰机是一种连续式的海水（或盐水）制冰装置。与其他制冰机的区别在于冰晶冰制冰器为一个卧式壳管式蒸发器，海水在蒸发器内流动，受制冷剂直接气化制冷，流动的海水中形成细小的冰晶，一定直径的冰晶被滤出后，可用水泵输送到用冰点。

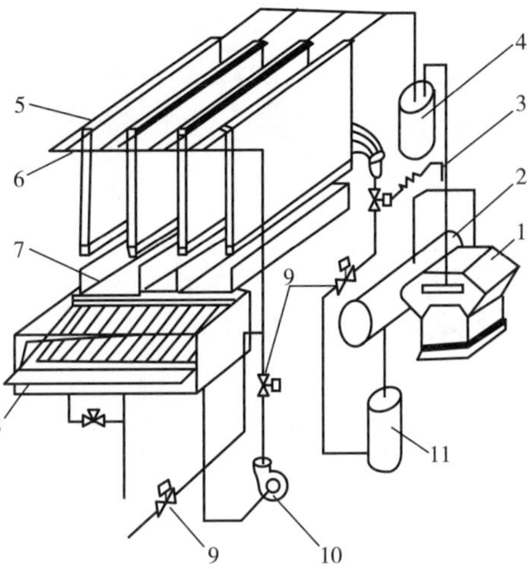

图 8-10　立式板冰机结构

1—压缩机　2—冷凝器　3—热力膨胀阀　4—气体分离器　5—平板制冰机
6—淋水管　7—水槽　8—存水池　9—电磁阀　10—水泵　11—贮液器

冰晶冰目前最受关注的是流化冰。流化冰又称流体冰、冰浆、液冰、二元冰、颗粒流冰、泵送冰、可泵冰等，由冰晶微粒与流体溶液组成，冰晶微粒的粒径一般小于 1mm。其特点是流动性强，可利用泵输送，是国际上新兴的一种全新的冷却介质，主要用于渔业制冷、食品保鲜等领域。典型流化冰制冰系统如图 8-11 所示，包括压缩机、冷凝器、热力膨胀阀、冰晶器与贮冰罐。冰晶器为刮削式换热器，为流化冰制冰系统核心部件，贮冰罐用于贮存制冰过程中产生的流化冰。

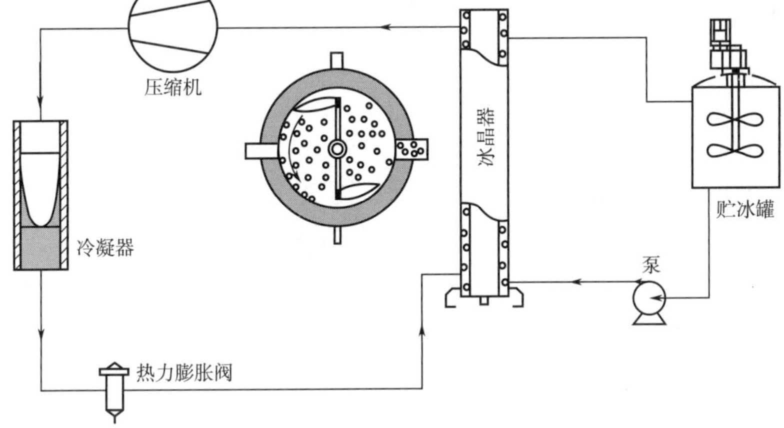

图 8-11　典型流化冰制冰系统原理图

这种制冰装置一般用于船舶或在海边使用，可以不需淡水，十分便于渔船应用，可免除靠岸加冰的麻烦，渔船的捕鱼周期也可不受加冰量的限制。

从上述情况可以看出，大规模的陆上制冰生产，还是以盐水间接冷却制冰法为主，管冰、微粒冰等制冰法以中等规模为宜；而在船上运用则以片冰、板冰为主。

上述这些快速制冰装置，除了机电一体化外的制冰机外，往往还配套贮冰系统。贮冰系统中，制冰机生产的冰直接进入冰库。冰库中可配套冰耙系统，通过称重、螺旋输送或气力输送系统，把设定需要量的冰直接送至用冰点。图 8-12 为快速制冰系统应用示意图。

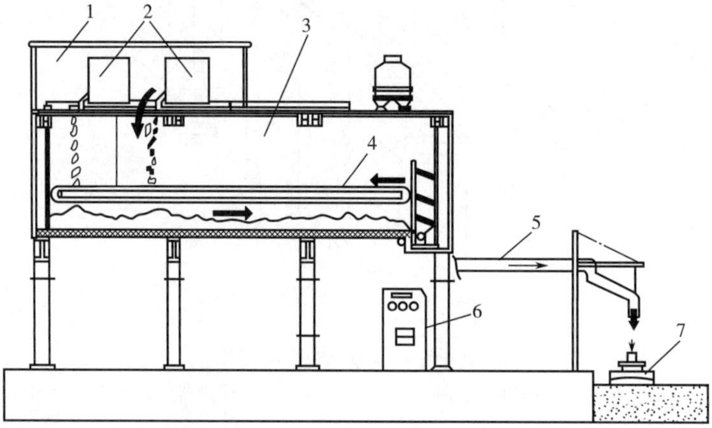

图 8-12　快速制冰系统应用示意图

1—制冰间　2—制冰机　3—贮冰间　4—冰耙　5—输送管道　6—控制中心　7—用冰船

第四节　冰的输送

一、块冰输送

块冰的输送是利用块冰表面结实光滑、便于滑行的特性，采用滑道输送。滑冰道带有一定坡度，两边用钢管做成导向护栏，滑冰道面层材料可采用光滑的竹片、塑料、瓷瓦和钢管等，其中最常采用的是竹片，因竹片使用寿命较长，价廉易得。

水平输送的滑冰道，其坡度一般为 4%~6%。若输送距离较长（例如图 8-12 中从制冰间到码头），一般做成栈桥式。滑冰道应分段采用不同的坡度，开始一段坡度较大，使冰块加速滑行，中间段坡度应适当减小，使冰块均匀滑行，最后一段基本上不要坡度，必要时还要采取反坡，以减缓冰块的滑行冲力。

冰块往下输送时，常采用螺旋滑冰道，其平均坡度为 7.5%~9.5%。螺旋管道的半径应根据冰块长度来确定，不宜过小，否则冰块易碰撞护栏而破碎甚至卡死。对于 100kg 重的冰块，螺旋滑道的外径可采用 4m。

块冰的提升输送，可采用链轮式提冰机，也可采用吊笼式提冰机或载货电梯。链轮式提冰机有直式和斜式两种，属连续输送机械。吊笼式和载货电梯都为直立式，属间歇提升机械。

二、碎冰输送

海洋渔船碎冰需要量很大，一般冰块在渔业基地码头碎冰楼上轧碎后，利用自重通过滑冰槽或多级溜冰圆筒直接送入船舱内，火车、汽车加冰可利用设在岸上的加冰台，将冰块轧碎后，通过料斗直接装入车内。

碎冰还可利用皮带运输机、螺旋输送机以及压缩空气输冰装置来输送。空气输冰装置由鼓风机、空气冷却器、进冰器和管道等组成。鼓风机需要较高风压，一般为70~80kPa，当每小时输冰量为30t时，需要风量为0.5m^3/s，为了减少鼓风机排气的噪声，输冰装置里设有消音器。输冰管道采用铅管或不锈钢管，管子弯曲半径应不小于1.5m，防止连接处积冰，碎冰从进冰器上部进入后，随压缩空气通过管道输送，输冰直线距离可达300m，输送高度可达30m。

三、冰块轧碎

大块冰不宜直接冷却食品，使用前都要经过轧碎。渔轮、渔船大都需要带碎冰出海。因此，在渔业基地，一般都设有加冰码头，在加冰码头上设有碎冰楼，里面装有碎冰机。碎冰楼一般通过栈桥或输冰道与冰库及制冰间连接。需要加冰时，块冰从冰库或直接从制冰间出来，经过栈桥输冰道进入碎冰楼的碎冰机轧碎后，通过输冰槽等直接装上渔船。碎冰楼的高度主要应考虑潮位的影响，一般设计比最高潮位高7~8m，所以对于多层冷库的制冰间和贮冰间，一般都设置在冷库顶层和次顶层，使冰块不需提升即可通过栈桥输冰道滑向码头。

常用的单滚筒碎冰机是由机架、带刺滚筒、挡板等组成，滚筒通过皮带轮用电动机传动，大冰块从碎冰机上部进入，在滚筒与进冰挡板之间被装有碎冰螺钉的回转滚筒轧碎，由于挡板与滚筒有一定的斜度，冰块被轧碎后，落在底部出冰滑板上。最后，沿着斜面滑出碎冰机。碎冰螺钉的伸出长度、进冰挡板与滚筒的距离可根据需要适当调整，以得到不同粉碎程度的冰。转速为450r/min的碎冰机的碎冰能力通常为30t/h，配用电机功率为10~14kW。还有一种碎冰能力为60t/d的多滚筒碎冰机，在大中型渔业基地中采用得较多。

思考题

1. 人造冰有哪些分类？
2. 如何进行盐水间接冷却制冰的设计？制冰热量包括哪几部分？
3. 试进行一个日生产能力为20t的盐水制冰池的设计。
4. 直接冷却制冰设备相对于盐水间接冷却制冰有何优缺点，有哪些应用场景？

CHAPTER 9

第九章 制冷工艺设计文件及施工图

学习目标

1. 了解工程设计一般程序；
2. 掌握不同设计阶段制冷工艺设计文件的编制要求；
3. 掌握制冷工艺施工图的绘制要求；
4. 了解制冷工艺专业与其他专业的配合要点。

制冷工艺是制冷循环系统中各个组成部分有机联合的工艺技术。所有的制冷装置无论大小均需要进行制冷工艺的设计。冷库制冷工艺设计是大型制冷工程设计的重要组成部分。

冷库制冷工艺设计是为各空间提供冷源，也就是为各冷间提供不因室外空气参数和室内条件而变化的较为稳定的温度、湿度，以达到延长易腐败食品的贮存期限、最大限度地保持食品质量的目的。冷库设计要确保质量保证、技术先进、安全可靠、经济合理、节能环保。

制冷工艺专业是冷库整个工程设计的主导专业，土建、水电、供热、采暖等其他专业，都是根据制冷工艺设计提出的条件、数据来进行设计。各个专业的设计要密切配合，协同一致，共同完成冷库设计。

第一节 工程设计一般程序

冷库制冷工艺的设计程序具体如下，其他制冷装置的设计程序可参照进行。

一、 设计依据

根据需要，国家投资建设或引入外资、个人集资建设新的冷库制冷装置或对原制冷装置进行改建、扩建时，均需由有关部门、单位及投资者进行建设的可行性调查，提出建设计划，编制计划任务书（又称项目建议书），报请上级主管部门审批。

获准下达的计划任务书，是进行制冷装置设计的主要依据。

（一）可行性研究报告

冷库工程可行性研究报告主要包含以下内容。

1. 工程项目的提出和研究工作的依据

2. 建设规模

（1）食品业务经营情况、牲畜存栏数、货源情况及社会供求情况。

（2）现有冷库能力。

（3）建设规模指标的确定　分别进行屠宰能力、冷藏容量、冻结能力、制冰能力等的计算。

3. 库址条件和提出库址的选择方案

（1）地理位置　交通运输（公、铁、水路等），地址，水源，供电，环保，城市规划，防疫卫生，消防等各种条件，并与有关部门制定协议文件或获取相应的批文。

（2）当地有关气象资料。

（3）库址条件比较。

（4）库址选择意见。

4. 建设内容和设计方案

主要生产项目，设计方案及设备材料，绘制总图方案。

5. 其他内容

对环境保护、生产组织、劳动编制、人员培训计划、项目实施进度、设计周期、投资估计、资金筹措、经营效率及投资偿还能力提出建议。

（二）项目建议书的编制

在可行性研究报告中有充分建设理由的基础上，编制项目建议书。项目建议书的主要内容包括：建库的必要，确定冷库性质、规模的依据，建设的可行性，建成后的经济效益，工程投资的估计金额等。

（三）项目建议书的报批

工程建设的项目建议书应根据投资额的大小呈报相应级别的审批部门，外商投资应经开发区、保税区或相应的外事部门办理；个人投资不在此列，可进行意向协商并由双方签订项目合同书，经公证后共同履行。

获准下达的项目建议书即计划任务书是进行制冷工艺设计的主要依据。

二、设计阶段

冷库设计必须委托具有正式设计执照及相应资质的设计单位进行。

设计工作可分为三个阶段，即初步设计、技术设计和施工图设计。

为简化设计程序可合并为两阶段设计，即扩大初步设计（把初步设计、技术设计合在一起进行，简称“扩初设计”）和施工图设计。小型工程也可由一个阶段完成，即技术施工设计。一般冷库工程设计多采用两阶段设计。

1. 扩大初步设计

项目建议书获准后，由建设单位委托设计单位进行工程设计，双方签订委托设计协议书（委托书）。委托设计协议书上规定了设计项目、设计规模、设计深度，技术交底时间、分项设计交底时间，设计费及付款方式，双方在设计、施工期间应负的责任和义务，出现意外情况的处理方法等，直到验收合格投产，达到设计要求为止。

委托设计协议书签订后，由设计单位组织人员进行工程设计，提出设计方案。

扩大初步设计一般包括以下内容。

（1）提出总平面布置图 根据食品冷加工工艺流程的需要，结合现场的具体情况提出总平面布置方案图，包括建筑形式、各房间的建筑尺寸、平面组合、建筑物的间距等。总平面布置方案图需征求建设方（甲方）的意见并获得同意。

（2）完成制冷机房、库房的平面图和剖面图 通过机房、库房平面图和剖面图，基本反映出机房、库房等建筑物的建筑尺寸和标高等。

（3）完成制冷系统原理图及设备材料表 通过制冷系统原理图可以反映制冷系统的基本情况，例如制冷系统的压缩级数、供液方式、自动化程度等；通过主要设备材料表可以反映出主要机器、设备的型号和数量，阀件、管材的规格和数量。

（4）编制扩大初步设计概算 根据概算定额、费用定额和相关图样，编制出扩大初步设计概算，写出设计文字说明书，呈报上级批准。

2. 施工图设计

施工图设计是把上级审批后的扩大初步设计中的内容按施工图要求以图样的形式表达出来，指导施工安装。施工图的设计深度、设计图样张数与制冷工程的复杂程度和施工单位的技术水平有关，要保证施工单位能根据施工图样进行施工安装。

施工图设计是工程设计的最后阶段，其内容包括确定工程尺寸、机器设备、材料、做法等全部工种的施工图样，设计说明书和计算书。在施工图设计中，如果不对扩大初步设计进行重大变动，则不必再行报批。

做出工程预算。预算金额超过概算金额时则应申请增加投资。

3. 技术交底

施工图设计完成后，要召开技术交底会。技术交底会由设计单位向建设单位、安装施工单位交代设计意图、技术措施、特殊要求等，施工、安装单位则可以对设计图样质疑，提出建议及在施工过程中可以预见的困难。交底会一般由建设单位或筹建单位召集，除设计、施工、安装单位必须参加外，也可请当地城建部门、建行以及供水、供电部门参加，以广泛征求意见。

4. 设计变更通知书

在施工、安装过程中，往往会遇到一些原先估计不足或技术措施考虑不周到等问题，引起施工、安装困难，需要设计单位到现场解决。当无法维持原设计方案时，则要对原方案提出修改，由设计单位向施工安装单位发出“设计变更通知书”，经会签的设计变更通知书和施工图具有同等效力，而原设计图样作废。

5. 竣工验收及工程决算

施工单位按照设计文件要求完成施工任务后，即可进行竣工验收。竣工项目在验收前，建设单位要首先组织设计、施工等单位进行初步验收，向主管部门提出验收报告，并系统整理技术资料和绘制竣工图。竣工图应由施工单位提供施工修改实际情况资料，由设计单位据实进行绘制。竣工图一方面作为工程的技术档案备查，另一方面在今后使用、管理、维修、扩建和工程改造时作为依据，在竣工验收时移交生产单位保存。

工程竣工后，由筹建机构组织召开竣工验收会议，建设、设计、施工三方会同有关主管部门参加，负责对全部工程进行验收。经过试运转证明符合设计要求后，会签验收文件，最后交付使用。此时应由施工、安装单位进行工程决算。

第二节　制冷工艺设计文件的编制

冷库制冷工艺设计即根据制冷机工作的原理，根据易腐败食品冷加工或冷藏的技术要求、卫生要求，参照有关设计规范或标准，合理地选择和安装全部制冷机器与设备（包括管道、阀门、管件、仪表等）。设计前，应进行可行性研究、调查，了解建库的自然、社会情况以及各种物质、技术条件。设计时，吸取同类冷库设计、建设经验；参考国内外科学技术新成就；在总结实践经验和科学实验的基础上，积极慎重地采用新技术、新设备、新工艺和新材料；使冷库系统投入使用时生产流程合理，安全可靠，节约能源，操作、维修方便。

冷库工程设计，应有表达设计构思并据以进行安装的图纸文件；表达设计意图、依据以及特殊要求的文字说明文件、设备及主要材料表；建设费用的概算、预算等方面的内容。整个工程的设计，通常由土建、结构、制冷工艺、加工工艺、给排水、电气、供热等部分组成，分别由所对应专业的设计人员来完成，各个专业之间要密切配合。下面仅介绍制冷工艺方面设计文件的编制。

一、扩大初步设计（两段设计）阶段

1. 设计计算书

设计计算书内容包括：

（1）设计依据　主要指货源情况，气象水文资料，冷库规模和性质及其平面布置图等。

（2）冷库制冷负荷计算。

（3）主要机器设备的选型计算。

2. 设计说明书

设计说明书主要包括：

（1）设计依据　设计任务书的批复文件，生产指标，冷加工和贮藏对象，设计的基础资料等。

（2）冷加工工艺简介（包括冷库装卸运输情况）。

（3）制冷方案概述　主要指蒸发温度回路的划分，制冷系统的供液方式、融霜方式、自动化程度以及冷却用水方式等。

（4）机房和库房设备简介。

（5）库房特性表　包括库房温度、湿度要求，冷却设备型式和面积，制冷负荷以及蒸发面

积的配比等。

（6）主要设备、材料明细表（也可以附在说明书中）。

3. 设计图纸

主要有制冷系统原理图、库房和机房设备布置平面图。

二、 施工图设计阶段

1. 设计说明书

主要是简述设计意图和要求，对于设计内容比较简单的可以不另写说明书，而以附注形式列在图纸上。

2. 设计计算书

主要内容如下。

（1）计算依据　包括基础资料、设计参数、各库房的冷藏或冷加工能力，以及平面布置图等。

（2）制冷方案设计　主要指制冷剂的选择，压缩级数的确定，蒸发温度回路的划分，制冷系统供液的方式等。

（3）制冷负荷的计算　包括库房及制冰耗冷量计算，冷却设备和极其负荷的计算。

（4）制冷机器、设备以及所有管道阀门的选型计算。

（5）制冷设备及管道隔热层厚度的确定。

施工图阶段的设计计算书，要求公式正确，步骤清楚，选用的参数恰当，计算正确，设备选用合理。

3. 施工图纸

（1）主要制冷工艺图纸　制冷系统原理图、制冷系统透视图、制冷管道安装平面图及必要的剖面图（张数以表达清楚管道立面关系为原则）。

（2）设备安装图　表达中间冷却器、低压循环桶、冷风机、空气幕等设备的具体安装要求。

（3）非标设备的制作图　表达调节站、加氨站、墙和顶排管、搁架排管、鱼盘、送风道、吊架、加水器等非标设备制作具体要求。

（4）向土建提出的条件图　一次条件图：机器、设备基础图，机器设备平面布置图；二次条件图：建筑物上的预留孔、预埋件图，例如冷库内排管吊点预埋件布置图等。

（5）其他图纸　例如大样图、隔热层包扎图和套用的通用图以及有关资料。

4. 制冷装置安装说明书

安装说明书是指对本工程的机器、设备、管道、阀门等安装的特殊要求加以说明的文件，它与施工图具有同等的效力。对于比较简单的工程或设计，安装单位对制冷工艺比较熟悉的，一般可不写安装说明书，而以附注的形式列在施工图纸上。

5. 设备材料规格表

列出设备、材料的名称、规格、型号、数量、重量以及生产厂家等项目。

三、 设计文件的排列顺序

1. 目录
2. 设计说明书
3. 设备及主要材料表
4. 施工图纸

按主次序列，如系统原理图、平面图、剖面图、安装图、制作图、通用图等。

施工图应按机房、库房、制冰部分分别编号，如机-1-1，库-1-1 等。

第三节 制冷工艺施工图的绘制

一、 制冷工艺图纸绘制的一般规定

（1）图纸尺寸 根据机械图 GB/T 14689—2008《技术制图 图纸幅面和格式》规定，有A0、A1、A2、A3、A4 等。

（2）图纸比例 一般采用缩小的比例，如 M1∶2，M1∶20，M1∶25，M1∶50，M1∶100 等。如果一张图纸上采用同一比例则填写在图纸标题栏中“比例”一格，并省略字母“M”。若一张图纸上采用两种或两种以上比例，则在各视图名称下方注明其比例。示例如下。

A-A 剖视图　　　　标高+4.00 平面

M1∶50　　　　　　M1∶100

剖面图的比例，一般应和平面图的比例相一致。

（3）制图线条

①外专业部分画细线条以突出制冷工艺部分。如：画设备平面布置图时，建筑物轮廓线（属土建专业图线）用 b/3 细实线画，制冷机器、设备的基础轮廓线用粗实线 b（1b≈1.2mm）。

②制冷管道一般要按制冷专业制定的“统一图例”画（统一图例见表 9-1），自控元件的图例见表 9-1，单线式管线图例见表 9-2，常用建筑材料图例见表 9-3，特殊图例应补充说明。

表 9-1　　制冷原理常用管阀图例

部件名称	常用符号	部件名称	常用符号
低压气体管	————————	电磁阀	
高压气体管	- - - - - - - - -		
液体管	————————	自动旁通阀	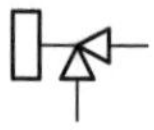
放油管	———y———		
放空气管	———x———	安全阀	
排液管	—·—·—		

续表

部件名称	常用符号	部件名称	常用符号
平衡管	——Ⅱ——	止回阀	
安全管	——xx——	浮球阀	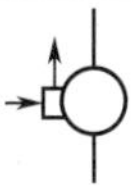
冷媒管	——L——		
水管	——s——	立式过滤器	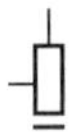
直通截止阀			
直角截止阀		卧式过滤器	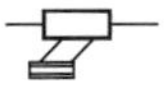
节流阀		液为控制器	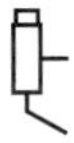
热力膨胀阀			
内平衡式 热力膨胀阀	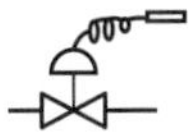	外平衡式 热力膨胀阀	
电磁主阀 （液用常闭型）		玻璃管液位指示器	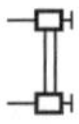
电磁主阀 （气用常闭型）		浮球液位控制器	
电磁主阀 （气用常开型）		液位指示即控制器	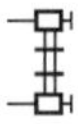
恒压阀 （正恒 A 型）		压力表	
恒压阀 （正恒 B 型）		观察孔	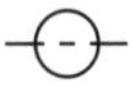
恒压阀 （反恒 C 型）		温度计套管	
恒压阀 （反恒 D 型）		旁通阀	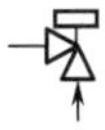
正恒主阀 （气用常闭型）	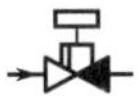	温度调节器	
正恒主阀 （气用常开型）		高低压力控制器	

续表

部件名称	常用符号	部件名称	常用符号
反恒主阀 (液用常闭型)		压力控制器	
反恒主阀 (气用常闭型)		差压控制器	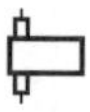
电磁恒压主阀 (气用常闭型)		电磁恒压主阀 (气用常开型)	
压力棒式 温度控制器		温度指示仪	

表 9-2　　单线式管线图例

透视 立面投影 平面投影	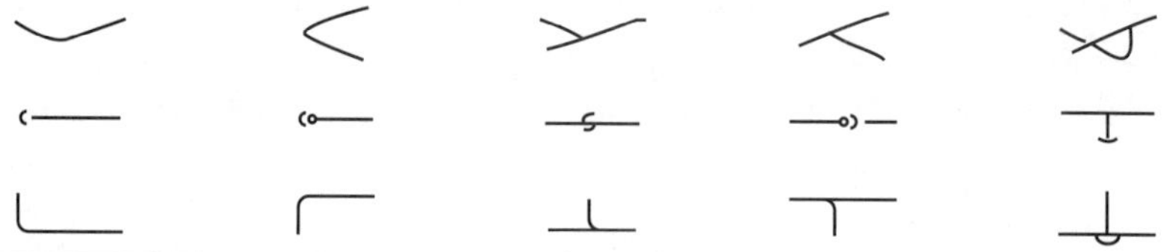
透视 立面投影 平面投影	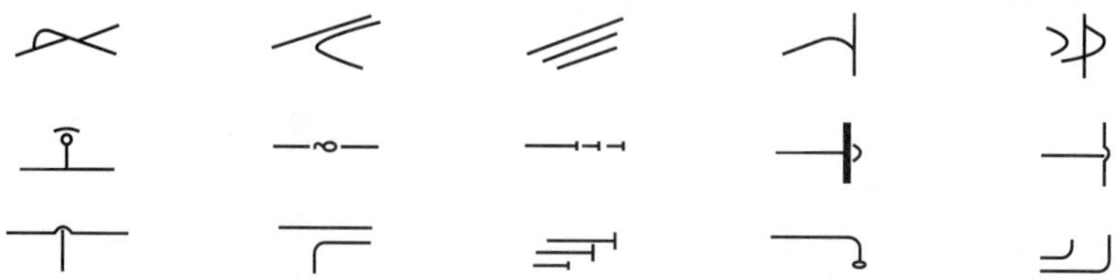
透视 立面投影 平面投影	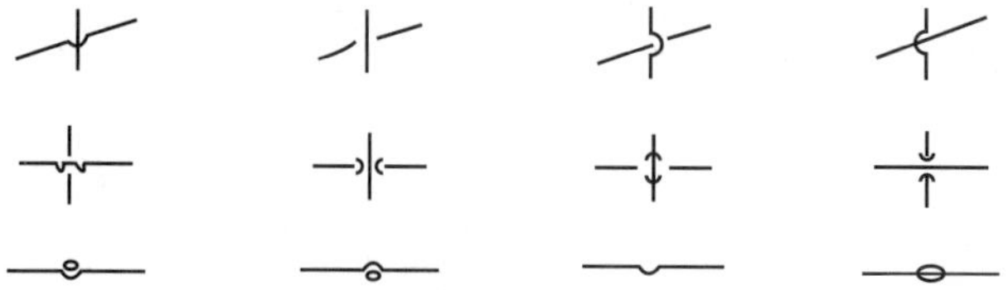

表 9-3　　常用建筑材料图例

名称	图例	名称	图例
自然土壤		混凝土	
素土夯实		钢筋混凝土	
砂灰土及粉刷材料	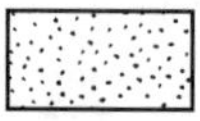	毛石混凝土	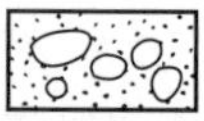

续表

名称	图例	名称	图例
砂砾石及碎砖三合土	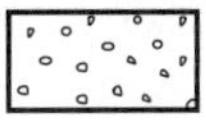	木材	
毛石	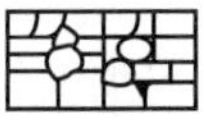	玻璃	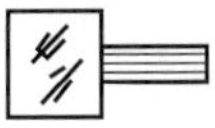
普通砖、硬质砖	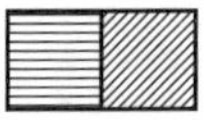	纤维材料及人造板	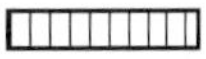
非承重的空心砖	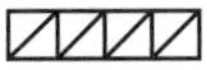	防火材料及防潮层	
瓷砖或类似材料		金属	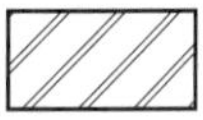
多孔材料或耐火砖	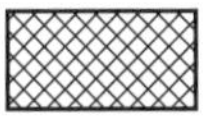	水	

③大比例设备、管道安装制作图可采用双线绘制管线；

④引注线、尺寸线用 b/4 细线条画，引注线要排列整齐、协调，长短要与文字多少相适应。引注线不能与别的线条交叉。

（4）轴线　建筑轴线要与土建图纸一致，一般只需绘出纵横两端的轴线号。当有分图时，或与某些轴线有关时，应画出有关轴线号。

（5）图纸内容　每张纸的内容，应保持完整性和独立性，避免辗转呼应或引见，有必要呼应时，应注明有关图号，与其他专业设计图纸相呼应或引见的内容，也必须注明与其他专业有关的图号。

二、 主要图纸的绘制要求

1. 制冷系统原理图

制冷系统原理图直接地表达设计人员所采用的制冷方案，并清楚地反映出该制冷装置在技术上的先进性和可行性，工艺流程的合理性。该图还是绘制设备布置图、管道安装图等的指导文件。因此，在冷库制冷装置设计中，该图往往是最主要的也是必须首先完成的图纸。此外，该图还可起到指导、检查现场安装的作用。

在绘制制冷系统原理图之前，应研究冷库工程设计任务书，明确冷库性质、规模、建厂条件、冷冻冷藏对象以及技术水平和投资额限制等，根据计算书所选用的机器、设备拟定制冷方案。在此期间，要走访有关设计院和冷冻厂，收集设计资料，并对这些资料进行综合分析，结合本工程特点，勾画制冷系统草图。首先确保工艺过程合理无误，然后调整布局，提高图面质量。

初步设计阶段的系统原理图是送审的关键图纸。而施工图阶段的系统原理图是在初步设计的基础上使之更加完整，但不应有过大的调整。下面具体说明施工图阶段的系统原理图的绘制要求。

（1）深度要求　系统原理图绘制深度要求如下。

①要画出所有设备，并能正确表示其外形，必要时还可以用虚线或局部剖视图来表示某些

内部构造。

②注明所有管道、阀门的尺寸和型号，并标明管内流体的流向。

③对所有机器设备，都应标注位号，并在设备一览表上填明其型号规格、数量等。

④图面上应有图标、图签、图例、备注、设备一览表等。

（2）画法规定　系统原理图画法规定如下。

①设备布置的位置，既要尽量与实际布置相对应，又要使管道短而直、少交叉，使图面整洁清晰。

②管道在图上最好集中布置成管束的形式，管道与管道、管道与设备轮廓线应尽量不交叉或少交叉，交叉处用断开线表示，不要用跨线表示。

③设备外形可以不按比例绘制，但整个图纸上的各个设备大小要对应。

④一个设备一个位号，相同的设备同一位号，例如11-1、11-2。设备位号引出线的倾斜度在一张图纸上应量一致，通常用与水平线成45°或60°的斜度。

2. 设备布置平面图

设备布置平面图是设计人员实现制冷系统原理图中制冷方案的具体构思，它反映出各种机器设备及其基础与建筑物或相互之间的相对位置和具体尺寸。因此，它是施工安装的依据。

设备布置平面图是制冷工艺向其他专业提供的第一批资料之一，只有在设备布置完成后，土建、水、电等工种才能开始相关专业的具体设计。

（1）深度要求　设备布置平面图深度要求如下。

①要画出设备基础的外形和设备轮廓线。设备基础，要画出其预留孔位置的中心线，以便反映设备的定位朝向；设备的外形，要画出主要的管接口，但对于外形比较复杂的设备，如压缩机，可以不画出设备，只画出其基础即可。

②建筑物（包括建筑物轮廓线、楼板、墙、梁、柱、楼梯、门窗等）和构筑物（如操作平台、地沟等）都要按比例绘制，并和建筑施工图一致。

③建筑物各柱间的主要尺寸、总长、总宽等应按建筑图标注，并注明该平面的层次、标高。

④设备位号、建筑物轴线号均要填写完整，并和制冷系统原理图、建筑图相一致。

⑤一个车间的设备布置平面图，应尽可能表示出与其他车间的相互关系，其他车间的轮廓线用双点线表示。

⑥必要时，平面图应按不同标高分别绘制。示例如下。

设备布置平面图	操作平台
±0.00平面	+1.50平面

对于设备基础的标高、预留孔尺寸等，由设备基础条件图表示。

⑦设备布置平面图上应有图标、图签、设备一览表、备注等栏，并须经各专业设计人员会签。

（2）画法规定　设备布置平面图画法规定如下。

①线型：设备基础和设备轮廓线用粗实线b，建筑轮廓线用b/3细实线；尺寸线、设备位号引出线和中心线等用b/4或更细线，剖切迹线用特殊线条表示。

②尺寸标注：设备布置平面图上的尺寸大都是定位用的，所以都从中心线起注。在标注设

备和设备，设备和建筑物之间的关系尺寸时，设备以中心线、建筑物以轴线为基准线；悬挂在墙壁、柱子上的设备，建筑物则以墙或柱子的内边缘为基准线。

由于在设备布置时除了考虑设备布置的基本原则外，还要考虑到设备上管道连接可能遇到的各种情况（例如，设备的布置是否使管道连接顺畅、少弯或是否会碰柱、碰梁，设备与墙的间距是否大于弯管的最小弯曲半径等），所以要在主要管道安装平面定型后才能确定设备布置图的尺寸。对于小项目的设计，或设备上的管道很少时（如冻结间等）可以把设备布置图和管道安装图合并。

3. 管道安装图

管道安装图是表示整个制冷装置（包括所有机器、设备和管件）的外形图，它是直接指导现场工艺安装的依据。

（1）深度要求　管道安装图深度要求如下。

①管道安装图除了要画出设备的外形和基础外，还要画出所有的连接管道、阀门和仪表等。

②管道安装图除了平面图外，还要结合适当的剖视图，剖切位置以能用最少剖视图来表达清楚为原则。安装图一般按厂房层次或按不同标高来绘制。示例如下。

管道安装图　管道安装图　　管道安装图

±0.00 平面　+4.00 平面　　I–I剖面

③管道安装图可以以机房、库房、制冰间为单元分别绘制并尽量取相同的比例。

④对所有管道、阀门都要注明尺寸和型号，并用箭头标出管内介质的流向。本车间与其他车间连接的管道，也应用文字说明清楚，如“ø76×3.5 回气管由 101 冻结间来”等。

⑤管道的安装坡度可直接标在管道上，也可以附在说明栏里。

⑥平面图和剖面图中应标出管道支架安装位置，并最好对支架进行编号，另出支架制作图或制作示意图，见图 9–1。

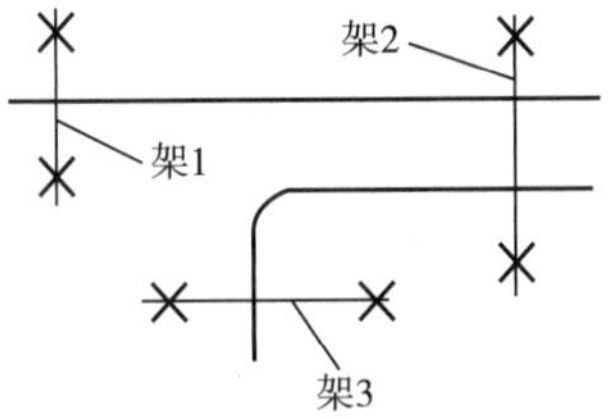

图 9–1　支架示意图

⑦对于尺寸较大的阀件以及管道的弯曲半径，也要按比例画出。

⑧安装图上建筑物部分的要求同设备布置图。

（2）画法规定　管道安装图画法规定如下。

①安装图中，应标注主要管道（包括大管径管道）与设备，建筑物及其他管道之间的关系尺寸。管道与管道间隔以中心线为基准，管道与建筑物应以墙内表面为基准。管径在 45mm 以下者，对安装位置无一定要求时，可以不注出关系尺寸。在剖面图中，应标明主要管道、阀门、设备及基础离地的高度。

②管内介质流向用箭头表示，箭头可以画在管子上方，或直接画在管线上。

③管道坡度和坡向表示法为：$I=0.006$。被建筑物等挡住的管子，可用虚线表示，有时为了标示清楚，也可将建筑物该部位断开表示。

④被重叠的管道，可以用断开法表示后面的管子，如图 9-2 所示。

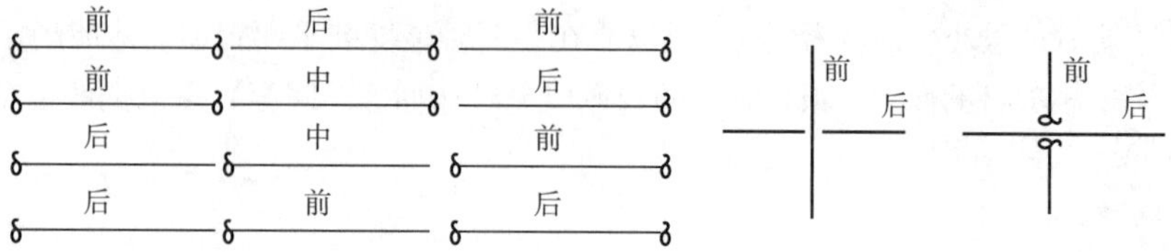

图 9-2　重叠管画法

（3）绘制步骤　管道安装图绘制步骤如下。

①根据厂房层次或标高以及管道布置情况，决定安装平面图的张数和图名。

②根据车间大小、管道繁简程度确定图纸的大小和制图的比例。原则是尽可能把管道配置表达清楚，便于看图安装，一般采用的比例有 1∶20、1∶25、1∶50、1∶100 等。

③根据设备布置图画出建筑部分、设备及其基础的位置后，再画出主要管道（大管径管道）的安装图，若遇设备位置不符合管道安装连接要求，要调整设备位置的尺寸，然后再画小管径的管道。

④在平面图上应先绘制上面的管道，后绘制下面的管道，在剖面图上，先绘制前面的管道，后绘制后面的管道；对于设备，也是先绘制上面的部件，后绘制下面的部件。

⑤标注尺寸、管径、控制点、介质流向、管道坡向和坡度等。

⑥选定剖切位置，确定剖面图张数，然后依次画出各剖面图。

⑦在平、剖面上标注出管道支架符号及编号。

4. 制冷系统透视图

用正投影法绘制的设备布置图和管道安装图，虽然能准确反映设备、管道的实际形状和相对位置，但只通过几个基础视图，往往不易看懂。所以，在施工图设计阶段，除了绘制平、剖面图外，还需要绘制制冷系统的透视图，借以呈现制冷装置的立体感，这对于不太熟悉制冷装置的安装人员更为重要。

透视图一般采用正等轴测图绘制，为了制图方便，采用简化变形系数法，即使用不缩画的等轴测投影。

透视图是属于一种给看图者增加立体感的辅助用图，所以不一定要求要准确地反映出制冷装置的实际尺寸和比例，若遇到几个设备前后紧靠时，可适当拉开距离，以便能更清晰地表现后面的设备。对于有些挡住设备和阀件的管道，可采用断开法，但要在断开处注上呼应号。

透视图的深度要求与管道安装图相同，见图 9-3。

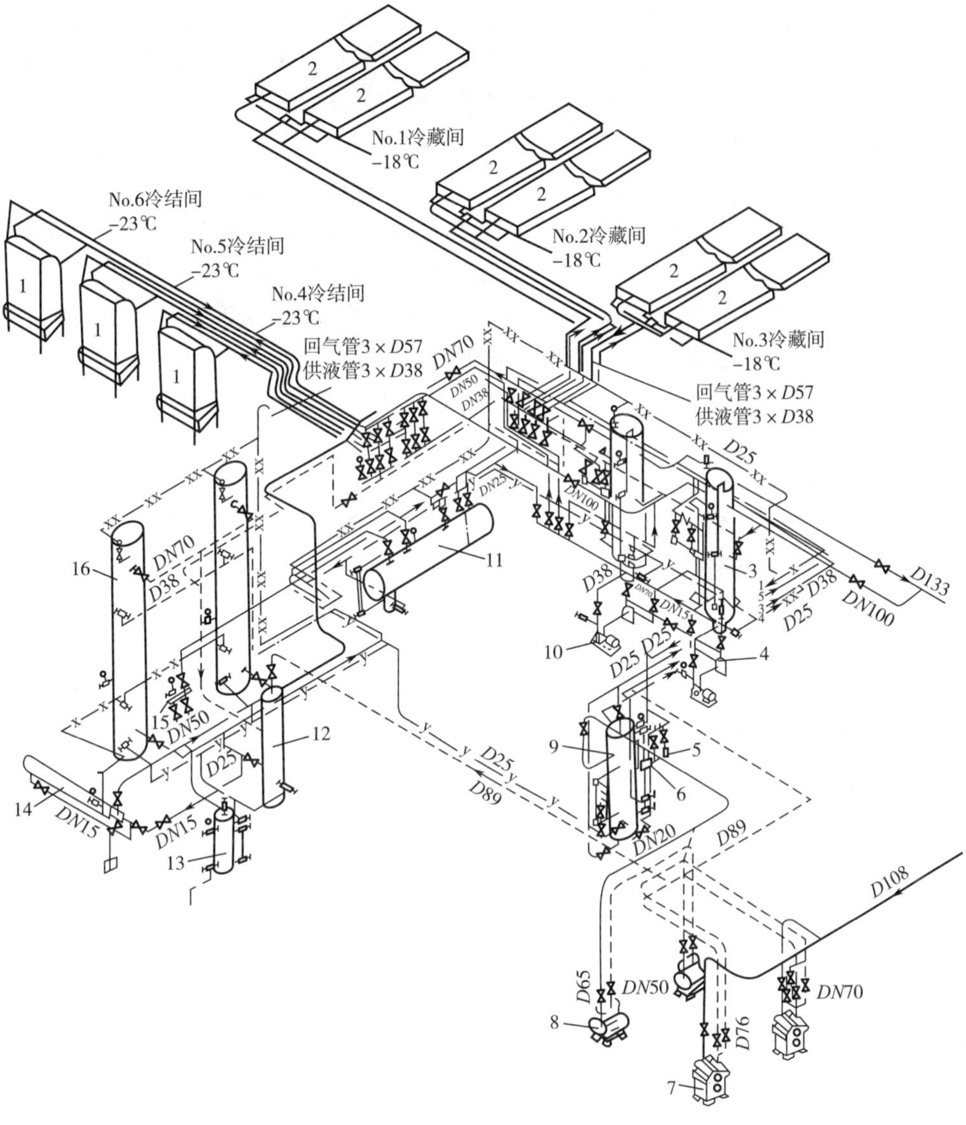

图 9-3　某 500t 冷库制冷系统透视图

1—冷风机　2—顶排管　3—低压循环桶　4，5—氨液过滤器　6—浮球阀　7，8—压缩机　9—中间冷却器　10—氨泵　11—贮液器　12—油分离器　13—集油器　14—放空气器　15—加氨站　16—冷凝器

第四节　制冷工艺专业与其他专业的配合

完整的冷库设计包括制冷工艺设计、土建设计、电气设计、采暖与通风设计，以及给排水设计五个方面。其中制冷工艺是先行，是主导，其他设计要根据制冷工艺设计提出的要求和技术资料来开展本身的设计工作。

制冷工艺专业根据各种不同类型冷库的规模，确定各冷间的公称体积、冷加工能力及各冷间、机器间、设备间等的建筑尺寸，然后根据生产工艺流程做出平面布置方案，决定它们之间的相对位置，提出工艺设计对建筑设计（包括结构、土建）的要求。建筑设计一般尽量满足制冷工艺设计提出的平面布置方案，对于不符合建筑模式或其他见解不同的地方应与工艺设计进行沟通，协商确定最后的平面布置方案，由建筑设计作出冷库总平面布置图，工艺设计再依据建筑设计作出的总平面布置图进行制冷工艺施工图设计。同样，给排水、电气设计等也是根据制冷工艺要求而进行的。工艺设计根据实施制冷循环所配备的机器、设备的实际情况（如电动机功率大小、冷却水量等），对给排水、电气设计提出要求，给排水、电气专业做出各自专业设计，以保证制冷装置的正常运行。因此，各工种必须在设计和施工期间密切配合，互相协调、及时沟通，才能做出一个比较理想的、合乎实际的冷库设计。

在冷库设计过程中，制冷工艺专业要向土建、水、电等工种提供的条件如下。

1. 向土建专业提供的主要条件

①生产工艺流程。

②库内外运输的方式和工具。

③冷库的平面布置和竖向布置的要求。

④机房、库房以及制冰等建筑物的一次条件图（如设备基础图、设备布置平面图等）和二次条件图等（如预留孔、预埋件图等）。

2. 向给排水工种提供的主要条件

①用水位置、用水量、用水方式和对水质的要求。

②制冰、融冰、融霜等用水的要求。

③污水处理的要求。

3. 向供、配电专业提供的主要条件

①各机器、设备的用电位置和用电容量。

②自控元件和电测仪表的安装位置和用电容量。

③机房、库房及其他车间的照明要求。

④机房用电的特殊要求等。

在冷库工程的设计和建设过程中，各个工种都必须密切配合，互相协调，才能保证整个工程的顺利完成。

思考题

1. 工程设计一般程序是什么？
2. 不同设计阶段制冷工艺设计文件的编制有哪些具体要求？
3. 制冷工艺施工图绘制的要求有哪些？
4. 制冷工艺专业与其他专业配合时有哪些要点？

CHAPTER 10

第十章 食品低温贮藏与管理

学习目标

1. 了解食品仓库建设和保管要点；
2. 掌握冷库及气调库的管理；
3. 了解食品仓储、销售、消费不同阶段的贮藏管理要点。

第一节　食品仓库建设和保管要点

食品仓库建设中，选址是仓库建设最基础的一环，又是仓库内总平面布置的前提之一，在仓库建设中占有重要的地位。只有库址选择合理，才能使食品流通便利，节省出、入库运费和存储费。

一、 食品仓库建设地址选择

食品仓库建设地址选择的首要任务是，在已经选定的建库地点范围内，具体确定仓库的建筑位置、可用面积及形状。食品仓库建设地址选择要求符合两条基本原则：一是满足所建仓库生产建设和职工生活的要求；二是有利于所在区域总体规划的实现。食品仓库建设地址选择时，还要考虑以下几个因素的影响。

1. 地质条件

根据食品仓库对地基的具体要求，应尽量选在工程地质、水文地质条件较好的地段，严防选在断层、岩溶、流沙层与洪水淹没区；地下水位尽可能低于地下建筑物的基准面；具有良好的排水条件，防止雨季和汛期积水，影响仓库食品保管和运输。

2. 周围环境

食品仓库的业务活动不可避免地受外界环境的影响。食品仓库建设地址选择时，需要仔细分析附近厂矿的生产性质及其他可能的污染源，如烟尘、空气悬浮物、有毒气体，异味等对食品的污染和侵蚀。为了确保仓库的安全，食品仓库建设地址的选择应与周围其他建筑物，特别是工厂、居民区保持一段安全距离，以防发生火灾，火势蔓延。

3. 地形条件

食品仓库建设地址要求地层平坦，面积与外形能满足库房与各种构筑的需要，并适合于按科学的工艺流程布置仓房与构筑物。

4. 生活条件

食品仓库建设地址选择应有可靠的水源，能满足仓库的生产、生活、消防用水的需要，同时也要考虑供电、供热和职工生活条件等问题。

5. 交通条件

食品仓库建设地址应选择在交通方便，便于物资吞吐的地点。需敷设铁路专用线的食品仓库，地点应尽量接近铁路车站，以接轨距离最短为宜。同时，铁路专用线的装卸运输能力要和仓库的吞吐能力相适应。在我国南方的水网地带和有条件的地方，食品仓库建设地址应靠近河流、码头，利用水运的优势。

总之，具体选择库址时，必须认真进行调查研究，经过科学的计算和分析，在充分考虑上述因素的情况下，设计多方案进行比较，利用决策理论从中选择较佳方案。

二、 食品仓库建设的总平面布置

食品仓库的总平面布置，就是在食品接收、贮存、出库的全过程中，将人员、库房、设备所需要的空间进行最适当的分配，使其形成有效的组合，以便获得最大的经济效益。

食品仓库的总平面布置，对企业的生产、经营都有相当大的影响，必须根据库区的场地条件，结合食品贮藏的要求、仓库业务特点及机械化程度，对仓库主要建筑设施及运输线进行合理的安排和配置。这在新建食品仓库和老仓库改建中，都是不容忽视的工作。

（一）仓库的构成

食品仓库可分四个主要部分：仓储作业区、辅助作业区、行政生活区和运输线。

1. 仓储作业区

它是仓库的主体，主要任务是完成仓库的基本作业。例如，食品的贮存、保管、检验、整理等工作就是在这一作业区完成。其设施主要有：仓房、化验室、货棚、货场、蓄水池、月台以及加工、包装等场所。

2. 辅助作业区

它为食品的安全贮藏提供服务。主要包括维修车间、输送机械车辆库、变电室、燃料库及包装、苫垫物品存放场所。辅助作业区与仓储作业区要有一定距离，以防食品受到污染。

3. 行政生活区

它是行政管理和生活服务机构的所在地。主要包括办公室、警卫室、宿舍、食堂、澡堂及文娱活动场所。多设在仓库入口附近，便于业务接洽和管理。行政机构、生活区与仓储作业区要分割开，以便保证安全。

4. 运输线

食品仓储企业是车辆进出频繁、业务运输量大的企业，库内运输线路的布置尤为重要。食品的出入库及库内搬运都需要这些线路，要求各条线路相通，形成一个完整的食品输送网，保证仓储作业的顺利进行。运输线包括：铁路专用线、水运码头、库内道路、空中或地下食品输送线路等。

（二）食品仓库总平面布置的影响因素

总平面布置的影响因素很多，主要因素如下。

1. 面积的大小

仓库面积的大小是影响仓库总平面布置的因素之一。

2. 食品种类

食品仓库专业化程度较高，但也存在着食品种类之间的差别。总平面布置时应根据当地主要食品品种对作业的要求来进行设计。

3. 仓库规模

食品仓库中仓房的数目、贮存能力的大小制约辅助设施、工作人员的多少。这样总平面布置时，较大仓库就要综合平衡，利用各有利条件，进行合理安排。

（三）食品仓库总平面布置的过程

仓库总平面布置是较为复杂的工作，必须遵循一定的程序，有计划、有步骤地进行。

1. 准备工作

准备与仓库布置有关的各种技术资料，主要有：贮存食品的种类与数量、库址、运输条件、地形、水电供应、洪涝及水文气象资料。还应准备好总平面布置的辅助工具，如作业流程图、仓库平面图、样板图、模型等。

2. 布置关键性作业位置

关键性作业位置是仓储作业中具有重要意义、不可缺少的作业环节，例如铁路专用线，码头的装卸船位置等。通常先布置好专用线和码头，库房、货场的位置则可依次确定。

3. 作业面积的布置

根据库址的地形，对仓房、货场、主要通道的相对位置及占用面积做出概要的布置。

4. 详细布置仓房、设备

根据贮存食品的数量及保管要求，结合气象、环境条件；具体确定各库房的建筑类型、仓容量、方位、配用设备及运输线路、设备等。为了保证安全、高效率地作业，需布置好辅助设备，如排水系统、消防系统等。

三、冷库库址选择和平面布置

1. 库址选择

冷库库址的选择应符合下列规定。

①应符合当地总体规划的要求，并应经当地规划部门批准。

②使用氨制冷系统的冷库库址宜选择在相邻集中居住区全年最大频率风向的下风侧。使用氨制冷系统的建筑与其他建筑的最小间距应符合 GB 50072—2021《冷库设计标准》的相关规定。

③库址周围应有良好的卫生条件，且必须避开和远离有害气体、灰沙、烟雾、粉尘及其他有污染源的地段。

④应结合物流流向、近远期发展因素等，选择在交通运输方便的地方。

⑤宜具备可靠的水源和电源以及排水条件。

⑥应避开洪水和泥石流易发地段以及地质条件不良地段。

⑦冷库库址还应综合考虑各类冷库相应的特殊要求。

2. 总平面布置

冷库总平面布置应做到近远期结合，以近期为主，对库房占地、铁路专用线、水运码头、设备管线、道路、回车场等资源应统筹规划、合理布置，并应兼顾今后扩建的可能。冷库的总平面布置应符合下列规定。

①应满足生产工艺、运输、管理和设备管线布置合理等综合要求。

②当设有铁路专用线时，库房应沿铁路专用线布置。

③当设有水运码头时，库房应靠近水运码头布置。

④当以公路运输为主时，库房应靠近冷库运输主出入口布置。

⑤生产加工企业的冷库宜布置在厂区的清洁区内，并应在其污染区夏季最大频率风向的上风侧。

⑥食品批发市场内氨制冷系统的冷库应布置在该市场仓储区内，并应与交易区分开布置。

⑦在库区显著位置应设风向标。

四、 典型食品仓库

（一）装配式冷库

由预制的夹芯隔热板拼装而成的冷藏库，称为装配式冷藏库，又称组合式冷藏库，见图10-1。目前装配式冷库已成为冷库技术发展的重要特征。近年来，由于化学、冶金工业的迅速发展，出现了许多适用于冷库建筑的质优价廉的新材料，从而使冷库建筑走上了工厂化生产的道路，装配式冷库得到迅速发展。

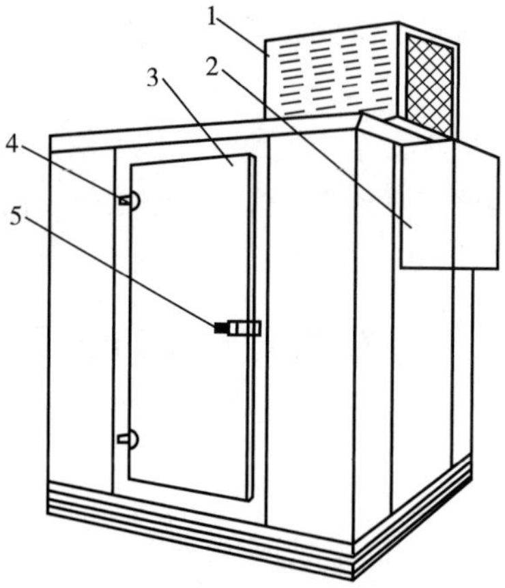

图 10-1 小型装配式冷藏库外形

1—制冷机组 2—控制箱 3—门 4—门铰链 5—把手

1. 特点和结构型式

（1）特点 装配式冷库由复合隔热板拼装而成，由于复合隔热板具有重量轻，弹性较好，抗压和抗弯强度高，保温防潮性能好等优良性能，就决定了装配式冷库的以下特点。

①抗震性能好：与一般的冷藏库相比，装配式冷库的重量大大减轻，对基础的压力也大大减小，因而抗震性强。

②组合灵活、方便：装配式冷库的各种构件均按统一的标准模数在工厂成套生产，现场只

需要连接组合库的隔热墙扳，可根据场地条件和生产需要，拼装成不同的外形尺寸。

③可拆装搬迁、长途运输：用复合隔热板制成的构件可运输到很远的地方安装，拆装搬迁十分方便，损坏率很低，并可再次安装。

④可成套供应：装配式冷库在工厂内批量生产，具有确定的型号和规格，制冷设备、电控元件等都已设计配置完整，用户可根据需要订购。

（2）结构型式

①根据安装场地，可分为室内型和室外型两种。

室内型冷库容量较小，一般为2~20t，安装条件要求不高，地下室、楼上、实验室等处都可安装。这种冷库大多数采用可拆装结构，顶、底、墙板之间用偏心钩连接或直接黏结装配。

室外型冷库容量一般大于20t，为一独立建筑结构，具有基础、地坪、月台、机房等设施，库内净高在3.5m以上。各部分之间一般不用偏心钩连接。

②根据结构承重方式，可分为内承重结构、外承重结构和自承重结构三种。

内承重结构的冷库内侧设置钢柱、钢梁，利用库内的钢框架支撑隔热板，安装制冷设备，并支撑屋顶防雨棚。

外承重结构的冷库外侧设置钢柱、钢梁，利用库外的钢框架支撑隔热板，安装制冷设备，并支撑屋顶防雨棚。

自承重结构的冷库利用隔热板自身良好的机械强度，构成无框架结构，库体隔热板既用作隔热，又用作结构承重。

自承重结构多用于室内型，而室外型大多用外承重结构。

2. 装配式冷库的安装方法

冷库的安装分室内型和室外型，室内型装配比较简单，室外型较复杂，有些还需对预制板进行再加工制作，使其满足安装要求。

不论是室内型，还是室外型。若采用偏心钩和螺栓连接，可按下列步骤进行。

①先做好冷库的垫座地坪（要求用水平仪校平）；

②根据冷库外形尺寸，划好安装线，然后装配底板；

③安装墙板时需先安装好一个转角板，然后依次安装；

④安装顶板时，从一边依次安装；

⑤安装门和空气幕；

⑥安装制冷设备、照明灯、控制元件等。

下面以小型装配式冷库为例，说明具体的安装方法，如图10-2所示。

（1）位置选择　安装地点应无阳光直射，远离热源；应避免震动较大、粉尘较多或有腐蚀性气体的环境；应能就近供电及排放融霜水。房顶要高于机组0.5m以上，冷库四周距墙大于0.5m。

（2）底架安装　底架应按对应容积的底架装配示意图，在选择好的位置上将底架用螺栓连接牢固，并使之保持水平。

（3）排水系统装配　排水系统由地漏、橡胶塞、垫圈、下水管、卡子组成。装配时首先把地漏装入地板的预留孔内，用螺母锁紧，把下水槽套在地漏接口上，用卡子紧固。

（4）组装地板　板块要轻拿轻放，注意安装位置和方向。第一块地板应是带水管的地板，

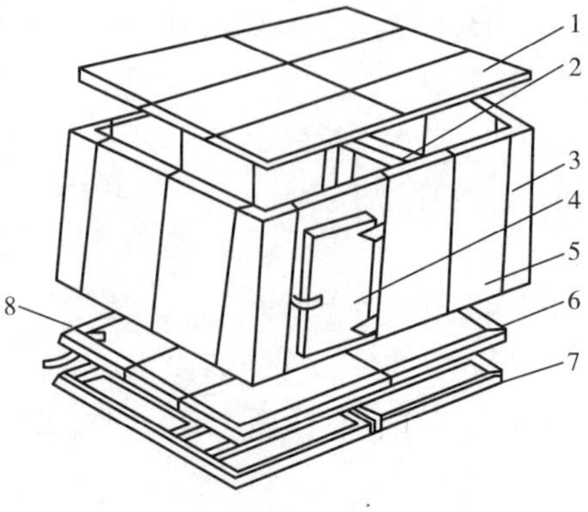

图 10-2　小型装配式冷藏库板块关系图

1—顶板　2—过梁　3—角板　4—门及门框组合　5—立板　6—底板　7—底托　8—地漏组件

把排水管从底架方孔中伸出，其他地板依次安装；两块地板之间要对正、贴紧、平整，用内六角扳手插入钩盒孔，顺时针方向锁紧，使板块之间连接牢固。

(5) 组装墙板　第一块组装板是角板，使角板下部凸槽对正地板凹槽，然后拧紧挂钩，不得漏挂、虚挂。然后安装其他墙板，最后一块应是角板。墙板全部安装完毕后，在确定安装机组位置的墙板上方，按机组尺寸要求，用手锯开两个凹形豁口，以备机组安装用。

(6) 装配过梁　过梁是用来支撑顶板的，安装时将支架插入墙板上部的聚氨酯中，对好预留孔位置，用螺钉紧固，然后装配过梁，把过梁水平放置在两规定的支架上，用螺栓连接，待顶板装配调整后紧固。

(7) 组装顶板　顶板安装顺序同步骤 (4) (5)。注意 17m^{2}以上冷库顶板装好后，如与过梁有间隙，可用垫片进行调整，使两者贴紧为宜，预留机组下部件的一块顶板。

(8) 安装制冷机组　制冷机组是由冷凝器、压缩机、蒸发器等整体连接的钢结构，安装时需将机组整体水平托起，使机组机架进入墙板预开好的凹槽豁口内，然后将上道顶板安装工序的机组下部预留板块插入机组底部装好，在机组底盘与顶板支架加入垫片，使之固定平稳。

(9) 安装附件　感温测头一般在冷库内中部上方为宜。库灯安装在门框上部的预留位置上。库内温度显示器可根据用户的需求供货。制冷系统控制装置安装在预定位置上，在蒸发器下部排水管上装好融霜水管。

(10) 整理　库内墙板支架接触部位的间隙，需要有橡胶密封条封堵或使用快于密封胶封堵，这样可减少冷损失。最后用干净软布擦一遍库壁，安装完毕。

（二）气调保鲜库

以上海某区的 800t 果蔬气调保鲜库为例进行介绍。

1. 概况

该气调冷库是上海市菜篮子工程的一个组成部分，主要供果蔬的气调贮藏，延长保鲜期，调节市场供应。气调冷库共 8 间，总容量为 800t/次（按苹果计算）。气调冷库是单层地面建筑、装配式冷库结构，库体为 150mm 厚阻燃聚苯乙烯夹芯板，地坪为挤塑聚苯乙烯板（XPS 板）150mm 隔热，库内净高为 4.5m。

气调冷库第一期工程主要先建造 800t 气调冷库（不包括挑选、包装间），其平面和剖面布置见图 10-3。平面图上所示为 8 个气调间及恒温穿堂，气调设备置于气调机房，电脑控制设备置于仪表房内，汽车月台为封闭式，温度保持在 5~7℃。

2. 制冷系统的主要设备

（1）主要设计参数

①室外计算干球温度为 33℃。

②室外计算湿球温度为 27℃。

③蒸发温度气调保鲜库蒸发温度为-10℃，室温为 0~4℃；恒温穿堂及封闭式汽车月台蒸发温度为-4℃，室温为 5~7℃。

（2）制冷剂供液及融霜方式　冷间采用分散式供冷，每间配 1 台 R22 制冷压缩机组，直接膨胀供液制冷系统。空气冷却器融霜方式，采用电加热融霜，每台空气冷却器的翅片管组内均装有电热棒，功率 1~1.5kW，工作电压为 380V。

空气冷却器融霜下水管内也设置电热棒。融霜时同步接通电源，并有指示灯显示。

（3）制冷压缩机组

①每间气调保鲜库配有半封闭式制冷机组 1 台（水冷式），型号为：3DF-1200（RG），在冷凝温度 37.8℃，蒸发温度-9.4℃时，制冷量为 25.7kW，电动机功率 9kW。

②恒温穿堂配有半封闭式制冷机组 1 台（风冷式），型号为 3DB-1000（RG），在冷凝温度 37.8℃，蒸发温度-3.9℃时，制冷量为 27.2kW，电机功率 7.5kW。

③封闭式月台配有半封闭式制冷机组 1 台（风冷式），型号为 2DD-0500（RG），在冷凝温度 37.8℃，蒸发温度-3.9℃时，制冷量为 13.7kW，电动机功率 3kW。

以上 8 台制冷压缩机组，均设置在恒温穿堂上面的机房内，机组与气调保鲜库内的空气冷却器之间的距离很短，便于操作，又可减少制冷剂在管道内的流动阻力，提高制冷效果。

（4）冷却塔 8 台水冷式制冷机组　选用 $30m^3/h$ 圆形标准集水式冷却塔 2 台（4 台机组合用 1 台），冷却塔型号为 BLST-30，流量 $30m^3/h$，功率 1.1kW，在冷却塔出水管上配有管道泵，功率为 4kW。

（5）制冷系统自控方式

①配有 WKXS 型制冷电脑控制装置，对每一气调间的制冷压缩机组、空气冷却器、融霜电热器及冷却塔和水泵等组成一个回路，实现微电脑全自动控制。

②配有 XH-101 型多点温度巡检仪，对压缩机吸气温度、冷凝器进水温度、冷间温度等采用微电脑和通信技术相结合，实现温度自动检测、显示和记录。

3. 气调系统的主要设备

该气调冷库的气调系统主要由降氧系统、二氧化碳脱除系统及除乙烯 3 个系统组成的。

①降氧系统　由 1 套 FIGHTER400 型中空纤维制氮机组构成，包括：FIGHTER400 主机 1 台，制氮量为 $31m^3/h$（97% N_2），与 1 台螺杆式空气压缩机相匹配。

②二氧化碳脱除系统　由 2 台 DELTAGEM 型二氧化碳洗涤机构成，每台控制 8 个气调间，轮流进行，二氧化碳的脱除量当体积分数 2% 时为 50kg/24h。

每间气调冷库的降氧与二氧化碳脱除所需进出管道，均合并在一起（降氧与二氧化碳脱除的操作分开进行）。设置在气调机房内的降氧与二氧化碳脱除调节站，可方便地进行降氧与脱除二氧化碳的操作。

③除乙烯系统　该气调冷库配有 BS150 型除乙烯机 1 台，每小时能处理的气体量为 $150m^3$，

可对 8 个气调间轮流处理掉所产生的乙烯气体。除乙烯机安置在制冷机的机房间内，每个气调间除乙烯的进、出管道从天花板引出，再与除乙烯机连通。

④气调系统的电脑控制及其他设备　该气调系统配有 GAC-1100 型电脑控制装置 1 套，附有 8 个果实温度探头、8 个湿度探头、1 个 16 线数字式信号转换器，及 1 台 B/W 打印机。

每个气调间的温度、氧气含量、二氧化碳含量、相对湿度，均可在电脑控制装置上显示，并控制除氧机和二氧化碳脱除机的自动工作。

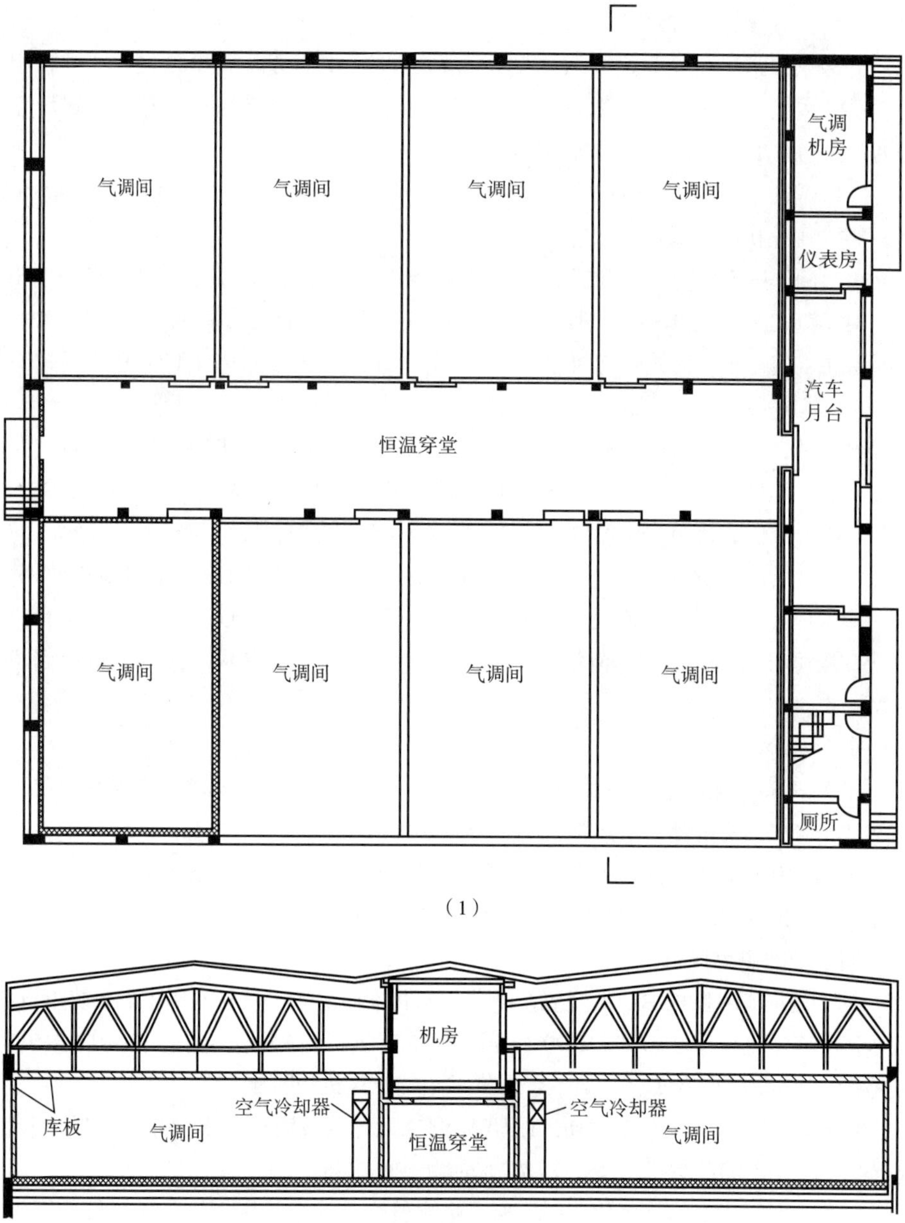

（1）

（2）

图 10-3　气调冷库平面图和剖面图

（1）平面图　（2）剖面图

五、 食品仓库的保管要点

无论什么形式的食品库房，其功能都是延长食品的保藏期，保持食品的质量，减少损耗。食品库房不仅是食品加工企业维持正常生产对各种原辅材料数量和质量需要的保障，也是食品流通过程中的重要设施。为了避免食品变质或腐烂，使其能较长时间地贮藏和随时供应市场，必须为保藏的食品创造一定的条件，并且进行科学的管理。由于库房中所保藏的食品一般都富含营养和水分，有利于微生物的生长繁殖，若不根据食品的特点和特性进行合理的贮藏管理，不仅会造成大量的资源浪费和财产损失，而且还会对消费者的身体健康产生不利的影响。

（一）食品入库前的准备工作

1. 库房的清洁消毒

食品入库前需要对库房进行彻底清扫，并将库房的所有门窗（或通气口）打开通风换气，然后对库房进行严格消毒。常用的消毒方法有：用 1%~2% 福尔马林或 10~20g/L 漂白粉液喷洒；或按 1m^{3}库体 10~15g 的硫黄进行燃烧熏蒸；或用臭氧处理，浓度为 40mg/m^3，既消毒又可消除异味。熏蒸消毒时可将各种器具、架子、垫木等一并放在库内，密闭 24~48h。消毒期间人不得进入库内，以免对人体健康造成危害。库房消毒后开启门窗、通气口，或启动风扇通风换气，排尽残药方可使用。

2. 食品的入库和堆码

食品的入库贮藏原则上不能混贮，应该分门别类地贮于不同的贮藏库，以便控制不同的贮藏温度、湿度等，以适应不同食品各自的特性，达到理想的贮藏效果。入贮的食品应先用适当的包装容器装好。用于盛装的容器要有统一的规格，适当的容量，以便于搬运；同时要坚实耐压，便于码垛。食品的包装容器及其他包装材料等都要求不易被腐蚀，不易变形，而且无异味。

入库食品在库内应合理码垛，既要充分利用空间，又要使贮藏食品处于良好的通风条件下，尤其是新鲜的果蔬类产品。装箱（或筐）要分层码放，或在库内配有货架，底部和四周要留有空隙，堆垛之间要有通风道。一般认为，库内食品堆放应距墙 20~30cm；食品不能直接堆放在地面上，应用垫板架空，使空气能在垛底形成循环，保持库房内各部位温度均匀一致；堆的高度不要离库顶太近，应离库顶 50~80cm 或低于冷风管的送风口 30~40cm。

目前，许多大型库房的操作运行已基本实现了机械化作业，库贮食品的装卸和搬运码垛均由吊车或铲车完成。

食品的合理堆放是保证食品在库存期间品质的基础工作，食品的合理堆放要遵守以下原则。

①三层以上要骑缝堆放；

②堆放的食品包装尺寸不能超出卡板；

③遵守层数限制；

④不要倒放食品；

⑤纸箱已变形的不能堆放（已变形的纸箱可以放在货架上）；

⑥纸箱间的缝隙不能过大。

（二）食品仓库的环境条件控制

仓库内所存食品的贮藏效果好坏，除取决于仓库的建筑结构外，还必须有良好的管理措施。而管理工作的重点之一是要创造或调节好库内适宜的贮藏温度、湿度和气体成分，这样才能发挥仓库的贮藏作用。

六、 食品在仓库内的安全

做好食品仓库的安全工作，必须使仓库保持清洁、干燥、凉爽，避免阳光直接照射；控制库房温度，及时采取通风、吸潮、密封等作业；检查并做好物品包装作业，尽量减少外界因素对物品的影响；对易产生老化现象的产品，要了解进库物品的生产工艺，添加防老化剂、采用物理防护方法、采用改进聚合和成型加工工艺或改性方法等，这对提高物品性能的稳定性有一定的作用，通常食品贮藏中的安全工作主要有：

1. 防燃烧、防爆炸工作

一般易燃烧、易爆炸物品多属于化学危险品类，对这类物品应单独修建危险品仓库。对易燃、易爆物品单独存放，并根据各类不同物品的不同特点和要求，采取不同的防护技术措施。危险品仓库附近的建筑、设施、环境等均应按有关规定治理。危险品仓库设施尽可能采用阻燃、防爆材料建造。

2. 防毒害、防腐蚀工作

有毒物品可分为无机毒害品、有机毒害品、腐蚀性毒害品等。氰化钾、氢氰酸等氰化物是无机毒害品，三氯甲烷、嗅甲烷、有机磷农药等是有机毒害品；此外，还有一级、二级无机酸性腐蚀物品，一级、二级有机酸性腐蚀物品，无机、有机碱性腐蚀物品以及放射性物品等。在有害物品环境中作业要做好防护工作，例如，对有毒害物品作业可采用防毒面具；对腐蚀性物品作业，可穿橡胶围裙，穿耐酸靴子，戴耐酸手套等。对放射性物品作业时要有警戒测量设备，预防射线泄露。

3. 防火、防盗工作

仓库中必须装备有防火、防盗的监视、自动报警设备以及消防用具，做好防火灾及防盗窃的各项工作。

4. 仓储时间

在保证功能实现前提下，寻求一个合理的贮存时间，这是和数量有关的问题，贮存量越大而消耗速率越慢，则贮存的时间必然长，相反，则必然短。在具体衡量时往往用周转速度指标来反映时间标志，如周转天数、周转次数等。

5. 仓储费用

仓储租费、维护费、保管费、损失费、资金占用利息支出等，都能从实际费用上判断贮存的合理与否。

第二节 冷库及气调库的管理

一、 冷库的管理

冷库是保证新鲜易腐食品长期供应市场，调节食品供应随季节变化而产生的不平衡、提高人民生活水平所不可缺少的，搞好库房的管理工作，对保证冷藏食品的质量和提高企业的经济效益非常重要。

（一）冷库的操作管理

1. 正确使用冷库，保证安全生产

冷库是用隔热材料建筑的低温密闭库房，结构复杂、造价高，具有怕潮、怕水、怕热气、怕跑冷的特点。最忌隔热体内有冰、霜、水，一旦损坏，就必须停产修理，严重影响生产。为此，在使用库房时，要注意以下问题。

（1）防止水、汽渗入隔热层 库内的墙、地坪、顶棚和门框上应无冰、霜、水，要做到随有随清除。没有下水道的库房和走廊，不能进行多水性的作业，不要用水冲洗地坪和墙壁。库内排管和冷风机要定期冲霜、扫霜，及时清除地坪和排管上的冰、霜、水。经常检查库外顶棚、墙壁有无漏水、渗水处，一旦发现，须及时修复。不能把大批量没有冻结的熟货直接放入低温库房，防止库内温升过高，造成隔热层产生冻融而损坏冷库。

（2）防止因冻融循环把冷库建筑结构冻酥 库房应根据设计规定的用途使用，高、低温库房，不能随意变更（装配式冷库除外）。各种用途的库房，在没有商品存放时，要保持一定的温度，例如，冻结间和低温库应在-5℃以下，高温库在露点温度以下，以免库内受潮滴水，影响建筑（装配式冷库除外）。原设计有冷却工序的冻结间，若改为直接冻结间时，要配有足够的制冷设备，还要控制进货的数量以控制合理的库温，使库房内没有滴水。

（3）防止地坪（楼板）冻臌和损坏 冷库的地坪（楼板）在设计上都有规定，能承受一定的负载，并铺有防潮和隔热层。如果地坪表面保护层被破坏，水分流入隔热层，会使隔热层失效。如商品堆放超载，会使楼板裂缝。并且不能将商品直接散铺在库房地坪上冻结。拆货垛时不能采用倒垛方法。脱钩和脱盘时，不能在地坪上摔击，以免砸坏地坪或破坏隔热层。另外，库内商品堆垛重量和运输工具的装载量，不能超过地坪的单位面积设计负荷。每个库房都要核定单位面积最大负荷和库房总装载量（地坪如大修改建，应按新设计负荷），并在库门上作出标志，以便管理人员监督检查。库内吊轨每米长度的载重量，包括商品、滑轮和挂钩的总质量，应符合设计要求，不许超载，以保证安全。特别要注意底层的地坪没有作通风等处理的库房，使用温度要控制在设计许可范围内。设有地下通风的冷库，要严格执行有关地下通风的设计说明，并定期检查地下通风道内有无结霜、堵塞和积水，并检查回风温度是否符合要求。应尽量避免由于操作不当而造成地坪冻臌。地下通风道周围严禁堆放物品，更不能搞新的建筑。

（4）库房内货位的间距要求 为使商品堆垛安全牢固，便于盘点、检查、进出库，对商品货位的堆垛与墙、顶、排管和通道的距离都有一定要求，详见表10-1。库内要留有合理宽度的走道，以便运输、操作和安全。库内操作要防止运输工具和商品碰撞冷藏门、柱子、墙壁、排管、制冷系统的管道和电梯门等。

表10-1 商品货位的堆垛与墙、顶、排管和通道的距离要求 单位：mm

建筑物名称	货物应保持的距离	建筑物名称	货物应保持的距离
高温库顶棚	≥300	低温库顶棚	≥200
顶排管	≥300	墙	≥200
墙排管	≥400	风道底部	≥200

续表

建筑物名称	货物应保持的距离	建筑物名称	货物应保持的距离
冷风机周围	≥1500	手推车通道	≥1000
铲车通道	≥1200		

(5) 冷库门要经常进行检查 如发现变形、密封条损坏，电热器损坏，要及时修复。当冷库门被冻死拉不开时，应先接通电热器，然后开门，不可硬拉。

(6) 冷库门口是冷热气流交换最剧烈的地方，地坪上容易结冰、积水，应及时清除。

(7) 库内排管扫霜时，严禁用钢件等硬物敲击排管。

2. 加强管理工作，确保商品质量

提高和改进冷加工工艺，保证合理的冷藏温度，是确保商品质量的重要一环。食品在冷藏间如保管不善，易发生腐烂、干耗、冻结烧、脂肪氧化、脱色、变色、变味等现象。为此，要求有合理的冷加工工艺和合理的贮藏温度、湿度、风速等。

在正常生产情况下，冻结物冷藏库的温度应控制在设计温度±1℃的范围内。冷却物冷藏库的温度应控制在设计温度±0.5℃的范围内。货物在出库过程中，冻结物冷藏库的温升不超过4℃，冷却物冷藏库的温升不超过3℃。进入冻结物冷藏库的冻结货物温度应不高于冷藏库温度3℃。例如，冷藏库温度为-18℃，则货物温度应在-15℃以下。

商品在贮藏时，要按品种、等级和用途情况，分批分垛位贮藏，并按垛位编号，填制卡片悬挂于货位的明显地方。要有商品保管账目，正确记载库存货物的品种、数量、等级、质量、包装以及进出的动态变化，还要定期核对账目，出库一批清理一批，做到账货相符。要正确掌握商品贮藏安全期限，执行先进先出的制度。定期或不定期地进行商品质量检查，发现商品有霉烂、变质等现象时，应立即处理。有些商品，例如家禽、鱼类和副产品在冷藏时，要求表面包冰衣。长期冷藏的商品，可在垛位表面喷水进行养护，但要防止水滴在地坪、墙和冷却设备上。冻肉在码垛后，可用防水布或席子覆盖，在走廊边或靠近冷藏门处的商品尤其应覆盖好，要求喷水结成3mm厚的冰衣。在热流大的时候，冰衣易融化，要注意保持一定的厚度。

3. 冷库冷藏食品出库时表面的凝露和结霜问题

从冷间内取出食品时，必须注意防止水分凝结在低温食品表面。当环境中空气露点高于冷却食品或包装材料的表面温度时，就会出现凝露现象，如果食品表面温度低于0℃时，就会出现结霜现象。这些情况会促使微生物生长，影响食品质量。包装可起到防止食品表面凝露的作用。有时冷间内采用托盘式堆垛，当从货架取出时，也可将整个托盘上的货物加以覆盖，以使食品表面不凝露。出现食品表面凝露时，应设法及早去除凝露，这可通过在空气较干燥的房间内将其升温实现。

图10-4为食品从冷间取出时，食品表面凝露温度t_L与环境中空气的温度t_a、相对湿度φ的关系。例如，环境温度$t_a=20℃$、相对湿度$\varphi=80\%$，这时食品从冷间取出时表面凝露温度$t_L=16.5℃$。

当采用封闭式月台，并有制冷设备使月台温度保持在5~7℃，这时的环境温度假定为$t_a=6℃$，空气中的相对湿度$\varphi=80\%$，食品从冷间内取出时表面凝露温度t_L从图10-4中查得为2.5℃，即保持食品温度$t_L=3℃$时，就不会产生凝露现象。故现代化冷库都要求有制冷设备的封闭式月台，一方面可防止冷却物的凝露，另一方面也可与冷藏车或冷藏集装箱货运车连在一起，使整个操作都在低温下进行，形成一个完整的冷藏链。

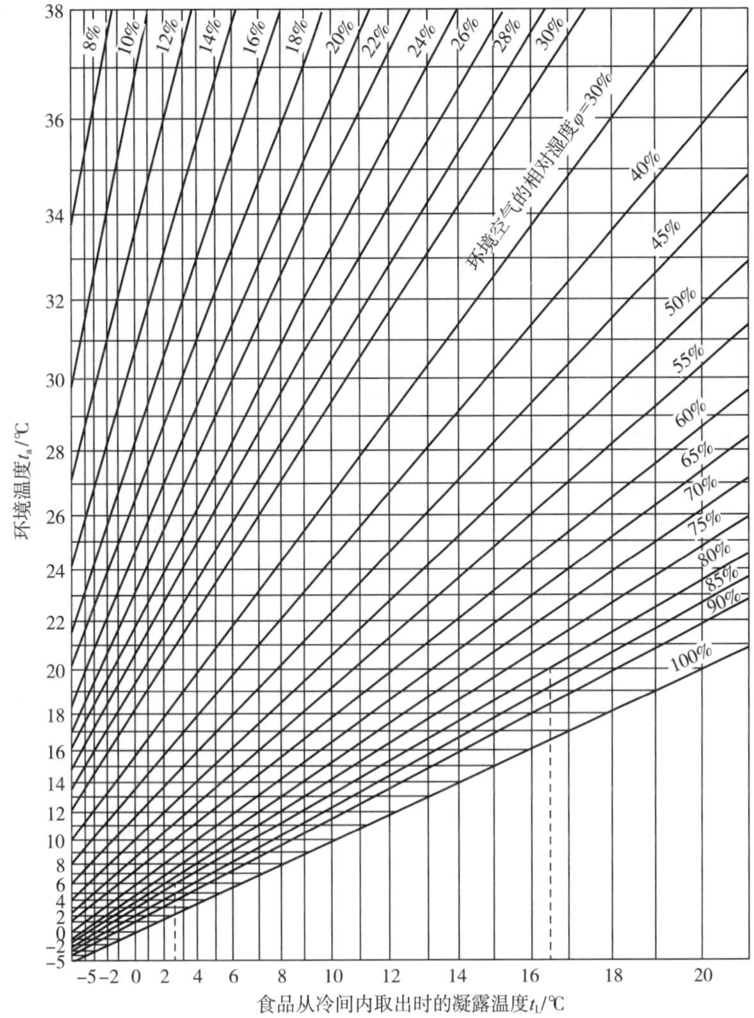

图 10-4　食品表面凝露温度 t_L 与环境中空气温度 t_a、相对湿度 φ 的关系

(二) 冷库库房的卫生管理

食品进行冷加工，并不能改善和提高食品的质量，仅是通过低温处理，抑制微生物的活动，达到较长时间贮藏的目的。因此，在冷库使用中，冷库的卫生管理是一项重要工作。要严格执行国家颁发的卫生条例，尽可能减少微生物污染食品的机会，以保证食品质量，延长保藏期限。

1. 冷库的卫生和消毒

(1) 冷库的环境卫生　食品进出冷库时，都需要与外界接触，如果环境卫生不良，就会增加微生物污染食品的机会，因而冷库周围的环境卫生是十分重要的。冷库四周不应有污水和垃圾，冷库周围的场地和走道应经常清扫，定期消毒。垃圾箱和厕所应离库房有一定距离，并保持清洁。运输货物用的车辆在装货前应进行清洗、消毒。

(2) 库房和工具设施的卫生与消毒　冷库的库房是进行食品冷加工和长期存放食品的地

方，库房的卫生管理工作，是整个冷库卫生管理的中心环节。在库房内，由于相对湿度较高，霉菌较细菌繁殖得更快些，并极易侵害食品。因此，库房应进行不定期的消毒工作。运货用的手推车以及其他载货设备也能成为微生物污染食品的媒介，也应经常进行清洗和消毒。库内冷藏的食品，不论是否有包装，都要堆放在垫木上。垫木应抛光，并经常保持清洁。垫木、小车以及其他设备，要定期在库外冲洗、消毒。可先用热水冲洗，并用20g/L碱水（50℃）除油污，然后用含有效氯3~4g/L的漂白粉溶液消毒。加工用的一切设备，如铁盘、挂钩、工作台等，在使用前后都应用清水冲洗干净，必要时还应用热碱水消毒。

冷库内的走道和楼梯要经常清扫，特别在出入库时，对地坪上的碎肉等残留物要及时清扫，以免污染环境。

清洁卫生防治的内容主要有：

①应将仓库内外及四周的垃圾、杂草、蜘蛛网、污水等脏物彻底清扫干净。

②仓库内一切用具及器材均应经常清洗消毒，保持干净。

③仓库内裂缝、孔隙及大小洞穴等残破地方要进行剔刮、嵌缝、粉刷等，以消除害虫栖息场所。

④为了不使害虫漏网，应在清洁后对整个仓库和用具进行化学消毒，以弥补清洁工作的不足，彻底消灭害虫。

2. 消毒剂和消毒方法

（1）抗霉剂　冷库用的抗霉剂有很多种，常与粉刷材料混合在一起进行粉刷。

①氟化钠法：在白陶土中加入15g/L的氟化钠（或氟化铁）或25g/L的氟化胺，配成水溶液粉刷墙壁；

②羟基联苯酚钠法：当发霉严重时，在正温的库房内，可用20g/L羟基联苯酚钠溶液刷墙，或用同等浓度的药剂溶液配成刷白混合剂进行粉刷。消毒后，地坪要洗刷并干燥通风后，库房才能降温使用。用这种方法消毒，不可与漂白粉交替或混合使用，以免墙面呈现褐红色；

③硫酸铜法：将硫酸铜2份和硫酸铝钾1份混合，取此1份混合物加9份水在木桶中溶解，粉刷时再加7份石灰；用20g/L氧酚钠盐水与石灰水混合粉刷。

（2）消毒剂　库房内消毒有以下几种方法。

①漂白粉消毒：漂白粉可配制成含有效氯3~4g/L的水溶液（1L水中加入含160~200g/L有效氯的漂白粉20g），在库内喷洒消毒，或与石灰混合，粉刷墙面。配制时，先将漂白粉与少量水混合制成浓浆，然后加水至必要的浓度。

在低温库房进行消毒时，为了加强效果，可用热水配制溶液30~40g/L。用漂白粉与碳酸钠混合液进行消毒，效果较好。配制方法是，在30L热水中溶解3.5kg碳酸钠，在70L水中溶解2.5kg含250g/L有效氯的漂白粉。将漂白粉溶液澄清后，再倒入碳酸钠溶液。使用时，加2倍水稀释。用石灰粉刷时，应加入未经稀释的消毒剂。

②次氯酸钠消毒：可用质量分数2%~4%的次氯酸钠溶液，加入质量分数2%碳酸钠，在低温库内喷洒，然后将门关闭。

③乳酸消毒：每立方米库房空间需用3~5mL粗制乳酸，每份乳酸再加1~2份清水，放在瓷盘内，置于酒精灯上加热，再关门几小时消毒。

（3）消毒和粉刷方法　库房在消毒粉刷前，应将库内食品全部搬出，并清除地坪、墙和顶板上的污秽，发现有霉菌的地方，应仔细用刮刀或刷子清除。在低温库内，要清除墙顶和排管上的冰霜。必要时需将库温升至正温。库房内刷白，每平方米消毒表面所消耗的混合剂约为300mL，在正温库房可用排笔涂刷，负温时可用细喷浆器喷洒，有时会出现一层薄溶液冻结层，经1~3d以后，表面会逐步变干。

冷库内消毒的效果，根据霉菌孢子的减少来评定。因此，在消毒前后均要测定和记录。消毒后，每平方厘米表面上不得多于一个霉菌孢子。

(4) 紫外线消毒　一般用于冰棍车间模子等设备和工作服的消毒。不仅操作简单，节约费用，而且效果良好。每立方米空间装置功率为1W的紫外线光灯，每天平均照射3h，即可对空气起到消毒作用。

（三）冷库工作人员的个人卫生

冷库工作人员经常接触多种食品，如不注意卫生，本身患有传染病，就会成为微生物和病原菌的传播者。对冷库工作人员的个人卫生应有严格的要求。冷库作业人员要勤理发，勤洗澡，勤洗工作服，工作前后要洗手，经常保持个人卫生。同时必须定期检查身体，如发现患传染病者，应立即进行治疗并调换岗位，未痊愈时，不能进入库房与食品接触。

库房工作人员不应将工作服穿到食堂、厕所和冷库以外的场所。

（四）食品冷加工过程中的卫生管理

1. 食品冷加工的卫生要求

食品入库冷加工之前，必须进行严格的质量检查，不卫生的和有腐败变质迹象的食品，例如次鲜肉和变质肉均不能进行冷加工和入库。食品冷藏时，应按食品的不同种类和不同的冷加工最终温度而分别存放。如果冷藏间大而某种食品数量少，单独存放不经济时，也可考虑不同种类的食品混合存放，但应以不互相串味为原则。具有强烈气味的食品，如鱼、葱、蒜、乳酪等，和贮藏温度不一致的食品，严格禁止混存在一个冷藏间内。

对冷藏中的食品，应经常进行质量检查，发现有软化、霉烂、腐败变质和异味感染等情况时，应及时采取措施，分别加以处理，以免影响其他食品，造成更大的损失。

正温库的食品全部取出后，库房应通风换气，利用风机排除库内的混浊空气，换入过滤的新鲜空气。

2. 除异味

库房中发生异味一般是由于贮藏了具有强烈气味或腐烂变质的食品。这种异味能影响其他食品的风味，降低质量。

臭氧具有清除异味的性能。臭氧是三个原子的氧，用臭氧发生器在高电压下产生，其性质极不稳定，在常态下即还原为两个原子的氧，并放出初生态氧（O）。初生态氧性质极活泼，化合作用很强，具有强氧化剂的作用。因而利用臭氧不仅可以清除异味，而且浓度达到一定程度时，还具有较好的消毒作用。利用臭氧除异味和消毒，不仅适用于空库，对于装满食品的库房也很适宜。臭氧处理的效能取决于它的浓度，浓度越大，氧化反应的速度也就越快。由于臭氧是一种强氧化剂，长时间呼吸浓度很高的臭氧对人体有害。因此，臭氧处理时，操作人员最好不留在库内，待处理后2h再进入。利用臭氧处理空库时，浓度可达$40mg/m^3$。对有食品的库，浓度则依食品的种类而定。鱼类和干酪为$1\sim2mg/m^3$，蛋类为$3kg/m^3$。如果库内存有含脂肪较多的食品，则不应采用臭氧处理，以免脂肪氧化变质。

此外，用福尔马林（即35%~40%的甲醛水溶液）或乙酸含量为5%~10%的水溶液与50~200g/L的漂白粉水溶液，也具有良好的除异味和消毒作用。这种办法目前在生产中广泛采用。

3. 灭鼠

鼠类对食品贮藏的危害性极大，它在冷库内不但糟蹋食品，而且散布传染性病菌，同时还能破坏冷库的隔热结构，损坏建筑物。因此，消灭鼠类对保护冷库建筑结构和保证食品质量有着重要意义。鼠类进入库房的途径很多，可以由附近地区潜入，也可以随有包装的食品一起进入冷库。冷库的灭鼠工作应着重放在预防鼠类进入。例如在食品入库前，对有外包装的食品应进行严格检查，凡不需带包装入库的食品尽量去掉包装。建筑冷库时，要考虑在墙壁下部放置细密的铁丝网，以免鼠类穿通墙壁潜入库内。发现鼠洞要及时堵塞。

消灭鼠类的方法很多，可用机械捕捉、毒性饵料诱捕、气体灭鼠等方法。用二氧化碳气体灭鼠效果较好。由于这种气体对食品无毒，用其灭鼠时，不需将库内食品搬出。在库房降温的情况下，将气体通入库内，将门紧闭即可灭鼠。二氧化碳灭鼠的效果取决于气体的浓度和用量，如在 $1m^3$ 的空间内，用含量为25%的二氧化碳0.7kg，或用含量为35%的二氧化碳0.5kg，一昼夜即可彻底消灭鼠类。二氧化碳对人有窒息作用，可造成死亡。操作人员必须戴氧气呼吸器才能入库充气和检查。在进行通风换气降低二氧化碳浓度后，才可恢复正常进库。

使用杀鼠药和粘鼠板。选择适宜的杀鼠药和粘鼠板可以有效地灭鼠，但必须注意使用的安全性和正确用量。杀鼠药应放置在老鼠经常出没的区域，并应该摆放在员工无法接触的地方，以免引起二次污染和伤害人员。使用粘鼠板应放置在老鼠通常活动的地方，但要避免和人的接触。

二、 气调冷库的管理

气调贮藏的实验研究始于19世纪初，至今已有200多年的历史，而大规模的商业应用，是近几十年的事。气调冷库就是气调贮藏技术发展到一定阶段的产物，是商业化、工业化气调贮藏的象征和标志。

气调冷库不仅在贮藏条件、建筑结构和设备配置等方面不同于果蔬冷却物冷藏间，而且在操作管理上，也有自己的特殊要求。操作管理上任一环节出现差错，都将影响气调贮藏的整体优势和最终贮藏效果，甚至还会关系到气调冷库的建筑结构和操作人员的人身安全。

（一）果蔬贮藏的生产管理

这包括果蔬贮前、贮中、贮后全过程管理。

1. 果蔬贮前的生产管理

贮前生产管理是气调贮藏的首要环节。入库果藏质量好坏，直接影响到气调贮藏的效果。具体包括：果蔬成熟度的判定和选择最佳采摘期，尽快使采摘后的果蔬进入气调状况。减少采后延误，注重采收方法，重视果蔬的装卸、运输、入库前的挑选、库中堆码等环节，以及入库前应将库房、气调贮藏用标准箱进行消毒等。

在保证入库果蔬质量的前提下，入库的速度越快越好。单个气调间的入库速度，一般控制在3~5d，最长不超过1周。装满后关门降温。

2. 果蔬贮中的生产管理

贮中是指入库后到出库前的阶段。这个阶段生产管理的主要工作，是按气调贮藏要求，调节，控制好库内的温度、湿度和气体成分，并搞好贮藏果蔬的质量监测工作。具体要求如下。

（1）贮藏条件的调节和控制　包括库房预冷和果蔬预冷。预冷降温时，应注意保持库内外压力的平衡，只能关门降温，不可封库降温，否则可能因库内温度的升高（空库降温后因集中进货使库温升高）或降低（随冷却设备运行，库温回落），在围护结构两侧产生压差，对结构安全构成威胁。封库气调，应在货温基本稳定在最适贮藏温度后进行。且降氧速度应尽可能快。

（2）气调状态稳定期的管理　是指从降氧结束到出库前的管理。这个阶段的主要任务，是维持贮藏参数的基本稳定。按气调贮藏技术的要求，温度波动范围应控制在±0.5℃以内；氧气、二氧化碳含量的变化，也应在±0.5%以内；乙烯含量在允许值以下；相对湿度应在90%~95%。

气调冷库贮藏的食品一般整进整出，食品贮藏期长，封库后除取样外很少开门，在贮藏的过程中也不需通风换气，外界热湿空气进入少，冷风机抽走的水分基本来自食品，若库中的相对湿度过低，食品的干耗就严重，从而极大地影响食品的品质，使气调贮藏的优势无法体现出来。所以，气调冷库中湿度控制也是相当重要的。当气调冷库内的相对湿度低于规定值时，应用加湿装置增加库内的相对湿度。库内加湿可以用喷水雾化处理。

贮藏中的质量管理。包括经常从库门和技术走廊上的观察窗进行观察、取样检测。从果蔬入库到出库，始终做好果蔬的质量监测是十分重要的，千万不要片面地认为，只要保证贮藏参数基本稳定，果蔬的贮藏质量就可保证。

3. 果蔬贮后的生产管理

包括出库期间的管理，确定何时出库。

气调冷库的经营方式以批发为主，每次的出货量最好不少于单间气调冷库的贮藏量，尽量打开一间，销售一间。果蔬要出货时，要事先做好开库前的准备工作。为减少低氧对工作人员的危害，在出库前要提早24h解除气密状态，停止气调设备的运行，通过自然换气，使气调冷库内气体恢复到大气成分。当库门开启后，要十分小心，在确定库内空气为安全值前，不允许工作人员进入。出库后的挑选、分级、包装、发运过程，注意快、轻，尽量避免延误和损失，上货架后要跟踪质量监测。

（二）设备和库房管理

1. 果蔬入库贮藏前

每年果蔬入库前，都要对所有气调冷库进行气密性检测和维护。气密性标准可采用：当库内压力由100Pa降到50Pa时，所需时间不低于10min。

2. 果蔬贮藏中

贮藏中要对制冷、气调设备、气体测量仪等进行检查与试运行。操作人员应经常巡视机房和库房，检查和了解设备的运行状况和库内参数的变化，做好设备运转记录和库内温度、湿度、气体成分变化记录。了解安全阀内液柱变化、库内外压差情况，并根据巡视结果进行调节。

3. 果蔬全部出库后

停止所有设备运行，对库房结构、制冷、气调设备进行全面检查和维护。包括查看围护结构，温度、湿度传感器探头是否完好，机器易损件是否需更换，库存零配件的清点和购置等。

（三）气调冷库的安全运行

由于气调冷库的建筑、设备的特殊性，气调冷库的安全管理也是十分重要的工作。

1. 库房围护结构的安全管理

气调冷库是一种对气密性有特殊要求的建筑物，库内外温度的变化，以及在气调设备的运行中，都可能引起库房围护结构两侧压差变化。压差值超过一定限度，就会破坏围护结构，这点不可因气调冷库设置了安全阀和调气袋就掉以轻心。

2. 人身安全管理

要求气调冷库的操作、管理人员，一定要掌握安全知识。气调冷库内气体不能维持人的生命，不可像进入冷藏库那样贸然进入气调冷库；必须熟练掌握呼吸装置的使用。

为了更好地保证人身安全，必须制定下列管理措施，以防止发生人身伤亡事故。

①在每扇气调冷库的气密门上，书写醒目的危险标志；“危险！库内缺氧，未戴氧气罩者严禁入内！”封库后，气密门及其小门应加锁，防止闲杂人员误入。

②进入气调库维修设备或检查贮藏质量时，需两人同行，均戴好呼吸装置后，一人入库，一人在观察窗外观察，严禁两人同时入库作业。

③至少要准备两套完好的呼吸装置，并定期检查其可靠性。

④开展常态化安全教育，使所有的操作管理人员树立强烈的安全意识。

第三节　食品贮藏管理

食品贮藏质量管理是指与贮存食品有关联的一切质量活动的过程及其控制，具体包括：①物料贮存质量，例如贮存中发生的变性、发霉、潮湿、老鼠咬等；②装卸质量，例如错误方法装卸损坏物料；③贮存过期，例如超过物料的有效期导致变质；④混乱放置造成的无法区分等；⑤不合理的摆放导致压坏物料等。

贮藏管理是全体管理人员的职责，从建立制度、积极落实，到自觉行动、相互监督，每个过程都必须坚持全员参与，都必须用标准化的思想作为指导。

一、　食品仓库贮藏管理

食品在流通过程中，由于各种原因总要有一定的库存时间，在仓库贮藏期间应该加强以下几方面的管理。

（一）做好食品的合理堆放

食品的合理堆放是保证食品在库存期间品质的基础工作，食品的合理堆放要遵守三层以上要骑缝堆放，遵守层数限制，纸箱间的缝隙不能过大等原则。

（二）在库品的日常质量管理

在库品日常质量管理的主要责任者，是物料部的仓库管理员，他们应该各负其责，要责任到人，负责到底。

1. 日常质量管理的方式和性质

总体上讲，在库品日常质量管理的工作方式是巡视，性质是目视检查。

巡视：定时巡回查看。

目视检查：用眼睛观察确认。

2. 日常质量管理的实施频次

基本上，日常质量管理的实施频次是：每班不少于一次；夜班也不能例外。

日常质量管理无须记录检查报表，但必须有实施确认表，以免担当人员遗忘和进行必要的追溯。

3. 日常质量管理的内容

日常质量管理通常需要确认如下的内容：食品的摆放状态，如有无东倒西歪等；食品本身的状态，如有无腐烂、生锈等；食品的环境状态，如有无雨淋、日晒等；食品的有效期。

4. 日常质量管理的注意事项

日常质量管理可以利用收发料的机会同时进行，以减少仓管员的劳动强度，具体方法是：发出食品时确认所发出食品及其周围食品的质量状态；接收食品时确认所接收食品放置位置周围的食品的质量状态；在收发食品的过程中顺路边走边巡视。

(三) 库存食品的定期检验

1. 库存食品定期检验的周期

凡库存期限超过一定时间的食品必须按规定的频次进行一次品质检验，以确保被存贮的食品质量良好，这就是库存食品的定期检验。这里的定期到底定多少，需要根据各种食品的特性具体规定。

2. 库存物品定期检验的方法

一般情况下，库存食品定期检验的方法与进料检验的方法相类似，按抽样的方法进行。

二、 食品销售过程中的贮藏管理

食品销售是食品生产和流通过程的一个中间环节，此时食品的质量水平才能说明生产企业是否具有向消费者提供符合质量要求的产品的能力。当食品运输到销售地点后，不可能马上就能出售，有时需要在销售场所临时贮藏一段时间。这些销售场所包括一级、二级或三级批发市场，仓储市场、超级市场、零售商场、零售商店等。在食品销售过程中，为了保证食品的质量，必须把食品放在一个温度、湿度、气体等环境条件适宜的贮藏场所。大中型商场、正规水产和果蔬批发市场的冰箱、冰柜或冷藏库，一般都可以提供保证食品贮存的适宜温度和湿度条件，而普通零售商店则可能缺乏这些保障措施。为了保持食品质量，向消费者提供色、香、味、形俱佳的产品，也应注意加强销售中对食品的保护。

1. 进货质量确认制度

食品在进货时要有质量确认制度，主要是温度确认。对于生鲜易腐食品要确认其在运输和贮藏过程中始终保持在0~4℃环境中，速冻食品在-18℃以下。如果进货时食品已经在不适温度下存放了较长时间，食品升温较高，冷冻食品是已经解冻的质量低下的产品，那么势必会影响食品质量，难以保证销售过程中的食品安全。另外，从2004年1月1日起，上市的大米、小麦粉、食用植物油、酱油和醋五类食品实行食品质量安全市场准入制度。

2. 适宜温度下销售

为保证食品的安全性和食品出厂时的品质，要求销售过程必须在较低的温度下进行。经营销售冷藏和冷冻食品的商店和超市、食品专营店，必须具备冷藏和冷冻设备，使冷藏食品中心温度控制在0~4℃，冷冻食品的中心温度控制在-18℃以下。冷藏柜应放置在市场或商店中间部位，尽量吸引顾客，以加快这类食品的销售。敞开式冷藏柜由于冷气强制循环，在开启处形成一种气幕，取货、进货都很方便。

(1) 销售部门必须具备的贮藏条件　在销售环节，食品由于温度波动幅度大、次数多，被污染机会也多，食品的质量往往得不到保证。为保持食品的安全性和应有品质，要求在销售过程中实施低温控制。这就要求食品销售部门在进行销售时具有贮藏食品的条件，例如冷藏食品需具有恒温冷藏设备，冷冻食品需具有低温冷藏设备。目前主要设备是销售陈列柜，陈列柜是食品零售部门展示、销售食品所必需的设备。

（2）食品销售陈列柜的要求　具有制冷设备，可进行隔热处理，能保证冷冻和冷藏食品处于适宜的低温下；能很好地展示食品的外观，便于顾客选购；具有一定的贮藏容积；日常运转与维修方便；安全、卫生、无噪声；动力消耗小。

3. 销售柜中的食品周转要快

冷藏食品一旦运送到零售商店，在放入零售冷藏柜之前往往要先在普通仓库进行短暂的贮存周转，陈列的商品要经过事先预冷。冷冻和冷藏食品在销售商店滞留的时间越短越好，陈列柜内的食品周转要快，绝不能将销售柜当作冷藏库或冷冻库使用，否则升温过高和温度波动频繁会严重影响食品质量。一般而言，速冻食品可在柜中贮藏 15d 左右。

4. 防止温度的波动

食品在陈列柜中的存放是温度波动的一个潜在因素。产品从冷藏库转移堆放到陈列柜时，在室温下停放的时间不能太长。食品在陈列柜中的存放位置对温度也有重要影响，位置之间的温度差异可达 5℃左右，越靠近冷却盘管和远离柜门的地方温度越低。零售陈列柜的另一个主要作用，是给消费者提供可见和易取的方便性，故陈列柜大部分时间都是敞开的，其冷量会不断损失；另外，柜中的照明也需要消耗额外的冷量。因此，制冷系统必须满足冷量的损失和照明所消耗的冷量，陈列食品时的灯光亮度要适宜，不宜过强，尽量防止温度的波动。

5. 保证售出的食品具有一定时间的保质期

要注意食品的保质期，一方面不能销售超过保质期的食品，另一方面销售出去的食品应具有一定时间的保质期，以避免消费者购回食品后因不能及时食用而造成损失。贮存在冷藏柜中的食品要经常轮换，要实行食品先进先出的原则，让较早放入的食品首先被消费者买走，以确保食品在冷藏柜中的存放时间不超过最佳保质期。

6. 注意食品销售过程中的卫生管理，防止食品污染

经销人员要经常保持清洁，食品从业人员的健康直接关系到广大消费者的健康，所以必须按规定加强食品从业人员的健康管理。食品从业人员不仅要从思想上牢固地树立卫生观念，而且要在操作中保持个人的清洁卫生，这是防止食品受到污染的重要防护手段之一。

7. 加强对销售陈列柜的管理

食品的展卖区要按散装熟食品区、散装粮食区、定型包装食品区、蔬菜水果区、速冻食品区和生鲜动物性食品区等分区布置，防止生、熟食品，干、湿食品间的污染。从业人员应当按规范操作，销售过程中应轻拿轻放，避免损坏食品的销售包装；冷藏柜不能装得太满；结霜不能太厚，应定期除霜；要定期检查柜内的温度；及时清扫货柜；把温度计放在比较醒目的位置，让消费者容易看到陈列柜中的温度位。速冻陈列柜一般标有堆装线以保持食品品质，故食品堆放时不应超过堆装线。

三、 食品消费中的贮藏管理

食品流通的最后一个环节就是消费者的消费。消费者的消费包括人们的生活消费和食品企业的原料利用。消费者的正确消费应包括即时消费以及在消费前和消费过程中的临时贮存。在食品消费过程中，为保持食品的质量和安全，仍要注意将食品放在适宜的环境条件下；另外还

要注意各种不同食品正确的食用和烹调方法。

消费者一旦从市场购买了食品，食品流通就已经进入到消费阶段。在消费阶段食品的保护也非常重要，如果操作不当，那么前面各个环节所做的努力就会前功尽弃。要进行消费中的保护，首先要保证选购食品的质量，如果食品本身的质量不好，已经过了保质期，那么无论采取何种先进有效的保鲜措施或保护措施，都无法保证其质量。所以，消费者要学会正确消费，以保证食用的食品营养、安全、质优。

1. 购买新鲜优质的食品

食品被购买后，即使有适宜的贮藏场所，如冰箱、冰柜或者小型贮藏库，也只能保持原有质量，并不能改善其质量。因此，为了保证食品的质量安全，购买时应注意以下几点：①由于温度是保持食品品质的关键，因此购买时要仔细观察存放食品的货柜温度是否在食品的适宜保藏温度下；②要选择形状完整、包装完好、新鲜的食品，速冻食品要选择质地坚硬，包装纸（袋）无破损，包装袋内侧冰、霜少的食品，不能买解冻后的食品；③要看清食品的生产日期或保质期，生产日期不宜距离购买日期过长，另外还应验看产品检验合格证；④速冻陈列柜一般标有堆装线以保持食品的品质，故不要购买超过堆装线的速冻食品。

2. 食品在消费中的保护措施

（1）在适宜的温度下存放食品　食品购买后如果不立即食用，应将其存放在适宜的环境条件下，特别是冷藏或冷冻食品，必须将它们快速放入冰箱或冰柜中。食品被带回家的运输过程及将食品放入冰箱、冰柜之前存放的时间较长，会在很大程度上影响到食品的货架期。冰箱中的冷藏温度一般在 0~5℃，不过通过隔离设计可以形成不同的贮存区，保持不同的温度。具体贮藏条件可参考前面章节有关内容。

目前，在消费阶段保持低温的设备主要是家用冰箱和冰柜等。家用冰箱在我国大城市日趋普及，为食品消费中的保护和完善冷藏链提供了条件。因此，食品的家庭消费实际上就是消费者从市场买回食品后放入冰箱、冰柜中短暂贮藏，维持其品质及其合理食用的过程。

冰箱的温度管理对保持食品质量有着重要的作用，但即使在-18℃的低温下冻结贮藏的食品，不同种类的贮藏期也各不相同，而且随着贮藏时间的延长，食品的品质也会发生变化。为了加强对冰箱的温度管理，应尽量减少冰箱门开启的次数，防止温度波动过大。

（2）不要让食品超过保质期　在食品消费阶段，因为冰箱本身温度不很均匀，所以只是作为临时的短期贮藏，不宜进行长期贮藏。冰箱中的食品要分类，要先进先出，一次进入冰箱、冰柜的食品不要太多，如果发现有超过保质期的食品千万不要食用，冰箱中超过保质期的鲜乳、酸乳，开盖后冷藏超过 7d 的果汁饮料等都不能食用。

对于食品的贮藏期，不能看得太机械，因为贮藏期的长短不但受食品本身的品质、种类的限制，而且也受冰箱诸因素的限制，如冰箱的制冷能力、箱内温度状况、箱内食品的堆装方式、冰箱门的密封性能等都会对食品贮藏期的长短产生影响。所以，为了使冰箱贮藏的食品保持好的口感和营养成分，贮存时要了解食品的贮藏期限，尽早在贮藏期内食用完，例如脂肪多的食品最好在一周内食用完，维生素 C 含量高的食品宜在两周内食用完。

（3）一次未消费完食品的再贮藏　食品尽量一次消费完，如果消费不完，例如番茄酱、大桶装饮料、茶叶等，最好还是保持原有包装，置于适宜的贮藏条件下以保持其原有品质。对于易变质的乳粉等散装食品，在开袋或开罐消费过程中，要注意对开封的食品进行适当密封，以防止吸潮和氧化变质，贮存温度最好在 25℃以下，相对湿度 75%以下。

（4）经常消毒杀菌以保证冰箱、冰柜内清洁卫生　家用冰箱、冰柜由于放置的食品种类很多，所以常常会带入很多微生物和病菌，所以要定时清洗和消毒，以防止相互间的交叉污染。没有包装的散装食品，如没有包装的各种蔬菜或肉品等，一定要进行适当的包裹，包裹后可防止串味和相互之间产生不良的影响。

（5）勿损坏食品的包装　食品在购买之后和消费之前尽量不要损坏食品的原有包装，以防止食品遭受微生物的污染而腐败变质。例如鲜切食品、方便菜肴等易腐食品，大都采用了贴体保鲜包装，购买后应尽量尽快食用，食用之前请勿损伤包装，以免加快其腐烂变质。

思考题

1. 食品冷库建设地址选择时需要考虑哪些方面？有哪些因素会影响到食品冷库总平面的布置？
2. 食品在仓库进行保管时需要掌握哪些要点？如何保证食品在仓库内的安全？
3. 如何进行或气调库的操作管理？
4. 食品仓储、销售、消费不同阶段的贮藏管理有哪些要点？

CHAPTER 11

第十一章 冷库的安全

学习目标

1. 了解冷库安全法规；
2. 掌握冷库的安全操作要求。

第一节 冷库安全法规

由于维持冷库低温环境的制冷系统一般为压力系统，同时大多数的制冷剂存在着温室效应、有毒、可燃等不同方面的不足，因此冷库的安全运行尤其重要。目前冷库安全相关的国家标准如表 11-1 所示。

表 11-1 冷库安全相关的国家标准

序号	标准名称	标准号
1	冷库安全规程	GB/T 28009—2011
2	冷库管理规范	GB/T 30134—2013
3	食品冷库 HACCP 应用规范	GB/T 24400—2009
4	制冷机组及供制冷系统节能测试　第 1 部分：冷库	GB/T 15912. 1—2009
5	冷库热工性能试验方法	GB/T 30103—2013
6	低温医用冷库通用技术要求	GB/T 40939—2021
7	冷库设计标准	GB 50072—2021
8	冷库施工及验收标准	GB 51440—2021

第二节　冷库的安全操作

根据以上 8 个相关冷库安全标准的规定，冷库安全方面的规定主要包括基本要求以及操作安全具体要求两方面，后者包括制冷设备及附件安全要求，冷库设备设施安全要求，冷库建设与施工安全要求，库内贮存货物安全要求，冷库管理安全要求，制冷系统的调试、操作、维护安全要求，安全标识，制冷系统管道安全要求，设备设施维护要求，制冷剂泄漏探测报警系统，以及紧急停电事故的应对措施 11 个安全要求。

一、　基本要求

①冷库应由具备冷库工程设计、压力管道设计资质的单位进行设计。冷库应使用具有相关生产资质企业制造的制冷设备。

②冷库施工单位应具备相应施工资质。

③冷库应按设计文件进行施工。

④冷库生产经营单位应建立安全生产保障体系，具体参见《中华人民共和国安全生产法》。

二、　操作安全具体要求

（一）制冷设备及附件安全要求

1. 制冷压缩机及辅助设备

制冷压缩机和制冷辅助设备应符合产品标准要求，制冷压缩机应设置压力、电机过载等安全保护装置；制冷压缩机联轴器或传动皮带应设置安全保护装置。制冷压缩机（制冷压缩机组）的安全保护配置应符合相应的设备标准，制冷系统应配置下列安全保护装置，例如活塞式制冷压缩机排出口处应设止回阀；螺杆式制冷压缩机吸气管处应设止回阀。制冷压缩机（制冷压缩机组）冷却水出水管上应配置断水停机保护装置。

对于制冷压缩机采用热虹吸式油冷却器的制冷系统，制冷剂冷凝液体应首先保障制冷压缩机油冷却器的供液。

压力容器应符合 TSG 21—2016《固定式压力容器安全技术监察规程》的要求，制冷剂泵、油泵、水泵等外露的转动部位，均应设置安全保护装置。

大中型制冷系统的高压侧应配置超压报警装置；冷凝器应配置压力表和安全阀；水冷冷凝器应配置冷却水断水报警装置；蒸发式冷凝器应配置风机和水泵故障报警装置；在冬季地表水结冰的地区，对于水冷冷凝器、蒸发式冷凝器、水冷式油冷却器，应采取防止冷却水结冰后造成设备损坏的措施。

氨制冷系统空气冷却器的热气融霜系统应采用自动控制，即空气冷却器配置的参与热气融霜操作的阀门不需要手动开关、调节，并且空气冷却器和阀门的运行程序、相互连锁和保护关系是自动进行的。氨制冷系统集油器的放油口应配置截止阀和快速关闭阀；快速关闭阀指需要人工持续施加外力阀门才能处于开启状态，人工施加的外力消失时阀门立即关闭。

对于配置氨泄漏事故紧急处置装置的氨制冷系统，系统内所有液体容积超过 $0.2m^3$ 的设备

（正常使用状态）和（或）管段内的氨液（液态或气液两相状态）都应能够通过紧急泄氨管排入吸纳水池（水箱）或紧急回收装置，吸纳水池（水箱）的氨液吸纳量或回收装置的氨液回收量不应小于制冷系统内的氨液充注量，并且应能够在泄漏事故发生时立即启动人工或自动装置紧急处置。“人工紧急处置”指具备必须的安全处置装备、不间断值班、可靠安全管理程序等措施，“自动装置紧急处置”指具备自动泄漏探测、事故段紧急隔离、事故段内剩余氨制冷剂紧急排入氨吸纳水池（水箱）或紧急回收的措施。接入氨吸纳水池（水箱）内的氨制冷系统泄压管或紧急泄氨管出口应在水面下靠近池（箱）底处，距水面最深不应超过 9m，管出口距水池（水箱）侧壁的距离不应超过其距水面距离的一半，同时工作的多根泄压管或紧急泄氨管出口之间的距离不应超过其距水面的距离，在水池（水箱）内的氨管道应采取防止腐蚀的措施。氨吸纳水池（水箱）内的水量应按每千克氨不少于 10L 水计算，对于仅用于吸纳安全阀泄压的水量不应少于 1200L。

2. 仪表、阀门及控制元件

制冷系统内采用的压力表或真空压力表应采用制冷剂专用表，表盘的安装位置应便于操作或观察者有效识别表盘指示、安装高度距观察者站立的平面不应超过 3m；精度不应低于 1. 6 级；量程不应小于工作压力的 1. 5 倍和设计压力的 1. 15 倍，不宜大于工作压力的 3 倍。若在某些情况下按“量程不应小于工作压力的 1. 5 倍和设计压力的 1. 15 倍”计算出的压力值反而大于按“不宜大于工作压力的 3 倍”计算出的压力值，这时应按前者确定。

压力表每年应经有相应资质的检验部门校验，压力表应安装在便于操作和观察的位置，须防冻和防振动。

每台泵、风机均应设过载保护装置，泵需要配置断液报警和自动停泵装置，排液管上应配置压力表、止回阀，流量和压力保护装置；在强制供液制冷系统中，泵的出口侧应设自动旁通阀。冷凝器、贮液器、低压循环桶、中间冷却器等制冷辅助设备上应设置安全阀，安全阀每年应由具备相应资质的检验部门校验并铅封，安全阀每开启一次，应重新校正。

低压循环贮液器、液体分离器、中间冷却器等气液分离后气体直接进入制冷压缩机的设备应配置专用超高液位报警装置，并且应配置控制正常液位的供液装置。低压循环贮液器、液体分离器、中间冷却器、贮液器、集油器等容器类设备应按设备要求配置液位指示器，其中玻璃管（板）式液位指示器两端连接件应配置自动关闭装置，工作温度在 0℃ 以下的液位指示器应采取防止结霜和结冰的措施。自动关闭装置的作用是当液位指示器的玻璃管（板）破裂时能够自动关闭与设备的连接，阻止设备内的制冷剂泄漏。

在制冷压缩机的高压排气管道和制冷剂泵出液口，均应设置止回阀，冷凝器与贮液器之间应设均压管。两台以上贮液器之间应分别设气体均压管、液体平衡管（阀）。

制冷系统内需要测量过冷、过热温度的部位应配置测温用的温度计套管或温度传感器套管。采用电加热的设备，其加热温度应能够超高报警和保护。

（二）冷库设备设施安全要求

1. 氨冷库要求

（1）消防要求　冷库库区应按 GB 50016—2022《建筑防火通用规范》、GB 50974—2014《消防给水及消火栓系统技术规范》的有关要求设置室外消防给水系统，并按其规定的要求设置室外消火栓，其保护半径不应小于 150m。冷库制冷机房处应设置室外消火栓，室外消火栓距制冷机房门口处的距离不宜小于 5m，并不大于 15m。除满足现行国家标准 GB 50016—2022《建筑防火通用规范》的有关规定外，冷库中的下列场所宜设置火灾自动报警系统：建筑面积大于 $1500m^2$ 且高度大于24m的单层高架冷库的库房；设在地下或半地下室的库房。

（2）氨制冷设备管理和操作规程　企业应建立健全氨制冷设备管理和操作规程。氨制冷设备应统一编号，标识应清楚，并应由专人管理，且分工明确、职责清楚。在用和备用氨制冷设备、附件及相关控制元件和铭牌等应完好。

（3）事故排风要求　库房内制冷设备间和制冷阀站间的事故排风机应采用专用的供电回路，事故排风机的过载保护应作用于信号报警而不直接停风机。事故排风机应能手动启停和通过制冷剂泄漏指示报警设备发出的信号强制开启。事故排风机应在制冷设备间和制冷阀站间室内外便于操作的位置，分别设置有手动启动按钮（开关）。制冷剂泄漏指示报警设备应设有备用电源。

（4）其他要求

①冷库的氨制冷机房贮氨器上方宜设置局部水喷淋系统，水喷淋系统宜选用开式喷头，开式喷头保护面积按贮氨器占地面积确定。开式喷头的水源可由库区消防给水系统供给，操作可为手动或电动方式。氨压缩机房局部水喷淋系统可与厂区消防给水系统连接，水量分别计算，喷水时间按0.5h计算。

②氨制冷机房应设置洗眼和淋浴等安全防护装置，当设置在室外及无采暖房间时应有确保排水畅通及防冻的措施。

③氨制冷机房事故排风机的室内手动启动按钮（开关），应布置在制冷机房控制室内。

④氨制冷机房应设置事故排风装置，事故排风量应按每平方米建筑面积每小时不小于 $183m^3$ 进行计算，且最小排风量不应小于 $34000m^3/h$。氨制冷机房的事故排风机应选用防爆型，排风机数量不应少于2台。

⑤氨制冷压缩机组应符合但不限于下列要求：本体及管路的动、静密封点应无泄漏，油封渗油应在允许范围内；运行时，应无异常振动和异常声音，各连接部位应牢固、无松动；运行时，其性能参数应在规定的技术范围内，无超压、超温现象等；安全保护装置应齐全有效；铭牌应清晰可见。

⑥氨浓度报警装置及氨气浓度传感器应符合但不限于下列要求：应在校验有效期内；化学式氨气浓度传感器，发生报警信号后，应及时进行校验；外观应良好，结构应完整，标牌信息应清晰；附件应齐全，并附有制造厂家相关文件；连接应可靠，各旋钮或按键等应能正常操作；通电时，各部件工作应正常，显示清晰、正确，性能良好。

2. 其他冷库系统要求

（1）其他系统的排风要求

①采用卤代烃及其混合物、二氧化碳为制冷剂、二氧化碳为载冷剂的制冷机房应设置事故排风装置，排风换气次数不应小于12次/h，排风机数量不应少于2台。

②当采用复叠式制冷系统时，制冷机房应根据上述要求设置可以同时排除泄漏的制冷剂和载冷剂气体的事故排风装置，制冷剂采用氨时，制冷机房的排风机均应选用防爆型。

③用于排除密度大于空气的制冷剂气体时，机房内的事故排风口下缘距室内地坪的距离不宜大于0.3m；用于排除密度小于空气的制冷剂气体时，排风口应位于侧墙高处或屋顶。

④库房内的制冷设备间和阀站间应设置事故排风装置，排风换气次数不应小于12次/h。非控温穿堂宜设机械排风系统，排风换气次数不宜小于5次/h。

（2）压力容器要求　压力容器应符合但不限于下列要求：应确保其密封性，无变形、锈蚀等损伤，基础无裂缝和不均匀沉降；附件应齐全，安装正确，连接牢固，性能良好；铭牌应清晰可见。

（3）冷凝器要求　冷凝器应符合但不限于下列要求：应无泄漏、锈蚀和结垢，壳体表面应无锈蚀、渗漏；运行参数应正常，性能稳定可靠；安全附件及保护装置应齐全有效；蒸发式冷凝器循环水泵应无锈蚀、无裂痕、无异常振动、密封垫无泄漏，运行平稳；风机连接紧固、运转正常；电气线缆连接符合要求；铭牌应清晰可见。

（4）空气冷却器要求　空气冷却器（冷风机）应符合但不限于下列要求：应无泄漏、锈蚀；风机应连接紧固、转动灵活、无卡阻；使用期间，蒸发器霜层应均匀，不应过厚或出现结冰现象；铭牌应清晰可见。

（5）排管要求　排管应符合但不限于下列要求：吊架应牢固、无松动；使用期间，霜层应均匀，不应过厚或出现结冰现象。

（6）泵及其密封件要求　泵及其密封件应可靠有效，无跑、冒、滴、漏现象。

（7）阀门要求　阀门应符合但不限于下列要求：内外密封部位及连接处应无渗漏；开闭应灵活，各部件连接紧固可靠，关键阀门应标示正确的开闭及开度指示；编号应制式统一，各种标识清晰可靠；安全阀应在校验有效期内，且铅封完好。

（8）压力表要求　压力表应符合但不限于下列要求：应在校验有效期内，且功能完好，表外壳外观整洁，表体铅封未损坏；表盘玻璃应完整，表盘刻度应清晰。

（9）防爆型事故排风机要求　防爆型事故排风机应符合但不限于下列要求：外观应良好，结构应完整，标牌信息应清晰；叶片应无弯曲变形或缠绕有金属物、松动等现象；叶轮转动应平稳。

（10）应急照明灯要求　应急照明应符合但不限于下列要求：灯具及其配件应齐全，无机械损伤、变形、油漆剥落、灯罩破裂和漏电等缺陷，且固定牢固可靠。

（11）电气线路要求　控制箱、柜以及电气元器件、线缆等应完好无损，电气线路接线应规范可靠，避免发生短路现象。

（三）冷库建设与施工安全要求

（1）厂区规划、建设应符合 GB 28009—2011《冷库安全规程》、GB 50016—2020《建筑防火通用规范》、GB 50072—2021《冷库设计规范》、GB 50187—2019《工业企业总平面设计规范》、SBJ 11—2018《冷藏库建筑施工及验收规范》、SBJ 12—2019《氨制冷系统安装工程施工及验收规范》标准规范的要求。

（2）涉氨制冷车间、库房之间及与其他建筑的防火间距应符合 GB 50016—2020《建筑防火通用规范》的规定。

（3）冷库的库房与加工车间贴邻建造时，应采用防火墙分隔，当确实需开设相互连通的人行开口时，应采取防火隔间措施进行分隔。

（4）冷库库房内的消火栓应设置在穿堂或楼梯间内，当其环境温度低于 0℃时，室内消火栓系统可采用干式系统，但应在首层入口处设置快速接口和止回阀，管道最高处应设置自动排气阀。

（5）冷间内动力、照明、控制线路应根据不同的冷间温度要求，选用适用的耐低温的铜芯电力电缆。

(6) 员工宿舍不应与氨制冷机房、冷库或其他厂房、仓库设置在同一座建筑物内。

(7) 包装间、分割间、产品整理间等人员较多的生产场所的空调系统不应采用氨直接蒸发制冷系统。

(8) 快速冻结装置应设置在单独的作业间内，作业间应结构完整，且作业间内同一时间作业人员人数不应超过9人。

(9) 氨制冷机房建设安全要求

①氨制冷机房应按照 GB 50016—2022《建筑防火通用规范》的规定设置消防车道，消防车道净宽（度）与净（空）高（度）均不应小于4m。

②氨制冷机房火灾危险性类别为乙类。氨制冷机房与其他建筑的防火间距应符合 GB 50016—2022《建筑防火通用规范》的规定，与民用建筑的防火间距不应小于25m。

③氨制冷机房及其控制室与加工间、冷库或仓库库房贴邻建造时，应采用不开门窗、洞口的防火墙分隔，且氨制冷机房及其控制室屋面板耐火极限不应低于1.00h。

④氨制冷机房与其控制室贴邻建造时，应采用耐火极限不低于3.00h的防火隔墙隔开并设置独立的安全出口。氨制冷机房与其控制室之间隔墙上的观察窗应为甲级固定防火窗；当确实需设置连通门时，应采用开向制冷机房的甲级防火门。

⑤氨制冷机房每个防火分区不应少于2个安全出口，且2个安全出口最近边缘之间的水平距离应不小于5m。当氨制冷机房每个防火分区的面积不大于150m^2时，可设置1个安全出口。

⑥氨制冷机房及其控制室和变配电所安全出口的门应采用平开门，并向疏散方向开启。

⑦氨制冷机房应设置防爆型事故排风机，排风量应按设计要求确定。在控制室排风机控制柜上和制冷机房门口外墙上应安装人工启停控制按钮，排风机应能通过气体浓度报警装置的报警信号自动开启，又能人工控制启停。

⑧氨制冷机房内的应急照明和灯光疏散指示标志应按爆炸性气体环境进行设计，应急照明和灯光疏散指示标志备用电源的连续供电时间不应小于0.5h。

(10) 变配电所与氨制冷机房及其控制室、冷库或加工车间贴邻建造时，其共用的隔墙应为防火墙。变配电室门口应设置挡板，门、窗、自然通风的孔洞用金属网和建筑材料封闭。

(11) 制冷及辅助设备、报警装置布置要求

①制冷机房的制冷压缩机及其辅助设备布置，应符合 GB 50072—2021《冷库设计标准》的相关规定。

②总容积大于30m^3的室外液氨储罐（区）与基地外建筑等的防火间距应符合附录2的要求。

③制冷系统加氨站应设在机房外，并留有足够的操作空间和通畅的应急通道。

④设于室外的氨制冷机组、贮氨器应有通风良好的遮阳设施。

⑤设于室外的贮氨器、冷凝器、油分离器、集油器等制冷设备及加氨站，应有防止非操作人员进入的围栏并设危险作业场所等安全警示标识。

⑥安装有氨制冷快速冻结装置的作业间内应设置防爆型事故排风机及氨气浓度报警装置。事故排风机排风量应按设计要求确定。氨气浓度传感器应安装在快速冻结装置进、出料口处的上方。当氨气浓度达到150mg/L；氨气浓度报警装置应自动发出声光报警信号，并应自动开启

防爆型事故排风机，自动停止成套快速冻结装置的运行，漏氨信号应同时传送至制冷机房控制室报警。

⑦氨制冷机房应设置氨气浓度报警装置。氨气浓度传感器应安装在氨制冷机组、氨泵及贮氨器的上方。当空气中氨气浓度达到150mg/L时，应自动发出报警信号，并应自动开启制冷机房内的防爆型事故排风机。

⑧冷凝器应设冷凝压力超压报警装置。水冷冷凝器应设断水报警装置，蒸发式冷凝器应增设压力表、安全阀及风机故障报警装置。

（12）氨制冷系统及其阀门、管道安装要求

①与氨制冷剂直接接触并且需要定期或不定期操作、维修、更换的元件不应布置在冷间内。

②新建（含改、扩建）氨制冷系统的热氨融霜应采用自动控制融霜，即空气冷却器配置的参与热气融霜操作的阀门不需要手动开关、调节，并且空气冷却器和阀门的运行程序、相互连锁和保护关系是自动进行的。热氨融霜供气管道应设置融霜压力控制及紧急切断装置，紧急切断装置应采用自动控制，并在人员密集区域需融霜的制冷装置（如快速冻结装置）30m以外便于操作的位置，或快速冻结装置附近的安全出口门外设置关闭热氨融霜紧急切断装置的人工启动按钮。

③氨制冷系统应采用专用钢制阀门，不应使用灰铸铁阀门。已建成投产的制冷系统若采用球墨铸铁阀门的，应符合压力管道安全技术规范要求。

④氨制冷系统安全阀的泄压管出口应高于周围50m范围内最高建筑物（冷库除外）的屋脊5m，并应采取防止雷击、防止雨水和杂物落入泄压管内的措施。

⑤氨管道不应穿过有人员办公、休息和居住的建筑物及人员密集场所。

⑥制冷管道穿过建筑物的沉降缝、伸缩缝、墙及楼板时，应采取防变形的措施。管道、线缆等穿过保温墙体、屋面时，应采取可靠的防火和防止产生冷桥的措施。

⑦连接氨制冷压缩机和设备的管道应有足够补偿变形的弯头，供液管无气囊、吸气管无液囊。

⑧快速冻结装置回气集管端部封头等部位的焊缝质量应符合SBJ 12—2019《氨制冷系统安装工程施工及验收规范》及相关标准的要求。

（四）库内贮存货物安全要求

①应对入库货物进行准入审核。合格后方可入库，并做好信息记录。

②食品冷库库房内不得存放有毒、有害、有异味物品或其他易燃、易爆品。

③库房内应有防鼠、防虫、防蝇等设施。

④库房应满足冷藏货物贮存工艺的要求。

⑤应设有库内温度记录装置。

⑥货物应分类、单独存放，并应定期检查货物质量，及时清除变质和过期货物。应记录每批货物的出入库时间、温度和保质期等，该记录资料应保存至该批货物保质期后6个月。

⑦应定期对贮存设施设备进行清洁、消毒，并达到贮存货物的卫生要求。

（五）冷库管理安全要求

①冷库运营单位应建立安全生产责任制和安全操作规程。

②特种作业人员应依据《特种设备安全监察条例》及国家相关规定，持证上岗。

③采用新工艺、新技术、新设备，应制定相应的安全技术措施。

④冷库运营单位应对厂房、机电设备进行定期检查、维护。

⑤冷库的安全装置和防护设施，不得擅自拆除。

⑥冷库运营单位应建立重大事故的应急救援预案和人员救援预案，定期演练。

⑦压力容器的管理：冷库运营单位应依据 TSG 21—2016《固定式压力容器安全技术监察规程》的规定，做好压力容器的安全管理；冷库运营单位应根据 TSG 21—2016《固定式压力容器安全技术监察规程》的要求，逐台办理压力容器的使用登记手续，并定期对压力容器进行检验；压力容器使用不得超出其设计允许使用范围；安全附件更换时，应选用具有相应制造许可证的单位生产的相应规格的产品，应随带产品质量证明书，并在产品上装设牢固的金属铭牌。

⑧库房内的操作：库房内货物堆码应稳固整齐，不应影响库房内的气流组织和货物的进出；库房内应合理分区并设置相关标识；库房应及时清除冰、霜、凝结水，库内排管和冷风机等要及时除霜；库内严禁带水作业；冷库内作业人员应有良好的防寒措施，应携带照明用具；库内作业结束，库房作业人员应确认库内无人后方可上锁。

（六）制冷系统的调试、操作、维护安全要求

1. 制冷系统的气压试验

制冷系统安装或大修后，应依据系统的设计要求使用氮气或干燥清洁的压缩空气进行气压试验，且应有安全措施；气密试验过程中泄漏点严禁带压修复。试压用连接件应采用无缝钢管或耐压 3MPa 以上的橡胶管，与其相接的管头须有防滑沟槽。严禁使用制冷压缩机对系统进行气压试验。

2. 压缩机充注冷冻油

冷冻油的型号和质量应满足压缩机生产厂家的要求；氨制冷机房内不得存放冷冻油及其他易燃易爆物品。加油过程中严禁水分、污物进入系统；冷冻油的灌注量应满足压缩机生产厂家的要求。加油时应计量并做相应记录，以便确定加入的油量。

3. 制冷系统充注制冷剂

制冷剂的品种、质量和充注量应满足制冷系统的设计要求。充注制冷剂前，应对制冷系统抽真空。向系统充注制冷剂时，应采用耐压 3.0MPa 以上的连接件，与其相接的管头须有防滑沟槽。充注或抽出制冷剂操作完成后，制冷剂瓶应立即与系统分离。

加氨站应设在机房外并设安全标识，加氨时严禁加热。

4. 制冷压缩机的操作

压缩机应按照使用说明书的要求进行使用和操作，压缩机的油压、油位、油温、排气压力、排气温度、压缩比、吸气压力、吸气温度等运行参数超出正常范围应立即停机。当库房内热负荷剧烈波动或系统融霜操作时，应防止压缩机发生液击。

5. 制冷辅助设备的操作

热气融霜时，热气进入蒸发器前的压力不得超过 0.8MPa；冷风机单独用水融霜时，严禁关闭该冷风机回气阀。卧式冷凝器、组合式冷凝器、再冷却器、水泵以及其他用水冷却的设备，在环境温度低于 0℃时，应采取措施，防止冻裂。

贮液器液位高度不得高于容积的 80%。氨制冷系统向外排放不凝性气体时，须经专门设置的空气分离器，并将不凝性气体排放至水容器中。制冷系统中有液体制冷剂的管道和容器，严禁同时将进出两端的阀门关闭。从制冷系统中回收的冷冻油，应经严格的再生处理，符合质量要求后方可使用。

6. 制冷系统维护

特种设备的使用和检修要求参见《特种设备安全监察条例》和《在用工业管道定期检验规程》的相关规定；制冷系统拆检、维修、施焊过程中，应排空维修部位的制冷剂并与大气接通后方可进行；检修制冷设备时，须在其电源开关等相关位置设安全标识，检修完毕后，由检修人员亲自取下。

设备检修时，如果有冷冻油排放，应注意防火和防止制冷剂外泄。在进行任何调整、维修、接线或接触电器元件之前，相关装置应断电或隔离。通电运行前应确认接地良好。定期检查各电器元件接触部位是否良好，如有不良，应立即进行维修或更换。控制柜、台使用环境应保持通风良好，严禁存放杂物。

大修后的制冷系统，应经过排污、压力试验和抽真空后方可充注制冷剂；初次开机或长时间停用后再次开机时，应将电器元件接线重新紧固，并做控制柜主回路、电动机绝缘电阻检测。长期停机时，应切断电源，并妥善处理制冷系统中的制冷剂。

（七）安全标识

①冷库施工过程中，应根据施工工艺的安全要求设立安全标识。

②压力容器、非专业操作人员免进区域、关键操作部件等均应设置安全标识。

③制冷管道应标示管内制冷剂或载冷剂名称。

④每座冷库应在现场明显位置设置永久性的标志，包括安装商的名称和地址，制冷剂的名称和充注量，润滑剂的名称和充注量，系统设计压力。

（八）制冷系统管道安全要求

①二氧化碳、卤代烃及其混合物制冷系统安全阀的泄压管出口应布置在室外安全处，远离门、窗、进风口和人员经常停留或经常通行的地点。二氧化碳制冷系统安全阀泄压管的阻力不应导致安全阀释放过程中产生使安全阀失效的冰堵（干冰）。因为二氧化碳、卤代烃及其混合物制冷剂都是窒息性物质，泄压排放时温度也比较低，部分卤代烃及其混合物制冷剂遇高温还会分解出有毒物质，因此室外安全处指泄压管出口影响的范围内不会发生窒息人员，冻伤人员，损坏设备等财产，分解出有毒物质等危害。

②氨制冷剂系统管道、附件、阀门及填料不得采用铜或铜合金材料（磷青铜除外），管内不得镀锌。氨系统的管道焊缝应进行射线照相检验，抽检率为10%，以质量不低于Ⅲ级为合格。在不易进行射线照相检验操作的场合，可用超声波检验代替，以不低于Ⅱ级为合格。

③制冷系统安全管道的流程设计应满足安全阀定期校验的要求。氨制冷系统安全阀的泄压管出口的高度应高于周围50m范围内最高建筑物（冷库除外）的屋脊5m，不能满足上述要求时，泄压管排出的氨气应无害化处理。“无害化处理”包括但不限于水吸纳、酸中和等技术措施，目的是消除安全阀泄压时排出的氨气对周边人员、环境的危害。

④燃油系统的设备与管道、储油罐及日用油箱的位置的设计与安装，和连接方法应符合设计与消防规范要求。燃油管道系统必须设置可靠的防静电接地装置，其管道法兰应采用镀锌螺栓连接或在法兰处用铜导线进行跨接，且接合良好。

⑤制冷系统中采用燃气作为能源时，燃气系统设计与安装应符合消防规范要求。调压装置、过滤器的安装和调节应符合设备技术文件的规定，且应可靠接地。燃气系统管道与机组的连接不得使用非金属软管。燃气管道的吹扫和压力试验应为压缩空气或氮气，严禁用水。当燃

气供气管道压力大于0.005MPa时，焊缝的无损检测的执行标准应按设计规定。当设计无规定，且采用超声波探伤时，应全数检测，以质量不低于Ⅱ级为合格。

⑥输送乙二醇液的管道系统不得使用内镀锌管道及配件。

⑦地埋管不应采用金属管道、金属塑料复合管或聚氯乙烯（PVC）管及管件。宜采用高密度聚乙烯管（PE）或聚丁烯管（PB）。地埋管质量应符合国家现行标准中的各项规定，管材公称压力不应小于1.0MPa。工作温度应在-20~50℃范围内。埋入土壤中的地埋管应能按设计要求长度成捆供应，中间不应有机械接口及金属接头。所有埋地管道均应采用热熔或电熔连接。管道连接应符合CJJ 101—2016《埋地聚乙烯给水管道工程技术规程》的有关规定。

垂直地埋管换热器的U形弯管接头，宜选用定型的U形弯头成品件，不应采用直管道煨制弯管接头，也不宜采用两个90°的弯管对接的方式构成U形弯管接头。U形管的组对长度应能满足插入钻孔后与环路集管连接的要求，组对好的U形管的两开口端部应及时密封。

（九）设备设施维护要求

①设备设施应及时维护，确保其处于良好运行状况。

②长时间停用的设备设施，启用前应进行全面检查，符合运行要求后方可投入使用。

③制冷系统中的压力容器、压力管道、安全阀、压力表、安全附件、安全保护装置及有关附属仪器应完整、齐全、有效，并应定期校验/检测，符合要求者方可使用。校验/检测报告应存档备查。

④防爆型事故排风机应定期维护检修，并做好相关记录，确保其运行正常。

⑤防雷设施应定期检测。

⑥配备的防护器具和抢救药品等应急救援物资应由专人保管、摆放整齐、取用便捷，并应按照管理规章进行日常检查、定期校验和维护保养。

⑦呼吸防护用品的选择、使用与维护应符合GB/T 18664—2002《呼吸防护用品的选择、使用与维护》的规定。

⑧制冷机房内不应存放可燃物，不应使用明火、电炉等。

⑨检修维护作业时，应按照操作规程进行。高温热源、电气焊、机械切割等产生火花的作业应与保温材料、易燃品进行有效隔离。

⑩制冷设备和管道应按照GB 2893—2008《安全色》和SBJ 12—2019《氨制冷系统安装工程施工及验收规范》的要求涂刷色漆或粘贴色标，并标注设备和管道内介质类别和流向等。

（十）制冷剂泄漏探测报警系统

1. 氨系统

因氨气为有毒的可燃气体，为预防人身伤害及爆炸事故的发生，保障冷库运行安全，凡采用氨为制冷剂的氨（含氨和二氧化碳复合）制冷机房内均应设有氨气泄漏探测报警系统。氨制冷机房应设置由氨气指示报警设备、氨气浓度探（检）测器和声光警报装置等组成的氨气泄漏探测报警系统。并应符合下列规定。

①当制冷机房空气中氨气浓度达到150mg/L时，氨气指示报警设备发出的报警信号，应能启动声光警报装置对机房室内外都发出警报，还应作为制冷机房事故排风机强制开启的信号。氨气浓度探（检）测器宜设置在包括氨制冷机组、氨泵及贮氨容器被保护空间的上部。

氨毒性报警设定值确定为150mg/L，是参照国际氨制冷学会（IIAR）的有关标准，并结合我国食品冷库整体发展水平与运行特点制定的。氨气毒性报警设定值如果设定太低，如25~

50mg/L，可能会出现频繁报警警示。其实氨气具有强烈的刺激性，发生少量的泄漏，如 5mg/L 人就会有感觉，因此对于机房的操作人员，泄漏的氨气本身已充当了一级警示报警，提示及时进行现场巡视。如设定值过高，如按不超过 10% 的直接致害浓度值设定，则会增加机房工人受伤害的风险。故将氨气浓度达到 150mg/L 进行报警和开启机房事故风机作为毒性报警值设定值（相当于二级报警）。氨气探（检）测器（设定值为 150mg/L）宜布置在氨制冷机组、氨泵及贮氨容器被保护空间的顶部，其安装高度应高出可能释放位置或点的 0.5~2m，探（检）测器的有效覆盖水平平面半径建议不大于 3m。

②当制冷机房空气中氨气浓度达到其爆炸下限的 25% 时，氨气指示报警设备发出的报警信号，应启动声光警报装置对机房室内外都发出警报，还应作为制冷机房事故排风机强制开启的信号和紧急切断制冷机房供电电源的联动信号。氨气浓度探（检）测器宜安装在机房事故排风机的吸入口附近或机房内最高点气体易于积聚处。室外警报器可以安装在警卫室或值班室等有人值守的场所。

为避免因机房事故排风机故障，无法正常排除事故状态下散发在机房内的氨气，降低氨制冷机房发生爆炸危险的可能，采取了当发生漏氨事故时，气浓度达到其爆炸下限的 25% 时，紧急切断制冷机房供电电源的措施。

氨气探（检）测器（设定值为其爆炸下限 25%，约为 40g/L）宜安装在机房事故排风机的吸入口附近或机房内最高点气体易于积聚处。探（检）测器的有效覆盖水平平面半径建议不大于 7m。氨气燃烧探测器可选用抗毒性催化型探测器，并应按照产品使用要求进行校验。催化型探测器的使用寿命在正常情况下一般为 2 年（仅供参考，以产品说明为准）。

③安装在制冷机房的声光警报装置应按爆炸性气体环境进行设计。

2. 卤代烃及其混合物、二氧化碳系统

采用卤代烃及其混合物、二氧化碳为制冷剂，二氧化碳为载冷剂的制冷机房应设置相应气体浓度指示报警设备，当空气中泄漏制冷剂的气体浓度达到设定值时，应自动发出报警信号，还应强制启动事故排风机。卤代烃及其混合物、二氧化碳探测器宜设置在制冷机房被保护空间的下部。

检测比重大于空气的卤代烃及其混合物、二氧化碳探测器宜设置在制冷机房被保护空间的下部。其安装高度应距地坪（或楼地板）0.3~0.6m。

3. 制冷剂泄漏探测指示报警设备

为能早期及时发现泄漏故障，减少安全隐患，提高运行安全，规定库房内制冷设备间和制冷阀站间应设制冷剂泄漏探测指示报警设备。并应符合下列规定：

①采用氨为制冷剂时，当空气中氨气浓度达到 150mg/L 时，氨气指示报警设备发出的报警信号，应能自动启动制冷设备间或制冷阀站间的事故排风机，并应将报警信息传送至相关制冷机房的控制室进行显示和报警。氨气浓度探（检）测器宜设置在制冷设备间和制冷阀站间被保护空间的顶部。

②采用卤代烃及其混合物、二氧化碳为制冷剂，二氧化碳为载冷剂时，应设置相应的气体泄漏探测指示报警设备，当空气中泄漏制冷剂的气体浓度达到设定值时，应能自动启动制冷设备间或制冷阀站间的事故排风机，并应将报警信息传送至相关制冷机房或有人值班的场所显示和报警。卤代烃及其混合物、二氧化碳探测器宜设置在制冷设备间和制冷阀站间被保护空间的下部。

（十一）紧急停电事故的应对措施

由于二氧化碳制冷系统的高静压特性，制冷系统的任何部分都不得被随意关闭。当发生非预期的停电事故时，系统压力上升有失去制冷剂的风险。

通常系统设计的应对措施如下。

①恰当的系统管路保温减缓环境温度引起的系统压力上升。

②配备独立的备用柴油发电机组在断电时维持系统运行。

③在二氧化碳贮液器中安装二氧化碳辅助降温系统，使用紧急柴油发电机组供电。在二氧化碳系统因停电造成停机的情况下，通过紧急柴油发电机组的供电，启动制冷系统，对二氧化碳的贮液罐进行冷却，使贮液罐的压力低于 4MPa，防止贮液罐压力过高发生危险。

④管路系统分布式的安全阀设计使得只有压力上升超过最大工作压力的系统的某一部分所对应的安全阀被激活释放二氧化碳，而不会存在失去系统全部制冷剂的风险。

思考题

1. 冷库安全有哪些基本要求？
2. 冷库操作安全有哪些具体要求？

CHAPTER 12

第十二章 冷库节能技术

学习目标

1. 掌握冷库节能技术；
2. 了解冷库中新技术的应用；
3. 了解冷库的碳排放及其在实现碳中和过程中的重要作用。

“十三五”规划以来，冷链基础设施与设备得到快速发展，我国冷库总容量和冷藏车增速基本保持在10%以上。2015—2020年，我国冷库容量从3.74×10^7t增长至7.08×10^7t，冷库库容近$1.8\times10^8m^3$。但是冷库是能耗大户，且目前采用的多数制冷剂是温室气体，所以采用低能耗冷链装备与设施和环保制冷剂的低碳方式是未来的重要发展方向。冷库在发展过程中，通过采用低碳能源和节能技术减少间接碳排放和采用环保制冷剂解决目前在用制冷剂的臭氧层破坏和温室效应的直接排放问题，是实现双碳目标的有效途径。

第一节 冷库节能技术

提高冷链装备与设施的能效，可以有效地减少其能源消耗和碳排放，主要技术手段包括低冷负荷需求环境构建、制冷系统能效提升和冷热综合利用。

一、低冷负荷需求环境构建

冷库负荷一般包括围护结构热流量、货物热流量、通风换气热流量、运转热流量和操作热流量5个方面。其中货物热流量和运转热流量可视为不变负荷，而围护结构热流量、通风换气热流量和操作热流量可以视为可变负荷，这是构建低冷负荷需求环境的关键。

1. 围护结构负荷

对围护结构热流量而言，一些新材料、新结构的发现和应用，可对换热能力进行削弱，将其应用在冷链装备与设施的围护结构中，能减少冷链物流贮运过程中的冷损失，进而减少能耗。同时设立封闭式月台对减少负荷提高贮藏品的质量也有重要影响。表12-1是冷库用各种保温材料性质的分析。

表12-1 各种保温材料性质

名称	热导率/［kJ/（m·h·℃）］	特点
软木	0.167~0.293	不易变质，无毒，无臭，抗压强度高，难燃，吸水性小
稻壳	0.25~0.33	价格便宜，隔热性能好，但占用体积大，受潮后热导率显著提高
聚苯乙烯泡沫	0.113~0.167	隔热性能好，吸水性小，有一定弹性，易于切割
聚氯乙烯泡沫塑料	≤0.155	抗压强度高，耐腐蚀，不吸水，不燃烧，隔热性能好
聚氨酯泡沫塑料	0.075~0.084	热导率小，强度高，吸水率低，能用于较低的温度，但价格较高
膨胀珍珠岩	0.12~0.275	热导率小，不燃烧，抗冻性好，价格较低，施工方便，但吸水率高
加气混凝土	0.335~0.502	热导率低，强度高，外形尺寸准确，安装方便
泡沫玻璃	0.176~0.192	耐火性和抗冻性好，但目前产量小，价格较高

与常规月台相比，封闭式月台就是比常规月台增加了隔热围护结构，使之形成一个保温隔热的封闭空间；同时对进出的货物或汽车等设置一个专用的密封门装置。封闭月台的优缺点如下。

优点：避免外界的热量和水汽侵入，明显减少冷库的能量损耗和结露现象，同时降低了内外温度差，延长了冷库门的使用周期。在有利于冷库节能的同时，使得货物与外界隔开，品质不下降；

缺点：封闭月台的设置使得一次性投资增加，除月台之外，还需要安装一套专用的设备，如封闭式专用月台门、冷藏车、专用的升降台等。

整体上，封闭式月台的优点远大于缺点，在如今的冷库中，封闭式月台是一种主导的设计。

2. 通风换气负荷

对通风换气热流量而言，研究表明，库门开启时会产生大量漏冷。为了减少冷库开门冷量损失，防止外界热湿负荷进入的基本措施包括在冷库门内侧设门斗和门帘，在冷库门上方设置空气幕，设置定温穿堂和封闭式月台，并在月台装卸口设置保温滑开门、月台高度调节板、密闭软接头等。

冷库门斗设在冷库门的内侧，其宽度和深度约3m，门斗的尺寸既要方便作业，又要少占库容。门斗的制作材料以简易、轻质和容易更换为宜，门斗地坪应设电热设施，以防结冰。冷库内门斗和透明门帘的同时设置，有效地阻隔了门口的冷热交换。

冷库门帘一般挂在库门内侧紧贴冷库门，早期多使用棉门帘，近年多用 PVC 软塑料透明门帘。

近年来，空气幕在各地冷库得到了广泛的应用。空气幕是装在库门部位的风筒喷口喷射出来的空气流，形成一个连续而严密的风帘，利用这股风帘阻挡库内外空气发生对流，达到减少库内外空气热湿交换的目的。它的作用是减少库内外热湿交换，方便装卸作业。有外下吹式、内下吹循环式、外下吹循环式、内侧吹循环式等多种型式。

对于负温下的冷库门，在门扇与门框的搭接部位及门脚处，应设置电热防冻装置。在门扇与门框的搭接部位及门脚处，目前常用的橡胶密封条和拖胶皮不能使其完全密闭，低温条件下这些地方会出现较严重的冻结，妨碍门的启闭。在实际使用过程中就会因经常要凿冰开门和铲除地面上形成的冰块，而使冷库门扇及其附近的地板、门框等处受到损伤，这样又更加速了跑冷和冻结，并会造成冷库门及其附近结构的损坏。故低温冷藏库和结冻间的门，应设置电热防冻装置。

电热防冻装置一般是将电热丝（铁铬铝合金丝）包裹绝缘绸布或套小瓷管绝缘后，嵌入门框或门扇预先开好的小槽内，然后用 U 形卡钉或螺钉固定于槽底，表面用盖板封闭（或用橡皮密封条遮盖）。电热丝安装在门扇周边时，由于门扇的启闭易引入导线折断或拉脱，因而将其镶嵌在门框内的布置较好。这时，镶嵌于门脚地坪水槽内的电热丝应用槽钢覆盖。

门封在冷库或对温度要求较高的场所，以及装卸时间较长的场合使用极其广泛。在选择门封时，应根据不同大小的运输车辆选配，能隔离封闭门内外空气，避免气体对流、节省能源开支、防止内部空气外泄和外部空气灰尘入侵，保护正在装卸的货物免受风吹雨淋等。

3. 操作负荷

对操作热负荷而言，融霜所增加的负荷是最大的。在制冷系统中结霜是系统运行中常见的现象之一。例如，当冷库中的空气冷却器表面温度低于 0℃时，表面会出现结霜现象。空气冷却器表面的积霜如不及时清除将堵塞空气通道并减少传热表面，空气的流动阻力会显著增大，换热效率明显降低，使冷库制冷装置的总体性能下降。同时排管或冷风机的结霜造成制冷系统蒸发温度降低，降低制冷系统的能效比（COP），增加能耗，且一些融霜技术需要额外热源，除霜结束后的重启，也会带来冷负荷的急剧增加。表 12-2 为传统的融霜方法比较。

表 12-2 不同除霜方式的特点

除霜方式	优点	缺点	适用场合
人工除霜	简单易行，对库温影响小	劳动强度大，除霜不彻底	长期存货的冷藏间的墙排管和顶排管
热气融霜	节能，热气利于蒸发器内润滑油的排出	管路复杂，须设排液容器	允许有温度波动冷间的冷风机
水冲霜	操作简单，设备初投资少	有二次结霜风险	有良好排水能力冷间的冷风机

续表

除霜方式	优点	缺点	适用场合
电热融霜	系统简单，操作方便，易于实现自动化	能耗高，或有较大的库温波动	温升要求不严格的冷间
空气融霜	节能，系统简单	要求冷间具有较好气密性，受地域环境影响	冬季气温不低于2℃，冷间具有良好气密性

除霜设计应综合考虑冷库使用特性及制冷系统种类，实际方案有时采用一种除霜方式，有时将不同方式结合起来使用。在实际融霜过程中，常规融霜往往采用定时融霜法和风压差法，但两种方式各有缺陷，基本适用于库内条件稳定的场景。对于周转周期较短的冷库或其他温湿度波动大的冷库，其库内温湿度不均匀，导致不同位置风机结霜不同，而定时融霜法未考虑不同冷风机的结霜情况差异，既导致结霜严重的冷风机融霜不及时，制冷量急剧下降，又使得融霜不严重冷风机大量融霜热扩散入周围区域，带来温度波动和额外高负荷。另一方面，风压差法通过测量风机前后压差来判断结霜情况，但只能测量定位点及附近较小区域的总体结霜情况，在布置点较少的情况下无法准确衡量是否有薄弱位置，而较多的布置点又会使得成本居高，因而存在定位不合理导致结融霜判断异常等各种问题。不合理的融霜会导致系统融霜能耗高及制冷效率低。从冷风机的角度确定冷风机制冷效率，综合制冷量、蒸发温度对系统能效的影响，从而判断融霜起止点，制定冷风机融霜策略，使得每台冷风机可以根据自身运行状况决定是否融霜以及融霜时间长短，既能保证制冷效率又减少融霜热量的扩散，同时可以对融霜方式操作进行优化。

总之，可以采用高热阻围护结构、低库门漏冷、减少结霜与融霜造成的能耗等方式构建低冷负荷需求的冷链贮运环境。

二、 系统能效提高

制冷系统能效的提高途径体现在多个方面，主要包括压缩机、冷凝器、蒸发器、能源综合利用和控制系统。

1. 制冷压缩机节能

目前，国内大多数制冷压缩机一般都具备无级能量调节节能技术，同时近些年对变频技术和智能控制技术的应用，对压缩机节能效果显著提高。以大型冷库项目为例，制冷压缩机运行能耗占据制冷系统总耗能约 80%，所以对于压缩机的节能至关重要，合理降低冷凝温度以及尽可能缩小蒸发侧的换热温差，对压缩机节能运行都会有帮助。以氨制冷系统为例，氨制冷一般多应用在大中型制冷系统项目中，在相同条件下，依据某压缩机软件进行计算，在冷凝温度一样，蒸发温度在-35~0℃温度段下，对氨与 R507A 制冷压缩机的能效值进行对比，蒸发温度在-20℃以上均采用单级压缩，蒸发温度在-20℃以下均采用单级带经济器压缩，得出在相同条件下，氨制冷压缩机的能效值均大于 R507A 制冷压缩机的能效值，氨制冷压缩机能效值几乎均比 R507A 的能效值高 10%以上，最高的能效差值达到 20%。

2. 蒸发式冷凝器节能

冷凝器是蒸气压缩式制冷的四大部件之一，冷凝形式选择直接关系到制冷系统的运行能耗。氨制冷系统的冷凝方式有很多种，包括水冷式冷凝、风冷式冷凝、蒸发式冷凝等。与水冷式冷凝方式相比，蒸发式冷凝能显著节约水资源。蒸发式冷凝器所需要的理论耗水量只为水冷式冷凝器的 0.3%～1%。蒸发式冷凝器制冷系统与风冷式冷凝器制冷系统相比，压缩机动力消耗可节约 30% 以上，与冷却塔水冷式冷凝器制冷系统相比，压缩机动力消耗可节约 10% 以上。

实际生产经验表明，同一制冷系统采用蒸发式冷凝器的冷凝温度要低于其他冷凝方式，而冷凝温度每降低 1℃，制冷压缩机的运行能耗可降低 2%～3%，因此采用蒸发式冷凝器可以有效降低制冷系统的整体运行能耗。采用蒸发式冷凝器冷凝温度与当地平均每年不保证 50h 湿球温度的差值不宜超过 8℃。需要注意的是，蒸发式冷凝器在长期使用的同时要考虑水质对换热盘管表面结垢造成换热效率降低的影响，在系统中宜设置水处理设备，以保障蒸发式冷凝器内换热盘管一直处于高效换热状态。对于含有填料的蒸发式冷凝器，填料易损换和老化，所以定期检查和更换蒸发式冷凝器内填料可保障设备高效运行。

3. 冷热联供

无论采用何种制冷方式，制冷系统排放出来的热量如果不加以利用，是完全浪费的。应用冷热联供技术，将压缩机排放的热进行热能回收再利用，如果需要得到更高品位的热能，可以将废热进行能量提升。在实际生产运行中，采用冷热联供制热效率是可观的，同时可以节省制冷系统冷凝侧的所需要的耗能。国家雪车雪橇中心项目采用了冷热联供技术，将制冷系统产生的废热进行热能提升用来满足场馆附属用房的采暖需求，其制热能效值可以达到 5.0 以上。与电锅炉制热系统相比，制热能效值提高至少 5 倍，同时还节省了制冷系统冷凝侧的耗水量，对于系统节能、低碳运行效果显著。冷热联供系统原理示意简图如图 12-1 所示。

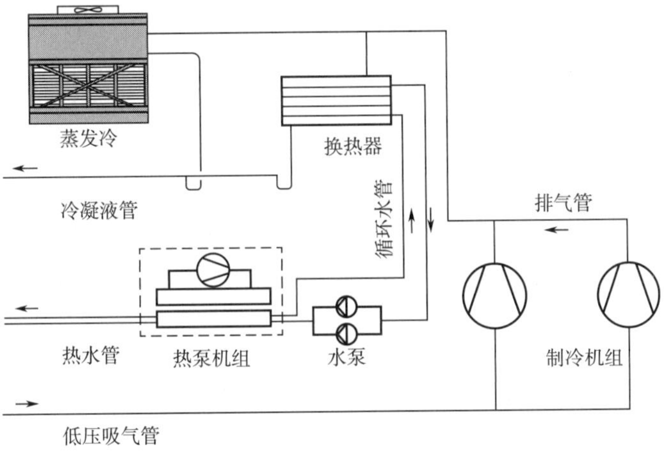

图 12-1 冷热联供系统原理示意简图

4. 变频技术

对于大型制冷系统而言，对压缩机等主要耗能设备采用变频技术可以提高系统节能性，尤其在部分负荷情况下，且节能效果显著。以某氨用螺杆压缩机为例，在-18℃/35℃工况、100%

负荷情况下，其制冷能效值约为3.3；在50%负荷情况下，与满负荷状态相比制冷能效值降低20%左右；在20%负荷情况下，与满负荷状态相比制冷能效值降低50%左右，所以在部分负荷的情况下，机组的制冷能效会有大幅度的降低。采用变频驱动技术，通过控制压缩机电机的转速，可实现对压缩机能级的调节，在部分负荷运行的情况下，以提高机组的能效。在大型制冷系统中，尤其对于耗能较大以及受负荷变化影响较大的设备，科学合理的变频技术应用对于系统的稳定性、节能性效果显著。对于存在负荷波动的制冷系统，在同一蒸发温度系统中，宜设置至少1~2台变频驱动的压缩机组，同时要将变频技术和压缩机智能群控技术相结合，会有效降低压缩机组的能耗，同时可以提高机组的运行稳定性。对于制冷系统的冷凝器侧以及制冷剂泵侧，采用变频技术均可提高制冷系统的稳定性和节能性。

5. 自动化智能控制

一般情况下，每一套制冷系统都是根据一定的边界条件进行设计的，但在实际运行过程中，工况随着边界条件的变化会相应变化，设计值或者理论计算值和实际运行的数值会有一定偏差。因此，自动化智能控制对于制冷系统一直处于高效稳定状态下运行是十分必要的。冷凝温度每升高1℃，系统压缩机能耗增加2%~3%；冷凝温度一定的情况下，当蒸发温度每升高1℃，压缩机产冷量将提高5%左右，因此合理的换热温差对系统运行节能影响较大。通过自动化智能控制可以使系统换热温差一直处于最优范围，有效提高系统节能运行效果。目前，对于自动化控制而言，无论实现指令远程控制还是信号反馈执行操作等，此类技术在行业中已经广泛应用。但往往当制冷系统各种信号进行反馈的同时，制冷系统的状态已经又发生了变化，因此需要让自动化变得更加智能，通过运行数据的不断丰富，使其能够预测制冷系统下一步状态从而做出最合适的调整。自动化智能控制让制冷系统在实际运行过程中，依靠边界条件的变化，将系统始终运行在设计要求的最优范围之内，不仅有利于制冷系统的节能，同时最大程度的降低人为手动误操作风险，对制冷系统的安全性和稳定性也有极大的帮助。

第二节　冷库新技术

提高冷链装备与设施的能效，可以有效地减少其能源消耗和碳排放，主要技术手段包括新技术、新材料、新制冷剂等在低冷负荷需求环境构建、制冷系统能效提升和冷热综合利用方面的应用。

一、低冷负荷需求环境构建

将保温新材料、新结构应用在冷链装备与设施的围护结构中，减少冷链物流贮运过程中的冷损失，进而减少能耗。研究表面，库门开启时会产生大量漏冷，可以利用智能双重自动冷库门，减少库门开启时间。另外，现有冷链装备与设施的排管或冷风机的结霜造成制冷系统蒸发温度降低，增加能耗，且一些融霜技术需要额外热源，除霜结束后的重启，也会带来冷负荷的急剧增加。可以采用控制排管或冷风机的传热温差控制或减缓结霜，采用电场等物理场方式减缓结霜，并研究新型低能耗除霜方式，减少由于蒸发器结霜与融霜造成的能耗增加。总之，可以采用高热阻围护结构、低库门漏冷、减少结霜与融霜造成的能耗等方式构建低冷负荷需求的冷链贮运环境。

二、 制冷系统能效提升

开发高效制冷部件，例如，发展磁悬浮压缩机、直线压缩机等新型高效压缩机技术；采用强化微肋、多孔结构、纳米流体、异形传热管、换热面振动、电磁场作用等技术强化换热，基于 CFD 对换热器进行结构优化，开发高效制冷换热器。基于流程仿真软件提升制冷系统设计的合理性，进一步提高制冷系统能效。开展变容量控制策略优化提升制冷系统能效，通过人工智能、神经网络、遗传算法等先进控制算法实现系统运行能耗的降低。

三、 冷热综合利用

从能量系统角度分析，制冷系统是一个能量转换系统，存在大量的冷量、电能和热能的转化过程，如果从能量系统角度考虑冷链系统的能量供应，从热管理角度分析冷链的能量系统，将有效提高冷链的利用效率。以冷凝热排放为例，可利用冷凝热回收开发能够满足用户不同温度下用热需求的冷热联供集成系统（图 12-2），提供 50~180℃的热水，0.2~0.8MPa 的蒸汽，实现节能目的。

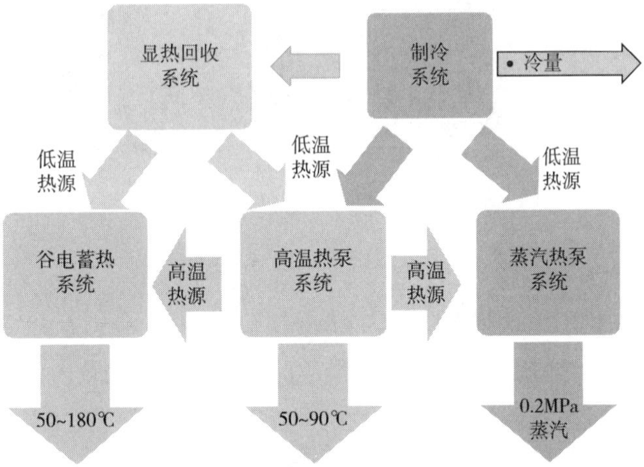

图 12-2　冷热联供集成系统示意图

制冷系统的冷凝热通过简单的显热回收可以回收到 30~60℃的低温热水，用于地面清洗、洗手淋浴；显热回收加高温热泵，可以回收到 50~90℃的高温水，用于工艺用水或者生活采暖；谷电蓄热/冷应用比较灵活，可以回收到 50~180℃的高温热水，用于热能储备或者消毒杀菌，移峰填谷，可以用来解决瞬时制热量不足以及冷、热量时段不匹配的问题，考虑到峰谷电价的存在，它的制热水成本可以与燃气锅炉齐平；在高温热泵的基础上增加蒸汽热泵系统，可以回收到 100~200℃的热水或者蒸汽，用于热量的补给或者蒸煮。集成低温制冷、高温制热、谷电蓄热、微压蒸汽及蒸气增压等系统于一体，形成的高效制冷供热耦合系统集成技术，实现-55~180℃温度范围内的高效环保冷热联供功能。

四、 CO_2制冷剂的应用

1. CO_2复叠循环系统的应用

CO_2复叠式制冷循环在发达国家已经开始走向了市场，并且拥有巨大的发展潜能。目前，对NH_3/CO_2复叠式制冷循环的应用已经有很多实例了。某超级市场于1992年安装使用了世界上第一套NH_3/CO_2复叠式制冷系统，用于食品的冷冻冷藏。多家工厂将该制冷系统用于冷藏、食品和医药冻干、平板速冻、速冻隧道、螺旋速冻等。R290/CO_2复叠式制冷系统在超市小型制冷系统的应用研究也已经成为人们关注的方向。

在国内，不少企业也对CO_2复叠式制冷系统进行了深入的研究，如图12-3所示，已应用于食品加工低温冷冻冷藏、医药和化工行业的低温工艺冷却、危险作业区工艺冷却、人工环境等领域。采用模块化设计，自带集装箱外壳，无需机房，操作维护简单；变频启动及运行，无冲击电流，变频调节节能优势显著；系统自动化程度高，减少人工调试时间，降低运行成本；集成主动防御系统，实时监测报警，带喷淋装置，安全性高；CO_2单位容积制冷量高，换热效率更高；CO_2作为制冷剂使用，有优良的传动和换热性能。如某企业1台NH_3/CO_2二氧化碳复叠模块机组，在名义工况（-38℃/40℃）下制冷量为271~526kW时，NH_3充注量约110~220kg，CO_2充注量2700~5200kg。

图12-3 NH_3/CO_2复叠模块化机组

2. CO_2载冷循环系统的应用

图12-4所示为一体式CO_2自然循环氨制冷系统，由于系统冷量较小，CO_2载冷剂侧采用自然循环即能满足要求。由于CO_2循环系统不设置循环泵，使得系统得以简化，提高了系统可靠性。

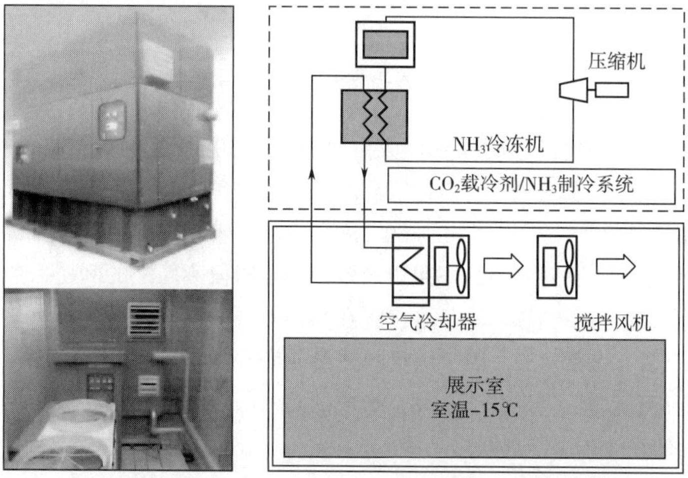

图12-4 一体式CO_2自然循环氨制冷系统

图 12-5 为一体式 CO_2强制循环氨制冷机组应用于制冰系统示意图。系统中使用了 CO_2循环泵进行强制循环，可以大大增加 CO_2循环量，适用于制冷量较大的系统。一体式机组采用冷凝蒸发器，可安装在屋顶等场合，安装过程中只需将制冰槽盘管与机组连接即可，安装非常方便。

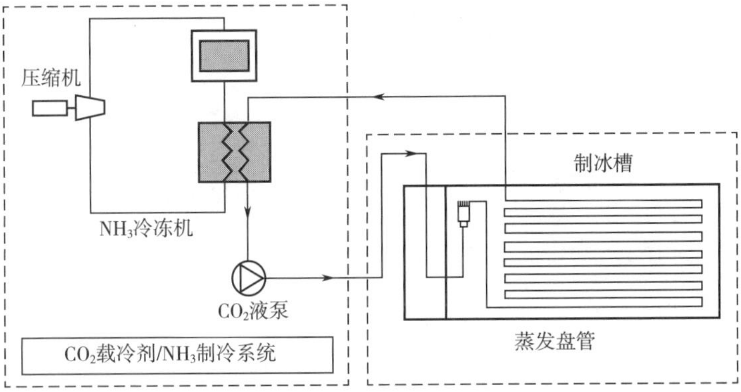

（1）系统示意图

（2）制冰槽照片

（3）室外制冷机组照片

图 12-5　一体式 CO_2强制循环氨制冰系统

图 12-6 所示为水冷式 CO_2强制循环氨速冻系统示意图。氨制冷系统采用水冷方式，氨制冷系统、冷凝蒸发器、CO_2循环泵和贮液器等被组装成一个整体，可安装在机房或屋顶，安装过程中只需将 CO_2冷风机及冷却塔水系统与机组连接即可。

五、　自然冷源的利用

自然冷源是指在自然界中存在的可以直接用来作为制冷空调、消除热量的资源，比如深层地下水、天然冰、北方地区冬季室外的低温空气等，自然冷源是一个天然、绿色、资源丰富的制冷资源，是大自然给予人类取之不尽、用之不竭的巨大资源财富。

对自然冷源进行科学研究、合理有效开发与利用的意义十分重大而深远，对于构建资源节约型和环境友好型社会意义重大。对于果蔬冷库，能否利用自然冷源的一项重要指标是气温低于 0℃的时间和范围，我国的华北、东北、西北等地区，冬季气温常年处于可以利用自然冷源的范围内，自然冷源蕴藏量很大。随着国家把食品质量安全和食品供应安全提升到国家战略地位，果品贮运销企业商业性质的大型机械制冷恒温库得到迅速发展，但是产地微型冷库发展落

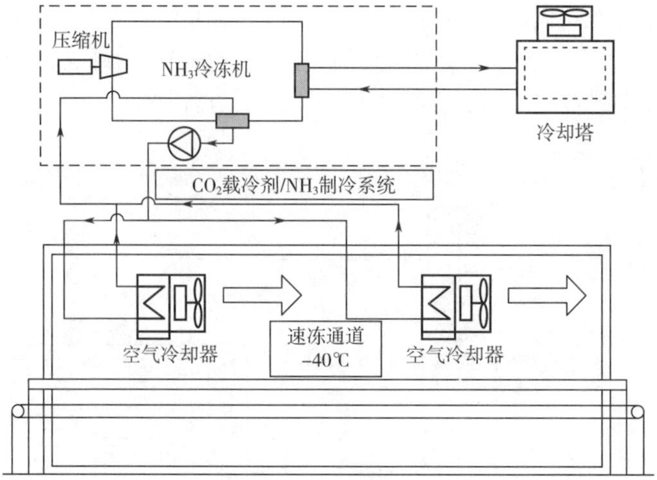

（1）系统示意图

（2）室外制冷机组照片

图 12-6 水冷式 CO_2强制循环氨速冻系统

后，限制了冷链体系的建设，造成了冷链建设的“产地一公里”瓶颈，迫切需要低成本节能的微型冷库。考虑到我国目前社会经济发展现状和我国广泛的自然冷源，设计开发低成本、高效能、可持续发展的自然冷源和机械制冷相结合的产地保鲜装置和恒温保鲜库已成为我国冷链建设的重中之重，对我国现代化农业建设具有示范作用。

以下第一个节能冷库实例以冰为自然冷源，原理图如图 12-7 所示，由制冰用的蓄冷池、热管组等组成。热管组由冷凝部分、蒸发部分和中间连接管、压力表、工质灌注孔等组成。冷凝部分伸在库的外顶部与自然冷风接触吸收冷量；蒸发部分伸在蓄冷池内与水接触吸收热量使其冻结成冰。

节能冷库库体建设与普通冷库基本相同，只是多出了蓄冷池建设。蓄冷池可与库体分开建造，也可合建在一起，前者需经防渗和保温处理，后者只需做防渗处理便可，选择哪一个要根据具体情况确定。

冷藏原理：当需要进行果蔬冷藏时，依靠蓄冷池的巨大冷辐射或对流换热将库内温度维持 0~10℃左右。随着贮藏期间的延长，蓄冷池中的冰不断融化，依靠其巨大的溶解潜热消耗掉围护结构传热、果蔬呼吸等热负荷，直至完成贮藏任务，待到第二年冬天重新制冰蓄冷。

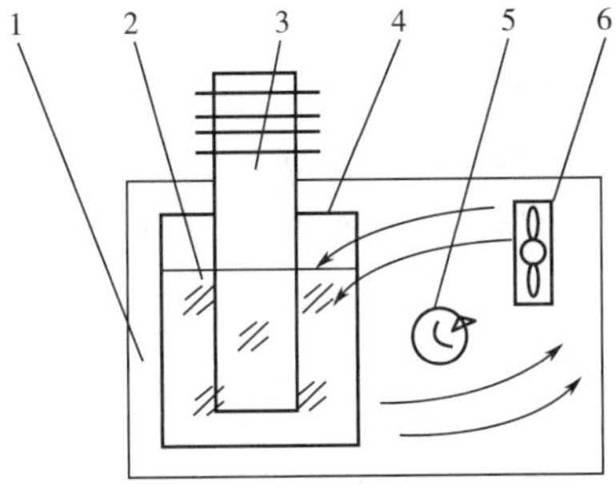

图 12-7　利用冰为自然冷源的冷库原理图

1—冷库　2—冰　3—热管　4—蓄冷池　5—果蔬　6—风扇

蓄冷量的多少取决于贮藏设施热负荷的大小及贮藏时间的长短，一般运行过程中的耗冷量由以下五大部分组成：果蔬的田间热量、围护结构传热量、果蔬呼吸热量、库内通风换气热量和加工作业热量等负荷。冷库的热负荷由冰的潜热来平衡，蓄冷用的冰量可计算确定。

以下是第二个自然冷源冷库的实例，利用冷空气作为自然冷源，原理图见图 12-8。该冷藏装置的保温箱体可以是硬质材料，如硬质聚氨酯泡沫塑料、聚苯乙烯泡沫塑料，内外皮可使用工程塑料或金属材料；柔性保温材料可使用中空纤维，面料使用 PVC 涂塑帆布、防雨绸布料(聚丙烯、聚乙烯等)。柔性材料制作的保温箱体可以折叠或装入真空袋中缩小体积收纳。这种冷藏箱可以置于室外，也可以放在室内。放在室外需要引入室内热空气，放在室内需要从室外引入冷空气。为了避免蔬菜过多失水，贮藏蔬菜时需要在蔬菜外面包装两层纸。考虑冷库的常年使用，需要增设机械制冷装置。

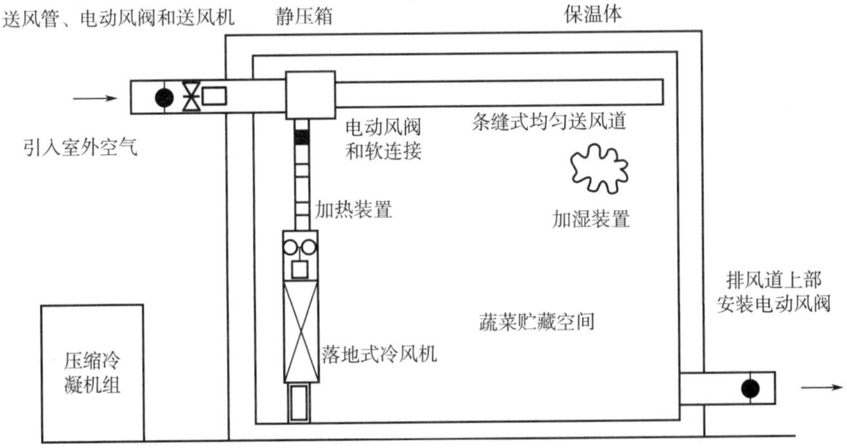

图 12-8　利用冷空气作为自然冷源的实例

该系统需要在室外安装温度传感器，当室外环境温度低于 0℃（根据贮藏的蔬菜品种可升高或降低)，停止机械制冷装置运行，关闭电动风阀，启动室外空气循环降温模式。当库温高于温度上限开启电动风阀和电动风阀，运行送风机，室外冷空气被均匀送入库房，与蔬菜换热升温后从排风道排出。待库房温度降至库温下限关闭电动风阀、电动风阀和送风机。当室外温度升高至不足以使得库房温度降至下限，则转入机械制冷模式，关闭电动风阀、电动风阀和送风机，开启电动风阀，制冷机根据库温上、下限启动和停止运行。无论是室外空气循环降温模式还是机械制冷模式，加湿装置始终根据库内空气湿度要求进行加湿。大型蔬菜贮藏装置，同样存在蔬菜的失水现象，因此，蔬菜贮藏时也需要防止水分挥发的包装，但这种包装必须具有一定的透气性。另外，对于寒冷地区，当库外环境温度过低时需要启动加热模式，防止蔬菜冻结。

以下是第三个自然冷源冷库的实例，利用冷空气作为自然冷源，该冷库除自然冷源外，一部分冷量由机械制冷提供，原理图如图 12-9 所示，其中自然冷源利用时间占整个周期内制冷总时间的 81.42%，机械制冷占比 18.58%。在整个贮藏周期内，利用自然冷源部分相对于全部使用机械制冷节约能耗按照式（12-1）进行计算：

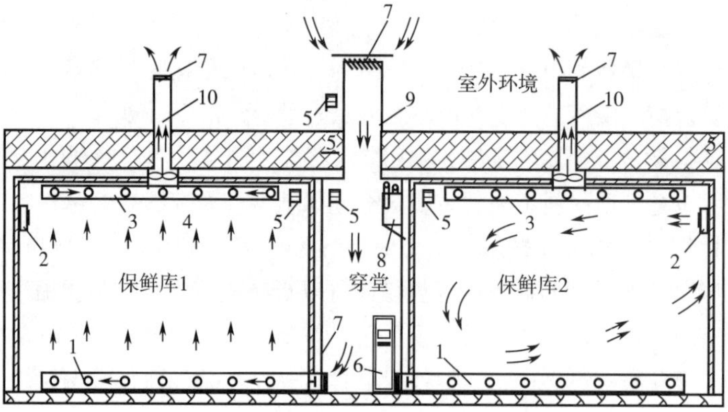

图 12-9　自然冷源和机械制冷双向切换库流程示意图

1—自然冷源均匀送风风管　2—机械制冷装置　3—自然冷源均匀回风风管　4—通风风机　5—温度、湿度传感器　6—可编程逻辑控制器（PLC）智能控制柜　7—通风风阀　8—加湿机　9—主进风管　10—排风管

$$\text{节约百分比} = \frac{W_{\text{机械}} \times H_{\text{机械}} - W_{\text{轴流风机}} \times H_{\text{自然}}}{W_{\text{机械}} \times H_{\text{机械}}} \tag{12-1}$$

式中　$W_{\text{机械}}$——机械制冷的功率，W；

$W_{\text{轴流风机}}$——轴流风机的功率，W；

$H_{\text{自然}}$——自然冷源利用的时间，h；

$H_{\text{机械}}$——制冷时间总和，h。

计算得出，周期内利用自然冷源与机械制冷相结合的制冷方案要比单独使用机械制冷节约 76.34%，改造方案具有较强的实用性。

自然冷源冷库的应用前景：中国气温在 10℃ 以下的地域广阔，延续时间较长，且纬度越高，自然冷源蕴藏量就越大。加之节能冷库投资和管理费用不高，节能减排、绿色环保更容易被人所接受。以往由于技术水平和能源价格体制等因素的制约，才使之少有问津。但随着世界大多数国家面能源短缺问题的凸现，节能冷库重新又得到人们的青睐。

六、　蓄冷技术的应用

将人工制取的冷量利用物质的显热或潜热蓄存起来，以备负荷高峰使用的蓄冷技术具备了一定的理论基础并在实际工程中得到了应用。冰蓄冷、水蓄冷以及利用固体显热的蓄冷技术可以均衡电网负荷，减少配电、制冷机组的容量，提高运行效率，降低成本。因此，蓄冷技术以其巨大的社会和经济效益逐渐被世人所认识。

蓄冷系统就其冷却温度和所承担的负荷，大致可分为高温型（蓄冷剂为水或冰）和低温型（蓄冷剂为盐水共晶液），全负荷设计模式和部分蓄冷设计模式两大类。其中高温型部分蓄冷模式，制冷设备利用率高，蓄冷设备容量小，综合效益佳，对各种规模的中央冷源无论投资或运行费用都较低，故更为有效。

一般的冷库都有高温冷藏库，而高温冷藏库常用的温度为 2~4℃。这样的库房中完全可以用冰蓄冷系统来减少制冷机组的容量。尤其果品、蔬菜以及花卉保鲜贮藏的高温冷库中，高温冷藏库（又称气调库）所需的耗冷量更大，冰蓄冷系统运用的潜力更大。而对于低温冷藏库不应简单仿效高温冷藏库，直接应用于低温冷源，而应该根据冷库制冷系统的特点，科学合理地定向，着眼于冷库制冷系统的另一主要换热区域——高温的冷凝器循环冷却水。现代冷库一般都采用水循环冷却方式，必然都建有相应的循环水池，这些循环水池就可以作为蓄冷器。同时，冷库都具有一套蒸发系统及相应的机组，为蓄冷冷源创造了条件。因此蓄冷技术的基础设施已经具备，相对来说，投资少，见效快，实施方便，能效较高。

以下实例为蓄冷技术在冷库中的应用，可以作为参考。

1. 冰蓄冷应用于高温冷藏间

高温冷藏库常用的温度为 2~4℃，这样的库房中完全可以用冰蓄冷系统来减少制冷机组的容量，尤其像果品、蔬菜以及花卉保鲜贮藏的高温冷藏库，可以借鉴冰蓄冷和湿空气冷却保鲜果蔬冷库的技术，示意图见图 12-10。这种新型冷库中增加了冰蓄冷器（可采用蓄冰槽），但不需要架设制冷剂盘管，制冷设备的容量比传统冷库小 30% 左右。由于设备容量减少，基建费小，运行费也省。此外，冰蓄冷器的应用在电能分段计价时的优点更为显著。

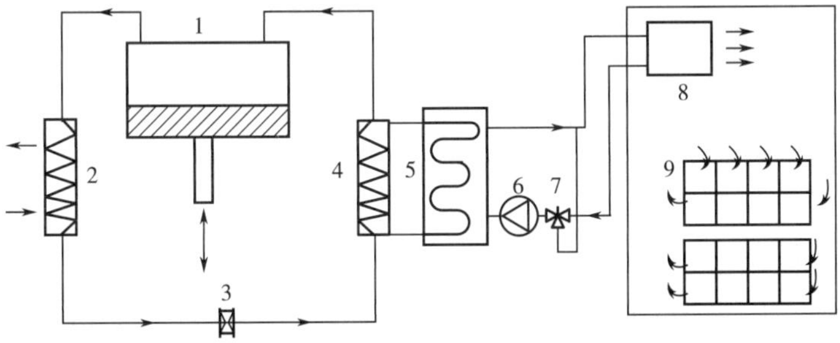

图 12-10　冰蓄冷保鲜技术原理图

1—压缩机　2—冷凝器　3—节流阀　4—蒸发器　5—蓄冷器　6—泵

7—三通自动调节阀　8—湿空气冷却器　9—周转箱

在夜间低谷电价时，通过现有 -15℃ 系统设备，以极小的投资（在循环水池内设一组或几组蒸发排管），将冷凝水池中冷却水温降至下限（水不结冰，但排管有冰）蓄能，当第二天峰期电价时，用于冷凝器的冷却。由于水温低，可大大减少同期冷却设备的运转电力和制冷设备的运转电力，达到以低谷电价均衡高峰电价的目的。

热工计算表明，冷凝温度与制冷量及制冷系数成反比。即在一特定的制冷系统中，冷凝压力升高，则压缩比增大，压缩机的容积效率降低，制冷量减小，系统的相对耗电量增加，反之亦然。据实测，t_k由20℃每增长5℃，压缩机功耗相应增加10%～15%左右，其曲线较陡，见图12-11。由图可见，t_k由20℃上升到40℃，当制取同冷量时，所需功率约增加56%。因此，在晚上23：00以后，开取-15℃制冷系统对冷凝水池中的冷凝水进行蓄冷，盘管外部结冰，当冰层达到一定厚度时（一般控制在50mm左右，水池总水量中冰所占比例在30%以上为佳）冷冻机停止工作，蓄冰过程到第二天早晨8：00结束，蓄冰时间为9h。到白天用电高峰时，用低温冷凝水进行冷凝过程，至冷凝水温恢复正常温度，这段时间为蓄冷有效期。循环水池蓄冷实际上是水、冰综合蓄能型蓄冷，它是靠低温水在蓄冷有效期内的显热和排管上冰的融解潜热来平衡冷凝负荷直至上限，蓄冷有效期取决于显热和潜热的综合换热量。

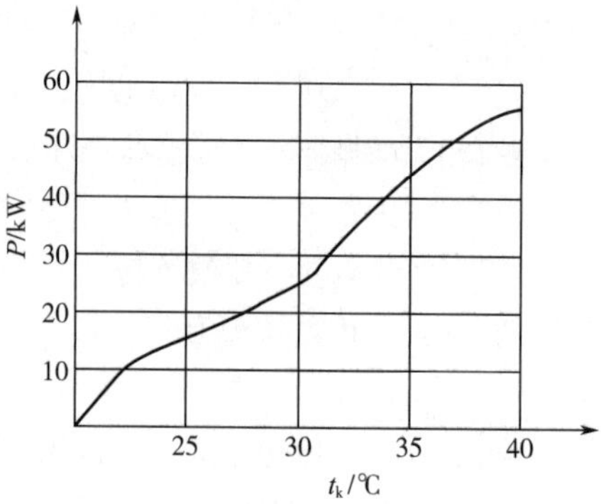

图12-11　冷凝温度对压缩机功耗的影响（冷量210kW）

2. 冰蓄冷应用于预冷间

预冷间在冷库中的地位相当重要，一般冷库都会设置预冷间，先将肉类放入预冷间预冷后再送入冻结间加工。预冷间温度一般为-2～2℃，则可以采用冰蓄冷，根据预冷间所需要的冷量制出足够供应预冷间冷量的冰块出来，而且蓄冷器不是专门为预冷间而设置，同时也可给其他库房提供冷量。其原理与图12-10的冰蓄冷保鲜技术示意图类似，只不过将湿空气冷却器换成冷风机。夜间用电低谷时制冰蓄冷，白天用电高峰时蓄冷器放冷，如果冷量不足则蓄冷器与制冷机联合供冷。

3. 冰蓄冷应用于低温冷藏间

冻结物冷藏间是用来较长期贮藏冻结食品的库房，设计室温一般为-20～-18℃，可在低温冷藏间设置冷板进行蓄冷和放冷。所谓的冷板其实是将蓄冷剂盛放在一个用铝合金做成中空的壳体内，在冷板中布置有制冷蒸发盘管，蓄冷剂直接与盘管接触。蓄冷时，利用制冷机对蒸发盘管制冷，共晶溶液吸收冷量后降温，并从溶液中析出大量的晶体，这些晶体将冷量贮存起来。冷板工作时，依靠冻结的共晶盐吸热融解特性吸收周围物体大量的热量，起到制冷降温的作用。经过合理设计，可以将冷板的充冷时间控制在8h左右，即晚上用电低谷的时间段，放冷时间为白天用电高峰段。当然，这样增加了冷板这一设备，增加了初投资，但将白天用电高峰时的负荷转移到了晚上用电低谷的时间段，运行费用减少，同时制冷机不必全天运转。

4. 冰蓄冷作用于低温加工间

低温加工间，即冻结间是冷藏肉类的冷库中最为重要的一个库房，它担负了整个肉类冻结的任务，所以所需要的冷量也是整个冷库中占的比例最大的。冻结间的设计室温一般为-25～

–23℃，采用两级压缩。到如此低温要求，所以冰蓄冷应用于冻结间主要是两个方面，一是降低冷凝温度，二是用于初期的降温。当食品刚进入冻结间时，温度较高，可以采用冰蓄冷进行降温，但冻结末段还是要采用传统的冻结方式，尽管如此，仍能将部分高峰用电转移到低谷时段，效益还是可观的。

蓄冷节能技术在冷库中的应用是可行的，并且能应用于高温间、冷却间、冻结物冷藏间、冻结间、冷凝水各个方面，但必然增加初投资。

经过实例分析，蓄冷系统投资额的增加能在 3 年左右通过运行电费的节省加以回收。如果当地的峰谷时间电价差仍未拉大，或者其他优惠政策的力度不够，或者蓄冷设备的选价过高，靠时间电价差来补偿所增加的初投资无法在短期内回收，那么应放弃这一方案。

第三节　冷库碳排放分析在实现碳中和过程中的作用

在碳达峰、碳中和的目标下，碳排放正逐步影响着各个行业，尤其是能源消耗大户。而冷库就是能源消耗大户，其能耗一直是其发展的重要影响因素，但是在双碳的目标下，碳排放将会影响其后期的发展方向。当然，碳排放是一个综合性的概念，涉及冷库建造、施工、材料消耗、能源消耗、材料回收等碳足迹。其中能源消耗、制冷剂的补充占比较大。冷库的发展方向主要也是围绕着运行能耗和制冷剂的选用。例如，氨制冷剂本身 GWP、ODP 值为 0，且氨制冷系统能耗较低，因而其综合碳排放相对卤代烃系统低。从碳排放角度看，氨制冷系统未来将一直会有很好的应用。

冷库是冷链物流系统的重要环节。从碳排放角度来说，冷库是耗能大户，也是碳排放大户。全球冷库总量从 2010 年到 2018 年不断增加，从 $4.58\times10^8m^3$ 增加到 $6.16\times10^8m^3$。我国冷库总量也在不断上升，2022 年我国的冷库的总量达到了 $1.8\times10^8m^3$。冷库能耗相当大，2022 年更是达到了 9×10^7t 煤。我国多层大型冷库年均单位能耗约为 $2.63\times10^5 \sim 3.29\times10^5$kJ/m^3，而制冷相关设备的运行总能耗超过我国能源总消耗量的 10%。在冷库中，制冷系统耗能约占 60%～70%，其中围护结构传热量占冷库总热负荷的 20%～35%。增大冷库围护结构隔热层厚度可减小围护结构热流密度和制冷系统能耗。要降低围护结构单位热流量，一要选择热导率小的保温材料，二要增加保温层的厚度，而厚度又不宜太厚，否则会出现增加建造成本和减少使用空间等问题。总之，使用更保温更节能的冷库保温材料，今后将成为冷库发展的一个重要方向。

目前，我国的冷库市场正处于新旧动能的转换阶段，旧冷库面临着整改或拆迁，这不仅会影响冷库的可使用量，还可能影响产品冷链物流有效的低温保障，造成产品品质的损耗。水产品冷链物流体系目前尚未形成低温封闭的设施设备，比如封闭式月台、低温穿堂以及液压升降式装卸平台等设施设备未能被广泛应用。部分水产品冷链仓储和物流企业为降低经营成本，采用不达标的设备和设施。

现在的冷库不能孤立看成一个冷库，同时也是一个热源。制冷压缩机在运行过程中，制冷剂经压缩成为高温高压的过热气体，排入冷凝器，经散热成为过冷高压液体。所谓余热回收，就是在不影响冷库制冷系统正常运行的前提下，回收制冷系统的冷凝热，并经过热回收系统处理后可提供 55～95℃的热水。余热回收系统可完全吸收制冷系统的冷凝热（即全热回收），真正实现系统废热零排放，有利于环境的可持续发展；同时制冷系统、热回收系统的组合可以优化整个系统的运行性能。此外，货物的堆积方式、送风口的设计和温度的控制程度等都是影响能耗的重要因素。

此外，冷库若能利用峰谷电价，这就会激励冷库行业使用蓄冷技术，在夜间峰谷电价时运行制冷机组将冷量储存起来，在白天用电高峰时再释放出来，以缓解高峰电力供应紧张的情况。

除了冷库，冷链物流的低温运输环节也是碳排放不可忽略的环节。

目前，冷藏车在冷链物流的运输方式中占据了绝大部分的份额。2022 年，我国的冷藏车已经达到了 40 万辆。当前，配备有制冷机设备的冷藏车数量不足，影响冷链物流的覆盖面积。运输工具在使用初期设备的磨合是影响能耗的主要原因，使用 3 年后运输车辆的油耗会下降并趋于稳定，由于设备的老旧在后期油耗会大幅提高。货物重量在限载范围内对运输工具的能源浪费影响并不大，但货物的超载会加速能源的消耗。货物在装车前先预冷比在车上预冷可节约 8~10 倍的预冷成本。

90%以上的冷藏车采用柴油机驱动的制冷机组为冷源，该系统价格高、噪声大，能量转化效率仅为 35%~40%，在-20.0℃/30.0℃工况下，每千瓦制冷量油耗约为 0.47L/h，每年碳排放量达 50t。在此情况下，具有降本和节能优势的蓄冷车逐渐被人们所重视。蓄冷车可利用夜间低谷电制冷并将冷能储藏在蓄冷槽内，白天工作时将冷能导入使车厢降温，达到低成本控温运输的目的。但也存在一些问题：制冷温度单一，不可控温；控温有效时间缩短，运输风险较高等。此外，蓄冷材料是有重量的，这势必会增加运输车油耗，所以从整体上看在运输车上加蓄冷材料未必起到碳中和的目的，应避免无效运输。在碳中和的大背景下，全电冷藏车是未来发展的方向，但可能会受限于长距离的运输。

与冷库的碳排放相关的其他还包括制冷机械带来的碳排放，如压缩机，压缩机是冷库制冷的核心技术装置，同时也是最消耗能源的装置。因此需要根据冷库的尺寸大小以及运送的农产品所要求的温度选择合适的压缩机型号和台数，从而使冷库的系统负荷和压缩机冷量相匹配，减少不必要的能耗。冷库门同样也是影响冷库能耗的关键因素。

又如蒸发器，蒸发器是冷库制冷设备中的重要组成部分，它的运行状况直接关系到系统性能的优劣，蒸发器的蒸发温度每升高 1℃，制冷装置的性能系数可增大 4%~6%。通过提高制冷剂侧换热系数和空气侧换热系数强化传热，这有助于降低冷链物流的碳排放。蒸发器上结霜会导致管路热阻增加，降低冷库制冷效果，进而增加冷库能耗，因此为降低能耗，需要定期对蒸发器进行融霜。冷风机性能的高低对整个冷库设备的性能起着决定性的作用，有研究表明风量适当地降低，可以使换热器温度分布均匀，降低风机耗电量。

思考题

1. 你了解了哪些冷库节能技术？提高制冷系统能效的途径有哪些？
2. 目前，冷库中应用了哪些新技术？
3. 如何理解冷库的碳排放？其在实现碳中和过程中有哪些重要作用？

附　录

附录 1　　空气的比焓

t/℃	比焓 h/（kJ/kg）										
	相对湿度 φ/%										
	0	10	20	30	40	50	60	70	80	90	100
−20	−20. 097	−19. 929	−19. 720	−19. 511	−19. 343	−19. 176	−18. 966	−18. 757	−18. 589	−18. 380	−18. 213
−19	−18. 841	−18. 883	−18. 673	−18. 464	−18. 255	−18. 045	−17. 878	−17. 668	−17. 459	−17. 208	−17. 040
−18	−18. 087	−17. 878	−17. 626	−17. 417	−17. 208	−16. 998	−16. 747	−16. 538	−16. 287	−16. 077	−15. 868
−17	−17. 082	−16. 831	−16. 580	−16. 370	−16. 161	−15. 868	−15. 617	−15. 366	−15. 114	−14. 905	−14. 654
−16	−16. 077	−15. 826	−15. 533	−15. 282	−15. 031	−14. 733	−14. 486	−14. 235	−13. 942	−13. 691	−13. 440
−15	−15. 073	−14. 779	−14. 486	−14. 193	−13. 816	−13. 649	−13. 356	−13. 063	−12. 770	−12. 477	−12. 184
−14	−14. 068	−13. 775	−13. 440	−13. 147	−12. 812	−12. 519	−12. 184	−11. 891	−11. 556	−11. 263	−10. 928
−13	−13. 063	−12. 728	−12. 393	−12. 060	−11. 723	−11. 346	−11. 011	−10. 677	−10. 341	−10. 007	−9. 672
−12	−12. 058	−11. 681	−11. 304	−10. 969	−10. 593	−10. 216	−9. 839	−9. 462	−9. 085	−8. 750	−8. 374
−11	−11. 053	−10. 635	−10. 258	−9. 839	−9. 462	−9. 044	−8. 667	−8. 248	−7. 829	−7. 453	−7. 034
−10	−10. 048	−9. 672	−9. 253	−8. 876	−8. 457	−8. 081	−7. 704	−7. 285	−6. 908	−6. 490	−6. 113
−9	−9. 044	−8. 625	−8. 164	−7. 746	−7. 327	−6. 908	−6. 448	−6. 029	−5. 610	−5. 150	−4. 731
−8	−8. 039	−7. 578	−7. 118	−6. 615	−6. 155	−5. 694	−5. 234	−4. 731	−4. 271	−3. 810	−3. 308
−7	−7. 034	−6. 531	−6129	−5. 485	−4. 982	−4. 480	−3. 936	−3. 433	−2. 931	−2. 387	−1. 884
−6	−6. 029	−5. 485	−4. 899	−4. 354	−3. 768	−3. 224	−2. 680	−2. 093	−1. 549	−0. 963	−0. 419
−5	−5. 024	−4. 396	−3. 810	−3. 182	−2. 596	−1. 968	−1. 340	−0. 754	−0. 126	0. 502	1. 130
−4	−4. 019	−3. 349	−2. 680	−2. 010	−1. 340	−0. 670	0. 000	0. 670	1. 340	2. 010	2. 680
−3	−3. 015	−2. 303	−1. 549	−0. 837	−0. 126	0. 628	1. 340	2. 093	2. 805	3. 559	4. 271
−2	−2. 010	−1. 214	−0. 419	0. 377	1. 172	1. 968	2. 763	3. 559	4. 354	5. 150	5. 945
−1	−1. 005	−0. 126	0. 712	1. 591	2. 428	3. 308	4. 187	5. 024	5. 903	6. 783	7. 620
0	0. 000	0. 921	1. 884	2. 805	3. 726	4. 689	5. 610	6. 573	7. 494	8. 457	9. 378
1	1. 005	1. 884	3. 015	4. 019	5. 024	6. 029	7. 076	8. 081	9. 085	10. 132	11. 137
2	2. 010	3. 098	4. 187	5. 275	6. 364	7. 453	8. 541	9. 630	10. 718	11. 807	12. 895
3	3. 015	4. 187	5. 359	6. 490	7. 662	8. 834	10. 007	11. 179	12. 351	13. 565	14. 738
4	4. 019	5. 275	6. 531	7. 788	9. 044	10. 300	11. 556	12. 812	14. 068	15. 324	16. 580
5	5. 024	6. 364	7. 704	9. 044	10. 383	11. 765	13. 105	14. 445	15. 826	17. 166	18. 548
6	6. 029	7. 453	8. 918	10. 341	11. 807	13. 230	14. 696	16. 161	17. 585	19. 050	20. 515
7	7. 034	8. 583	10. 132	11. 681	13. 230	14. 779	16. 329	17. 878	19. 469	21. 018	22. 567
8	8. 039	9. 713	11. 346	13. 021	14. 696	16. 329	18. 003	19. 678	21. 352	23. 069	24. 744

续表

t/℃	比焓 h/（kJ/kg）										
	相对湿度 φ/%										
	0	10	20	30	40	50	60	70	80	90	100
9	9.044	10.802	12.602	14.361	16.161	17.920	19.720	21.520	23.321	25.121	26.921
10	10.048	11.932	13.816	15.742	17.668	19.552	21.478	23.404	25.330	27.256	29.224
11	11.053	13.063	15.114	17.166	19.176	21.227	23.279	25.330	27.424	29.475	31.569
12	12.058	14.235	16.412	18.589	20.767	22.944	25.163	27.382	29.559	31.778	33.997
13	13.063	15.366	17.710	20.013	22.358	24.702	27.047	29.391	31.778	34.164	36.551
14	14.068	16.538	19.050	21.520	24.032	26.502	29.015	31.527	34.081	36.635	39.147
15	15.073	17.710	20.348	23.027	25.707	28.387	31.066	33.746	36.425	39.147	41.868
16	16.077	18.883	21.730	24.577	27.424	30.271	33.159	36.048	38.895	41.784	44.799
17	17.082	20.097	25.111	26.126	29.182	32.238	35.295	38.393	41.491	44.380	47.730
18	18.087	21.311	24.493	27.717	30.982	34.248	37.556	40.863	44.380	47.311	50.660
19	19.092	22.525	25.958	29.391	32.866	36.341	39.817	43.543	46.892	50.242	54.010
20	20.100	23.739	27.382	31.066	34.750	38.477	42.287	46.055	49.823	53.591	57.359
21	21.102	24.953	28.889	32.783	36.718	40.654	44.799	48.567	52.754	56.522	60.709
22	22.106	26.251	30.396	34.541	38.728	43.124	47.311	51.498	55.684	59.871	64.477
23	23.111	27.507	31.903	36.341	40.821	45.217	49.823	54.428	59.034	63.639	68.245
24	24.116	28.763	33.453	38.184	43.124	47.730	52.335	57.359	62.383	66.989	72.013
25	25.121	30.016	35.044	40.068	45.217	50.242	55.266	60.290	65.733	70.757	76.200
26	26.126	31.401	36.676	41.868	47.311	52.754	58.197	63.639	69.082	74.944	80.387
27	27.131	32.741	38.351	43.961	49.823	55.684	61.127	66.989	72.850	78.712	84.992
28	28.135	34.081	40.068	46.055	52.335	58.197	64.477	70.757	77.037	83.317	89.598
29	29.140	35.420	41.784	48.148	54.428	61.127	67.826	74.106	80.805	87.504	94.203
30	30.145	36.802	43.543	50.242	57.359	64.058	71.176	77.875	84.992	92.110	99.646
31	31.150	38.226	45.218	52.754	59.871	66.989	74.525	82.061	89.598	97.134	104.670
32	32.155	39.649	47.311	54.847	62.383	70.338	78.293	86.248	94.203	102.158	110.532
33	33.106	41.073	48.986	57.359	65.314	73.688	82.061	90.435	98.809	107.008	116.393
34	34.164	42.705	51.079	59.453	68.245	77.037	85.829	94.622	103.833	113.044	122.255
35	35.169	43.961	53.172	61.965	71.176	80.805	90.016	99.646	109.276	118.905	128.535
36	36.174	45.636	55.266	64.895	74.525	84.155	94.203	104.251	114.718	124.767	135.234
37	37.179	47.311	57.359	67.408	77.456	87.922	98.809	109.276	120.161	131.047	142.351
38	38.184	48.567	59.453	69.920	80.805	92.110	103.414	114.718	126.023	137.746	149.469
39	39.189	50.242	61.546	72.850	84.573	96.296	108.019	120.161	132.722	144.863	157.424
40	40.193	51.916	63.639	75.781	88.342	100.48	113.044	126.023	139.002	152.340	165.797

注：压力为 101.325kPa。

附录2　　室外液氨储罐（区）与基地外建筑等的防火间距　　单位：m

<table>
<tr><th colspan="2" rowspan="2">名称</th><th colspan="3">液氨储罐（区）总容积（V，m^3）</th></tr>
<tr><th>$30<V\leqslant50$</th><th>$50<V\leqslant200$</th><th>$200<V\leqslant500$</th></tr>
<tr><td colspan="2">单罐容积 V/m^3</td><td>$V\leqslant20$</td><td>$V\leqslant50$</td><td>$V\leqslant100$</td></tr>
<tr><td colspan="2">居住区、村镇和重要公共建筑（最外侧建筑物的外墙）</td><td>33. 75</td><td>37. 5</td><td>52. 5</td></tr>
<tr><td colspan="2">工业企业（最外侧建筑物的外墙）</td><td>20. 25</td><td>22. 5</td><td>26. 25</td></tr>
<tr><td colspan="2">其他民用建筑，甲、乙类液体储罐，甲、乙类仓库，甲、乙类厂房，秸秆、芦苇、打包废纸等材料堆场</td><td>30</td><td>33. 75</td><td>37. 5</td></tr>
<tr><td colspan="2">丙类液体储罐，可燃气体储罐，丙、丁类厂房，丙、丁类仓库</td><td>24</td><td>26. 25</td><td>30</td></tr>
<tr><td colspan="2">助燃气体储罐，木材等材料堆场</td><td>20. 25</td><td>22. 5</td><td>27</td></tr>
<tr><td rowspan="3">其他建筑</td><td>一、二级</td><td>13. 5</td><td>15</td><td>16. 5</td></tr>
<tr><td>三级</td><td>16. 5</td><td>18. 75</td><td>20. 25</td></tr>
<tr><td>四级</td><td>20. 25</td><td>22. 5</td><td>26. 25</td></tr>
<tr><td rowspan="2">公路（路边）</td><td>高速，Ⅰ、Ⅱ级</td><td>15</td><td colspan="2">18. 75</td></tr>
<tr><td>Ⅲ、Ⅳ级</td><td>11. 25</td><td colspan="2">15</td></tr>
<tr><td colspan="2">架空电力线（中心线）</td><td colspan="3">1. 125 倍杆高</td></tr>
<tr><td rowspan="2">架空通信线（中心线）</td><td>Ⅰ、Ⅱ级</td><td colspan="2">22. 5</td><td>30</td></tr>
<tr><td>Ⅲ、Ⅳ级</td><td colspan="3">1. 125 倍杆高</td></tr>
<tr><td rowspan="2">铁路（中心线）</td><td>国家线</td><td>45</td><td colspan="2">52. 5</td></tr>
<tr><td>企业专用线</td><td>18. 75</td><td colspan="2">22. 5</td></tr>
</table>

注：（1）防火间距应按本表储罐区的总容积或单罐容积的较大者确定。

（2）居住区、村镇指 1000 人或 300 户及以上者；当少于 1000 人或 300 户时，相应防火间距应按本表有关其他民用建筑的要求确定。

参考文献

［1］谢晶．食品低温物流［M］．北京：中国农业出版社，2019.

［2］李建华．制冷工艺设计［M］．3 版．北京：机械工业出版社，2019.

［3］申江．制冷装置设计［M］．北京：机械工业出版社，2011.

［4］庄友明．制冷装置设计（修订版）［M］．厦门：厦门大学出版社，2006.

［5］程有凯．制冷与低温工艺［M］．北京：机械工业出版社，2012.

［6］谢晶，陈维刚．制冷与空调技术（技师）［M］．北京：中国劳动社会保障出版社，2006.

［7］谢晶．海产品保鲜贮运技术与冷链装备［M］．北京：科学出版社，2019.

［8］谢晶．食品冷冻冷藏原理与技术［M］．北京：中国农业出版社，2015.

［9］谢晶，谭明堂，杨大章，等．我国渔业仓储保鲜与冷链物流发展现状［J］．包装工程，2021，42（11）：1-10.

［10］Yitai Ma，Zhongyan Liu，Tian Hua. A review of transcritical carbon dioxide heat pump and refrigeration cycles［J］. *Energy*，2013，55（15）：156-172.

［11］Baomin Dai，Chaobin Dang，Minxia Li，et al. Thermodynamic performance assessment of carbon dioxide blends with low-global warming potential（GWP）working fluids for a heat pump water heater［J］. *International Journal of Refrigeration*，2015，56：1-14.

［12］马一太，代宝民，田华，等．CO2/R290 复叠制冷系统热经济性及（火用）最优化分析［J］．太阳能学报，2014，35（5）：795-801.

［13］张建一．英国冷库设计中的若干新技术剖析［J］．低温与超导，2011，39（1）：4.

［14］史金安．蒸发式冷凝器的节能运用［J］．制冷空调与电力机械，2009，30（6）：53-55.

［15］刘斌，尹从绪，石胜强，等．自然冷源在冷库中的应用可行性分析［J］．冷藏技术，2020，43（3）：1-9.

［16］王喆，臧润清，张秋玉，等．利用自然冷源的蔬菜贮藏装置设计与适用区域［J］．中国果菜，2017，37（4）：9-12.

［17］郑佳，张蕊，于晋泽，等．自然冷源与机械制冷相结合的冷库改造研究［J］．冷藏技术，2020，43（3）：36-41.

［18］许启军，谢晶．蓄冷板式冷藏箱的节能优化研究进展［J］．食品与机械，2020，36（3）：232-236.

［19］游辉，谢晶．低温相变蓄冷材料及其应用于冷链的研究进展［J］．食品与发酵工业，2021，47（18）：287-293.